Das beschleunigte **Universum**

MARIO LIVIO

Das beschleunigte Universum

Die Expansion des Alls und die Schönheit der Wissenschaft

Mit einem Geleitwort von Allan Sandage

KOSMOS

Für Sharon, Oren und Maya, denen ich wünsche, dass sie Schönheit in ihrem Leben finden mögen

Titel der Originalausgabe: „The Accelerating Universe",
erschienen bei John Wiley & Sons, Inc.
unter der ISBN 0-471-32969-X
© 2000, Mario Livio
All Rights Reserved. Authorized translation from the English language edition published by John Wiley & Sons, Inc.,

Aus dem Amerikanischen von Hilmar Duerbeck

Umschlag von eStudio Calamar unter Verwendung einer
Aufnahme des European Southern Observatory (ESO) mit dem
Very Large Telescope (VLT)

Mit 18 Schwarzweißzeichnungen von Jackie Aher

Die Deutsche Bibliothek – CIP-Einheitsaufnahme
Ein Titelsatz für diese Publikation ist bei
Der Deutschen Bibliothek erhältlich

Für die deutsche Ausgabe:
© 2001, Franckh-Kosmos Verlags-GmbH & Co., Stuttgart
Alle Rechte vorbehalten
ISBN 3-440-08886-3
Redaktion: Thomas Menzel, Basel
Satz und Reproduktion: Typomedia Satztechnik GmbH, Ostfildern
Produktion: Siegfried Fischer, Stuttgart
Printed in Czech Republic/ Imprimé en République tchèque
Druck und Bindung: Těšínská Tiskárna, Český Tesín

Bücher · Kalender · Spiele · Experimentierkästen · CDs · Videos · Seminare
Natur · Garten & Zimmerpflanzen · Heimtiere · Pferde & Reiten · Astronomie · Angeln & Jagd · Eisenbahn & Nutzfahrzeuge · Kinder & Jugend

KOSMOS Postfach 10 60 11
D-70049 Stuttgart
TELEFON +49 (0)711-2191-0
FAX +49 (0)711-2191-422
WEB www.kosmos.de
E-MAIL info@kosmos.de

Inhalt

Geleitwort 6

Vorwort 13

1
Prolog 15

2
Die Schöne und das Biest 27

3
Expansion 51

4
Der Fall der fehlenden Materie 84

5
Flach ist schön 105

6
Wenn Inflation nützlich ist 135

7
Die Schöpfung 163

8
Das Leben und seine Bedeutung 186

9
Ein Universum – wie geschaffen für uns? 221

10
Ein ästhetisches kosmologisches Prinzip? 236

Register 245

Geleitwort

Wenn in einigen Jahrzehnten oder Jahrhunderten die Geschichte unserer Epoche geschrieben werden wird, wird das 20. Jahrhundert als die Morgenröte einer großen wissenschaftlichen Idee eingehen, der Erkenntnis eines sich verändernden Universums, das in ständiger Entwicklung begriffen ist. Diese Entwicklung folgt einem einfachen Schema: In den Sternen der Galaxien werden Wasserstoff und Helium verschmolzen, und daraus entstehen die schwereren Elemente, die komplexe Strukturen aufbauen können, Strukturen, die so komplex sind, dass sie sich schließlich selbst betrachten können. Dieses Phänomen der Selbstbetrachtung ist nur eine von vielen wundersamen Erscheinungen, die durch das Wirken der chemischen Elemente im Laufe der Evolution des Universums hervorgerufen werden.

Die Vorstellung vom Ursprung und der Evolution ist Bestandteil der wissenschaftlichen Bildung unserer Zeit geworden. Die zugrunde liegenden Gedankengänge beruhen auf dem Verständnis der Gesetze der Physik, der Lebensgeschichte der Sterne und auf den Folgerungen, die sich aus dieser Geschichte für eine Menschheit ergeben, die in einem expandierenden Universum lebt.

Dieses Buch handelt davon, wie sich solch bemerkenswerte Vorstellungen entwickelt haben und welche Rolle die kosmologischen Entdeckungen in Physik und Astronomie dabei spielten. Aber es geht noch darüber hinaus. Es handelt auch von der Philosophie der Wissenschaft, davon, auf welche Weise man beurteilen kann, ob eine Theorie grundlegend ist und den Prüfungen der Zeit widerstehen wird; es handelt von Wahrheit, von der Frage nach Schönheit und vom Zusammenhang der Wissenschaft mit Kunst, Literatur und Musik, und es handelt letztlich vom menschlichen Streben nach Erkenntnis.

Stellen wir uns zwei Autoren vor: Der erste ist von Kunst und Literatur besessen, der zweite ein theoretischer Physiker, der sich intensiv mit Kosmologie – der Wissenschaft vom Aufbau und der Entwicklung des Universums – beschäftigt. Stellen wir uns weiter vor, dass beide gemeinsam ein Buch schreiben wollen, das versuchen soll, den Abgrund zwischen den beiden Kulturen, der Kunst und der Wissenschaft, zu überbrücken. Kann den beiden Autoren eine Synthese gelingen, die dem Hintergrund jedes der beiden gerecht wird und die auch in den Augen des jeweils anderen Autors korrekt ist? Nun stelle man sich vor, dass die beiden Autoren sozusagen in der Brust eines einzigen Menschen wohnen. Was Sie auf den folgenden Seiten lesen werden, ist der Versuch einer solchen Synthese. Ihr Autor ist der Kunstbesessene, und er ist der theoretische Physiker. Wie wird ein solches Buch beschaffen sein?

In den dreißiger Jahren des zu Ende gegangenen 20. Jahrhunderts erschien eine Reihe von sehr einflussreichen, halb populären, doch wissenschaftlich exakten Büchern, die starken Einfluss auf die jungen und nicht mehr ganz so jungen Leser hatten, die damals am Beginn einer wissenschaftlichen Karriere standen. Diese Werke, verfasst von Sir James Jeans und Sir Arthur Eddington, waren für die Astronomie sehr bedeutsam. Das populärste darunter war vielleicht *The Mysterious Universe* (*Der Weltenraum und seine Rätsel*, 1930) von Jeans, über das die amerikanische Schauspielerin Tallulah Bankhead sagte, es enthielte alles, „was jedes Mädchen wissen sollte". Andere Titel dieser Art waren *The Stars in Their Courses* (*Die Wunderwelt der Sterne*, 1931), *Through Space and Time* (*Durch Raum und Zeit*, 1933) und das Lieblingsbuch des Verfassers, *Physics and Philosophy* (*Physik und Philosophie*, 1943), die alle von Jeans geschrieben wurden. Ähnliche Werke von Eddington waren *The Nature of the Physical World* (*Das Weltbild der Physik und ein Versuch seiner philosophischen Deutung*, 1931), *Science and the Unseen World* (1929), *The Expanding Universe* (*Dehnt sich das Weltall aus?*, 1933) und ein weiteres Lieblingsbuch von mir, *Space, Time and Gravitation* (*Raum, Zeit und Schwere: Ein Grundriss der allgemeinen Relativitätstheorie*, 1920), das dem Laien die Allgemeine Relativitätstheorie und die Riemannschen Mannigfaltigkeiten erläuterte. Später hatten dann die Schriften von Fred Hoyle, wie *The Nature of the Universe* (*Die Natur des Universums*, 1950), *Frontiers of Astronomy* (*Das grenzenlose All: Der Vorstoß der modernen Astrophysik in den Weltraum*, 1955) und *Highlights of Astronomy* (1975), ähnliche Verdienste.

Das vorliegende Werk von Mario Livio ist von der gleichen Art. Es ist nicht nur ein Buch über die neue Astronomie und Kosmologie, sondern auch eines über die „alte" Philosophie – der Kunst und Kultur. Livios tiefere Absicht ist es, den Begriff der Schönheit in der Wissenschaft zu erforschen, indem er die Entwicklungen der Kosmologie des 20. Jahrhunderts als Thema wählt, um ein Konzept der Schönheit im Allgemeinen und der Schönheit in der Wissenschaft im Besonderen zu diskutieren. Die Voraussetzung des Autors ist, dass „Schönheit" ein wesentlicher Bestandteil aller wahrhaft erfolgreichen wissenschaftlichen Theorien ist und besonders in „richtigen" Theorien über die Natur des Universums eine tragende Rolle spielt. Die Absicht dieses Buches ist also zu diskutieren, ob die Gesetze der Physik durch ästhetische Prinzipien bestimmt sind.

Livio glaubt, dass dies so ist, und dieser Band ist ein unwiderstehliches Plädoyer für diese These. Zunächst gibt er eine Definition von Schönheit. Dann zeigt er, dass ein großer Teil des modernen kosmologischen Standardmodells dieser Definition entspricht. Dabei beschreibt er fast jeden Aspekt der alten und neuen Kosmologie. Dies ist das Herzstück dieses Bandes, faszinierend zu lesen sowohl für den heranwachsenden Wissenschaftler wie auch für den interessierten Laien. Livio zeigt dabei auch, was Schönheit in der Kunst bedeutet. Er beschreibt viele Gemälde verschiedener Künstler, um die Idee der Schönheit und die sich dahinter verbergende künstlerische Philosophie zu illustrieren.

Dies klingt zunächst ganz so, als würden die meisten nüchternen, reduktionistischen Wissenschaftler von solch einem Versuch abgestoßen werden. Denn wir Naturwissenschaftler sind im Allgemeinen dazu erzogen worden, Kunst, Literatur, Poesie und alles andere, was mit den „schönen Künsten" und den Geisteswissenschaften zu tun hat, als subjektiv und deshalb als etwas zu betrachten, worauf die strenge naturwissenschaftliche Methode nicht angewandt werden kann. Die Naturwissenschaft, besonders Physik und Astronomie, wird weit verbreitet als eine Disziplin angesehen, die sich auf die Natur bezieht, unabhängig von subjektiven Gedankengängen, Gefühlen und Kategorien, die vom menschlichen Verstand geschaffen wurden. Oft hat Schönheit deswegen in diesem Bereich keinen Platz. Doch Livio enthüllt, dass dieses Konzept der Objektivität ohne Einbeziehung von Schönheit mit der modernen Wissenschaft, insbesondere mit der Kosmologie, unvereinbar ist.

Im zweiten Kapitel definiert der Autor Schönheit so, wie er sie in seinem Werk verwenden wird. Obwohl er mit der geläufigen Definition übereinstimmt, dass „Schönheit einen Grad der Vollkommenheit in Bezug auf irgendein Ideal darstellt", ist diese doch zu allgemein gehalten, um von Nutzen zu sein. Er verwirft auch die falsch zitierte, weil aus dem Zusammenhang gerissene Bestimmung von Keats, wonach „Schönheit Wahrheit und Wahrheit Schönheit" sei, und er stellt fest, dass die von Dichtern definierte Schönheit eine gefährliche Sache ist, wie die Geschichte von Paris und Helena zeigt.

Viele der größten Wissenschaftler der Geschichte fanden, dass die Gesetze der Physik äußerst schön seien. Livio teilt diese Meinung. Bevor er Schönheit definiert, überzeugt er uns, dass in der Physik oftmals Erklärungen von Erscheinungen, die früher als Wunder angesehen wurden, doch heutzutage „verstanden" sind, unbeschreiblich viel schöner sind als die Fragestellungen, und er konstatiert zu Recht, dass „Schönheit in der Physik und der Kosmologie kein Widerspruch in sich ist". Livio offenbart seine Bestimmung der Schönheit schon in diesem frühen, einführenden Kapitel, um seine Argumentation sehr präzise fortführen zu können, sodass er in späteren Kapiteln sein Konzept der Schönheit mit den esoterischsten und verborgensten Elementen der modernen Kosmologie verbinden kann.

Um eine naturwissenschaftliche Theorie als schön bezeichnen zu können, müssen drei Bedingungen erfüllt sein:
1. Sie muss eine Symmetrie (oder eine Reihe von Symmetrien) beschreiben. Andernfalls werden ihre Vorhersagen nicht invariant in Bezug auf die beiden einfachsten Transformationen, die des Raumes und die der Zeit, sein. Auf einem viel tieferen Niveau gilt dies auch für Gegebenheiten in den Gleichungen (Stichwort: Koordinatentransformationen).
2. Sie muss einfach im Sinne des Reduktionismus sein. Viele Fragen müssen durch einige wenige, grundlegendere Fragen ersetzt werden können, die grundsätzlich lösbar sein müssen und nicht als unlösbar akzeptiert werden dürfen.
3. Eine Theorie muss einem verallgemeinerten kopernikanischen Prinzip gehorchen, was bedeutet, dass wir oder die Beobachtungsbedingungen in Bezug auf Zeit, Raum oder Kategorie nichts Besonderes darstellen.

Die letzte Bedingung ist vielleicht die tiefgründigste, und sie hat die größte Auswirkung auf das letzte kosmische Geheimnis, das im vorletzten Kapitel als die Nancy-Kerrigan-Frage beschrieben ist, deren Beantwortung mit dem Schlagwort „Quintessenz" umschrieben werden kann, welches in der Tat ein Festhalten an dem postulierten ästhetischen kosmologischen Prinzip liefert. Dies und das Schlusskapitel bilden den Höhepunkt der kosmologischen Story, die in den Kapiteln 3 bis 8 erzählt wird.

Diese sechs Kapitel enthalten die wichtigsten Fakten der Kosmologie des 20. Jahrhunderts. Im dritten Kapitel wird der im Jahre 1929 gelungene Nachweis der Expansion beschrieben, mit den bekannten Folgerungen für die Entstehung des Universums aus einem heißen Urknall, der daraus folgenden Vorhersage und Entdeckung der Hintergrundstrahlung und der Bildung der ersten Elemente aus dem Gluonengemisch (das man früher als Ylem oder Urplasma bezeichnete). Dies alles ist schon 1945 von George Gamow, Ralph Alpher und Robert Herman vorhergesagt worden. Die moderneren Ideen, die Hochenergie-Teilchenphysik der achtziger Jahre mit den Higgs-Feldern und den Theorien der großen Vereinheitlichung der vier Naturkräfte, werden in leicht verständlicher Form dargestellt, oft gewürzt mit überraschenden Analogien aus Kunst oder Literatur und mit einer Prise Humor.

Kapitel 4 verbindet das Problem der fehlenden Masse mit der Frage nach dem Schicksal des Universums, beschrieben durch den Omega-Parameter. Die Indizienmethode, die indirekt gewonnene Daten zu Hilfe nimmt, wird durch Beispiele illustriert. So erfährt der Leser, wie man die Authentizität von Rembrandt-Gemälden untersucht oder wie

Sherlock Holmes aus einem Hut den Alkoholismus und die Eheprobleme eines Kunden ableitet oder wie das Omega-Minus-Teilchen von Yuval Ne'eman nach seiner Vorhersage durch Murray Gell-Mann entdeckt wurde. All dies ist in der Einfachheit der Ableitungen mit Schönheit verbunden, die schließlich auch in den Ableitungen in Bezug auf das zukünftige Schicksal des Universums sichtbar wird.

Der Erzählreichtum und der Humor des Autors durchdringen das ganze Buch, selbst wenn er die kompliziertesten kosmologischen Probleme erläutert. Den Beweis dafür liefern die Kapitel 5 und 6, in denen die nichteuklidische Geometrie, der gekrümmte Raum als Manifestation der Schwerkraft und die Inflation aufgrund des Verhaltens der Inflaton-Felder nach der Planckzeit allesamt besser erklärt werden als in irgendeinem anderen Sachbuch über diese tiefschürfenden kosmologischen Themen. Diese Gedankengänge stehen im Mittelpunkt unserer Fragen nach dem Ursprung des Universums und der „Ursache" der Expansion, und genauso zentral sind die Erklärungen für die Dominanz der Materie über die Antimaterie.

Die Kapitel 5, 6 und 7 tragen die Überschriften „Flach ist schön", „Wenn Inflation nützlich ist" und „Die Schöpfung". Sie enthalten die wesentlichen Gedanken der modernen Quantenkosmologie als der Theorie des Ursprungs, der Entwicklung und des Schicksals des Universums (oder der vielen Universen in der Variante, die von Alex Vilenkin und Andrei Linde als „ewige Inflation" erfunden worden ist). Hier erfüllt der Autor in überzeugender Manier sein Versprechen, uns davon zu überzeugen, dass „niemals in der Geschichte der Physik ästhetische Argumente eine dominierendere Rolle gespielt haben als bei der Beantwortung der Frage, ob das Universum für alle Zeiten expandieren wird".

Livios Grundgedanke ist, dass gute oder richtige Theorien in ihrer Gesamtheit schön sein müssen – und es schließlich auch immer sind. Er unterscheidet zwischen „schön" und „elegant". Eine falsche Theorie kann elegant in ihrer Argumentation und dennoch nicht schön sein, wenn sie nicht „einfach" ist und die Hilfe spezieller Orte oder besonderer Umstände benötigt (der kopernikanische Egalitarismus). Wenn Teile solcher eleganter Theorien hässlich bleiben, folgert Livio, wird irgendein großer Wissenschaftler diese Hässlichkeit (wie auch immer man sie definieren mag) genauer untersuchen und schließlich eine wunderschöne Lösung finden, die der Wahrheit näher kommt – falls es überhaupt eine Lösung gibt. Viele Wissenschaftler haben oft dieselben Sachverhalte auf verschiedene Weise beschrieben, aber das Gleiche gemeint. Livio führt viele Beispiele an.

Die beiden Schlusskapitel untermauern das Argument, dass für eine schöne Theorie das kopernikanische Prinzip erfüllt sein muss. Livio stellt die Frage, ob das Leben im Universum, seine Einzigartigkeit auf der Erde oder seine eventuell verschiedenen Formen im Universum irgendeinen Bezug zum kopernikanischen Prinzip besitzt. Was wäre, wenn wir beweisen könnten, dass es nur auf der Erde Leben gibt? Wir wären dann etwas Besonderes. Würde das die „Schönheit" der Kosmologie zerstören, weil es unserer Existenz einen speziellen Status verleihen würde? Meiner Meinung nach sind diese beiden Kapitel die besten des gesamten Buches, denn Livios Lösung des Dilemmas von Einzigartigkeit und deren scheinbarem Widerspruch zu dem kopernikanischen Kriterium besitzt auch selbst eine erstaunliche Schönheit.

Doch der Leser muss selbst bis dahin vordringen. Ich werde Livios kluge Lösung nicht verraten, aber einige mehr oder weniger ernst gemeinte Anregungen geben: die nichtkonstante kosmologische Konstante (das Quintessenz-Feld); das anthropische Prinzip; Brandon Carters Argument, dass das Leben auf der Erde einzigartig ist, weil zwei große Zahlen nahezu gleich groß sind, und Livios Widerlegung dieser Behauptung; die wechselnden Ansichten über das, was Schönheit ausmacht, illustriert durch das, was verschiedene Gesellschaften als das ideale Verhältnis zwischen Hüft- und Taillenumfang in der menschlichen Anatomie ansehen; die Beseitigung des Nancy-Kerrigan-Problems durch die Einführung der Quantenquintessenz, die die Frage nach dem „Warum jetzt?" sinnlos macht. Auf diese Weise, argumentiert Livio, kann die Schönheit in der Kosmologie wiederhergestellt werden.

Wer sich auf Livios Gedankengebäude einlässt, begibt sich auf eine Reise durch die moderne Kosmologie, wie sie interessierten Lesern eines Sachbuches nicht kompetenter angeboten werden kann. Die Reisenden nehmen an Edwin Hubbles frühen Entdeckungen in der Kosmologie teil. Sie sind Zeugen der Verbindung dieser frühen Beobachtungen des expandierenden Universums mit der Kern-Astrophysik durch die Entdeckung der Hintergrundstrahlung in den sechziger Jahren und deren Verbindung mit dem frühen, heißen Universum. Die Entdeckung der Quasare, Pulsare, Gravitationslinsen und der Radio-, Röntgen- und Gammastrahlengalaxien beförderte die Forschung immer tiefer in das Gebiet der Hochenergie-Astrophysik und brachte sie schließlich, seit den achtziger Jahren, in den Schoß der Ultrahochenergie-Teilchenphysik und der Theorie der Eichfelder, der Quantenfeldtheorie und der Quantengravitation. Mit einem Wort, Livio erklärt das ganze Gebiet der modernen Kosmologie.

Ferner macht der Leser die Bekanntschaft von Künstlern wie van Gogh, Dali, Mondrian, Edvard Munch, Ferdinand Hodler, Vermeer,

Kandinsky, van der Weyden, Cézanne und vielen anderen mehr. Er begegnet Schriftstellern wie Dante, Shakespeare, Pope, Lizzie Siddall, Shikibu, Antoine de Saint-Exupéry, William Cowper oder Timothy Laery und lernt mindestens 50 moderne Kosmologen und ihrer Arbeit kennen. Was kann man mehr verlangen? Livios Buch besitzt Charme, Schönheit und ist von außerordentlichem Humor – und es ist ein wichtiges Buch.

Allan Sandage

Vorwort

Ich bin sicher, selbst wenn ich mit einem Dutzend guter Definitionen von „Schönheit" aufwarten könnte, der Leser würde die meisten von ihnen in Frage stellen. Seine Reaktion würde vielleicht noch skeptischer sein, wenn ich ankündigen würde, über Schönheit in der Physik und der Kosmologie zu sprechen. Doch die ursprüngliche Bedeutung des Wortes „ästhetisch" ist: „mit den Sinnen wahrnehmen". Diese Definition unterscheidet nicht zwischen unserer Reaktion auf ein Kunstwerk und der auf die Wunder des Universums. Deshalb handelt dieses Buch von meinen zwei großen Leidenschaften – derjenigen für die Wissenschaft, insbesondere für die Astronomie und Astrophysik, und derjenigen für die Kunst. Es versucht nicht, eine umfassende Beschreibung aller Aspekte der modernen Astrophysik zu sein; es beschäftigt sich stattdessen mit einem zentralen Thema der Disziplin: der Schönheit, wie man sie in Theorien über das Universum findet. Ich hoffe, dass sowohl Kunstliebhaber wie auch an der Wissenschaft Interessierte es anregend und allgemein verständlich finden werden.

Es ist für mich absolut unmöglich all den vielen Kollegen zu danken, die direkt oder indirekt zum Inhalt dieses Buches beigetragen haben. Ich möchte jedoch Allan Sandage, Alex Vilenkin, Lee Smolin und Mark Clampin besonderen Dank sagen, die eine frühe Version des Manuskripts gelesen und wertvolle Kommentare gegeben haben. Ich danke auch Nathan Seiberg und Ronen Plesser für ihre hilfreichen Bemerkungen. Ein altes hebräisches Sprichwort sagt: „Ich habe von all meinen Lehrern gelernt, aber am meisten von meinen Studenten." Zweifellos ist der Inhalt dieses Buches von den vielen populären Vorträgen, die ich in den letzten Jahren gehalten habe, und von den Fragen und Bemerkungen der Zuhörer beeinflusst worden.

Ich danke meiner Agentin, Susan Rabiner, für ihre Ermutigung und ihren Rat, besonders in den Anfangsstadien des Schreibens. Sarah Stevens-Rayburn, Barbara Snead und Elizabeth Fraser waren mir eine große bibliothekarische und sprachliche Hilfe. Ich danke Sharon Toolan, Jim Ealley, Ron Meyers und Dorothy Whitman für ihre technische Hilfe bei der Manuskriptherstellung. Das Buch verdankt seine endgültige Form zu einem großen Teil auch meiner Lektorin Emily Loose vom Verlag John Wiley & Sons. Ihr sorgfältiges Lektorat, ihr Bestehen auf Erklärungen und ihre fantasievollen Vorschläge waren mir eine große Hilfe.

Vor vielen Jahren las ich ein Werk, in dem der Autor feststellte: „Meine Frau hat nichts damit zu tun!". Es ist zwar richtig, dass meine

Frau, Sofie Livio, nicht an der Abfassung dieses Buches beteiligt war. Aber ohne ihre unendliche Geduld und ihre beständige Unterstützung während des Schreibens wäre es nie entstanden. Dafür bin ich ihr alle Zeit dankbar.

I
Prolog

Wie entstand unser Universum? Wie wird es enden? Immer ging der Fortschritt bei der Beantwortung dieser Fragen in kleinen Schritten vor sich, er beruhte auf ständigen Verbesserungen in der Beobachtungstechnik, verbunden mit Fortschritten im theoretischen Verständnis.

Alle paar Jahrzehnte enthüllt eine Beobachtung jedoch etwas so Unerwartetes, dass sie die Theoretiker in ihren Bemühungen zurück an den Anfang bringt. Noch seltener sind die Ergebnisse einer solchen Beobachtung so faszinierend, dass sie als Revolution in der Wissenschaft angesehen werden müssen. Im Jahre 1998 erlebte die Kosmologie – die Wissenschaft vom Universum als Ganzem – eine solche Revolution.

Zwei astronomische Forschergruppen legten zu dieser Zeit überzeugende Hinweise dafür vor, dass sich die Expansion des Universums beschleunigt. Es wird demnach nicht nur für alle Zeiten expandieren, sondern dies erfolgt auch mit immer größer werdender Geschwindigkeit. Doch damit nicht genug: Diese neuen Entdeckungen geben darüber hinaus einen Hinweis darauf, dass dieses Verhalten des Universums nicht nur nicht durch die Energie der gewöhnlichen Materie und auch nicht durch die Energie exotischerer Materie (deren Existenz durch Theorien der grundlegenden Naturkräfte vorhergesagt wird) gesteuert wird. Stattdessen zeigen die Beobachtungen von 1998, dass unser Universum durch die Energie des leeren Raumes beherrscht wird!

Als im 16. Jahrhundert Kopernikus (und später Galilei) die Erde aus ihrer zentralen Position in der Mitte des Universums stießen, wurde dies als eine Revolution angesehen, und diese Einschätzung gilt auch heute noch. In Bertolt Brechts Theaterstück Leben des Galilei sagt ein alter Kardinal: „Ich höre, dieser Herr Galilei versetzt den Menschen aus dem Mittelpunkt des Weltalls irgendwohin an den Rand... Der Mensch ist die Krone der Schöpfung, das weiß jedes Kind, Gottes höchstes und geliebtestes Geschöpf. Wie könnte er es, ein solches Wunderwerk, eine solche Anstrengung, auf ein kleines, abseitiges und immerfort weglaufendes Gestirnlein setzen?" Die neuen Beobachtungen zeigen, dass die Erde (und der Stoff, aus dem sie besteht) im Geschehen des Universums bei weitem keine zentrale Rolle einnimmt, sondern von verschwindend kleiner Wichtigkeit ist, verglichen mit der Bedeutung, die dem leeren Raum, dem Vakuum zukommt.

Doch abgesehen von ihrer offenkundigen Bedeutung für die Kosmologie haben die neu gewonnenen Daten auch Folgen auf einem tieferen, mehr philosophischen Niveau. Wie ich in diesem Buch zeigen werde, stellen sie ein ernsthaftes Problem für eine jahrhundertealte Annahme dar, die extrem effektvoll gewesen ist, dass nämlich die endgültige Theorie des Universums schön sein soll. Eine Herausforderung von solcher Art und Größe wird manchmal auch als Paradigmenwechsel bezeichnet.

Beginnen wir mit einer Betrachtung der Wissenschaft, die für diese neue Revolution verantwortlich ist – der Astronomie. Es ist nicht immer leicht, festzustellen, was manche Forschungsrichtungen attraktiver und interessanter macht als andere. Unter den Wissenschaften hat die Astronomie gewiss immer einen recht privilegierten Status genossen und die Fantasie auch der Laien beflügelt. Die romantische Anziehungskraft der Sterne, verbunden mit der natürlichen Neugier über den Ursprung des Universums und des Lebens im Universum, macht die Astronomie zu einer fast unwiderstehlichen Wissenschaft.

Ihre Faszination wird durch die Tatsache verstärkt, dass moderne Beobachtungen, insbesondere mit dem Hubble-Weltraumteleskop, eine Bildergalerie ermöglicht haben, die wahrlich ein Fest für die Augen ist. Einige Bilder von Nebeln – glühenden Wolken von Gas und Staub – und von heftig kollidierenden Galaxien rufen im Betrachter eine gefühlsmäßige Wirkung hervor, die derjenigen beim Betrachten außergewöhnlicher Kunstwerke ähnelt. Ich möchte die Analogie zwischen der Betrachtung des Universums und der Betrachtung von Kunstwerken gern weiter verfolgen und die Rolle der Schönheit und der ästhetischen Würdigung in unserem Verständnis des Universums erklären. Es wäre beispielsweise zu fragen, wie Betrachter eines bestimmten Gemäldes die ästhetische Würdigung dieses Werkes steigern können. Sie haben dazu mehrere Möglichkeiten: Sie könnten andere Bilder des gleichen Künstlers betrachten, um das Gemälde in einen weiteren Zusammenhang einzuordnen. Sie könnten ferner versuchen, mehr über die Persönlichkeit und das Leben des Künstlers zu erfahren, um besser mit seinen Motivationen bekannt zu werden. Sie könnten schließlich auch den Hintergrund dieses bestimmten Bildes untersuchen, um die Art von Einfühlungsvermögen hervorzurufen, die oft für eine wahrhaft tiefe emotionale Reaktion erforderlich ist.

Ein perfektes Beispiel für diesen Prozess liefert die allgemeine Reaktion auf das Poster eines Gemäldes, das seit etwa sieben Jahren in meinem Büro an der Wand hängt. Nach dem anfänglichen „Oh! Was für ein wundervolles Bild!" beginnen Wissenschaftler, die in mein Büro kommen, häufig damit, Fragen über das Bild zu stellen. Das Gemälde trägt den Titel *Ophelia* und wurde 1852 von John Everett Millais, einem Vertreter der Präraffaeliten, der Öffentlichkeit vorgestellt. Das Original hängt heute in der Tate-Galerie in London.

Eine kleine Gruppe englischer Maler nahm 1848 den Namen „The Pre-Raphaelite Brotherhood" an. Sie verband ein revolutionärer Geist und eine starke Ablehnung der in ihren Augen bedeutungslosen Malerei der Royal Academy. Der Name der Bruderschaft deutet auf eine Kampfansage an die damals oberste Autorität des Renaissance-Malers Raffael und eine Hinwendung zur mittelalterlichen Kunst auf der Suche nach einer idealen Schönheit.

Das Gemälde zeigt Ophelia, wie sie einen mit Blumen übersäten Bach hinabschwimmt und in ihrem Wahn offenbar nicht ihren unmittelbar bevorstehenden Tod durch Ertrinken erkennt (eine sehr gute Beschreibung des Bildes und seiner Geschichte findet sich in dem Buch *The Pre-Raphaelites*, herausgegeben von Leslie Paris). Der jugendliche Tod an gebrochenem Herzen war ein wiederkehrendes Motiv in der viktorianischen Kultur und insbesondere in den Werken der Präraffaeliten. Man kann sich schwerlich eine gelungenere Darstellung dieses tragischen Motivs vorstellen als die Figur der Ophelia, die, durch den Mord an ihrem Vater durch ihren Liebhaber Hamlet in den Wahnsinn getrieben, sich selbst im Fluss ertränkt. In den Worten Shakespeares (Hamlet, 4. Akt, Szene 7) liest sich das so:

Dort, als sie aufklomm, um ihr Laubgewinde
An den gesenkten Ästen aufzuhängen,
Zerbrach ein falscher Zweig, und nieder fielen
Die rankenden Trophäen und sie selbst
Ins weinende Gewässer. Ihre Kleider
Verbreiteten sich weit und trugen sie
Sirenen gleich ein Weilchen noch empor,
Indes sie Stellen alter Weisen sang,
Als ob sie nicht die eigne Not begriffe,
Wie ein Geschöpf, geboren und begabt
Für dieses Element. Doch lange währt es nicht,
Bis ihre Kleider, die sich schwer getrunken,
Das arme Kind von ihren Melodien
Hinunterzogen in den schlamm'gen Tod.
(Übersetzung von August Wilhelm Schlegel)

Das Gemälde zeigt zahllose Blumen und Pflanzen, die allesamt symbolische Bedeutung haben und Ophelias Schicksal versinnbildlichen. Man findet schwimmende Stiefmütterchen, die mit Gedenken und vergeblicher Liebe verbunden sind, ein Band aus Veilchen um Ophelias Hals, die wahre Keuschheit und den jungen Tod symbolisieren, Gänseblümchen, die die Unschuld zum Ausdruck bringen, und Vergissmeinnicht, die einfach das besagen, was ihr Name bedeutet.

Millais malte zuerst das Flussufer und nahm als Vorlage den Fluss Hogsmill bei Ewell in Surrey, England. Er begann am 2. Juli 1851 zu malen und beendete seine Arbeit Mitte Oktober. Somit ist es unwahrscheinlich, dass alle Blumen auf dem Gemälde gleichzeitig in Blüte waren. Millais schrieb selbst über den Schaffensprozess: „Ich wurde durch eine Anzeige bedroht und sollte vor einem Magistrat erscheinen, weil ich ein Feld betreten und das Heu ruiniert habe; dann bedrohte mich ein Bulle, der auf dem gleichen Feld frei herumlief, nachdem das besagte Heu geerntet worden war. Auch war ich in Gefahr, vom heftigen Wind ins Wasser geweht und mit den Gefühlen der Ophelia vertraut zu werden, die sie empfand, als sie in den nassen Tod ging."

Das Modell der Ophelia war Elizabeth (Lizzie) Siddal, die Geliebte und spätere Ehefrau des führenden Kopfes der Präraffaeliten, Dante Gabriel Rossetti. Millais kaufte selbst das altertümliche Kleid, in dem Lizzie Modell stand und das er als „überbordend mit silbernen Stickereien" beschrieb. Der Körper wurde in den Wintermonaten gemalt, wobei Lizzie in einer zinnernen, mit Wasser gefüllten Badewanne lag, die mit unter dieser stehenden Petroleumlampen warm gehalten wurde. Millais arbeitete mit einer solchen Konzentration, dass eines Tages die Lampen unbemerkt ausgingen und Lizzie eine schwere Erkältung bekam. Lizzie Siddals Schicksal weist eine tragische Ähnlichkeit mit dem von Ophelia auf. Sie starb im Februar 1862 an einer selbst verabreichten Dosis Laudanum, einer Opiumtinktur.

Ich habe die Geschichte von Millais Bildnis mit so viel Ausführlichkeit beschrieben, um zu verdeutlichen, was sicherlich für viele offenkundig ist: Wird der Hintergrund eines Kunstwerks nach und nach entschleiert, kann dies zu einer ganz anderen ästhetischen Auffassung und Wertschätzung führen.

Im Analogschluss möchte ich nun den Prozess beschreiben, dem die Astronomen und Astrophysiker folgten, als sie mit den ersten Bildern der spektakulären Nebel konfrontiert wurden, insbesondere mit den Planetarischen Nebeln. Übrigens hängt das Bild eines solchen Nebels an der Wand meines Büros, Seite an Seite mit der Ophelia.

Zuerst sammelten die Astronomen mehr Daten, um herauszufinden, ob solche Nebel ein seltenes, ungewöhnliches Phänomen im Universum sind oder ob sie häufig auftreten. Dieses Datensammeln führte zur Entdeckung von etwa 2000 Nebeln. Eine weitere Untersuchung ergab, dass in jeden dieser diffusen Nebel ein heißer Zentralstern eingebettet ist. Aus diesen Ergebnissen ergibt sich sofort, dass wir es hier mit einer relativ gewöhnlichen Folge der Sternentwicklung zu tun haben – dem Prozess, der das Leben eines Sterns von seiner Geburt bis zum Tode bestimmt. Bei der Untersuchung einzelner Zentralsterne fanden die Astronomen heraus, dass es sich um Sterne relativ kleiner Masse handelt, die sehr der Masse unserer Sonne ähnelt. Ferner kombinierte man die Beobachtungen von Eigenschaften der Nebel und Sterne mit den theoretischen Modellen, die die Sternentwicklung simulieren, und gelangte so zu der Erkenntnis, dass die Planetarischen Nebel die Endstadien des Lebens sonnenähnlicher Sterne darstellen. Wenn sie im Herbst ihres Lebens angelangt sind, blähen sich die Sterne zu Riesendimensionen auf, werfen ihre nur schwach gebundenen äußeren Schichten ab und offenbaren einen heißen zentralen Kern. Dieser Kern bringt die ausgestoßenen Gaswolken zum Leuchten. In einem letzten dramatischen Stadium leuchten diese wie helle, farbige Neonlampen.

Obwohl diese Vorgänge im Allgemeinen verstanden sind, halten die Planetarischen Nebel noch immer Überraschungen für den Forscher bereit. Als es gelang, hochauflösende, extrem scharfe Bilder der Nebel aufzunehmen, entdeckten die Astronomen, dass die Nebel nicht, wie bislang angenommen, kugelförmige Gasschalen sind. Einer Schneeflocke gleich ist jeder Nebel ein komplexes, von den anderen Nebeln verschiedenes Gebilde. Nach einigen Jahren bemerkten die Wissenschaftler, dass die unterschiedlichen Formen in Klassen wie „rund", „elliptisch", „schmetterlingsförmig" und so weiter eingeordnet werden können. Dies führte schließlich zu einem allgemeinen Modell, das bis zu einem bestimmten Grad alle beobachteten Nebelformen erklären kann. In einfachen Worten besagt das vorgeschlagene Modell Folgendes:

Die meisten Sterne sind keine Einzelsterne wie unsere Sonne, sondern treten paarweise auf. Wenn der massereichere Stern des Paares sich entwickelt, expandiert er und wird zum Riesenstern, der Hunderte Male größer als unsere Sonne werden kann. Dieser Riese kann den Begleitstern einhüllen und ihn in seinen äußeren Schichten – seiner Hülle – verschlingen. Der Begleiter bewegt sich in der Hülle des Riesen wie ein Schneebesen und bewirkt, dass diese Schichten rascher rotieren. Infolgedessen wirft der Riese am Äquator nach und nach seine äußeren Schichten in Form eines Torus ab (ein Torus sieht in etwa aus wie ein amerikanischer Doughnut). Wenn die Hülle verloren gegangen ist, wird der heiße Kern des Riesen freigelegt. Dieser Kern schleudert verdünntes, aber schnell bewegtes Material in alle Richtungen aus (sphärischer Auswurf). Der Doughnut wirkt aber wie ein

Korsett, er verhindert, dass das schnelle Material am Äquator verloren geht, und zwingt es, zwei Blasen in Richtung der Pole zu bilden. Es ist, als ob man einen länglichen Ballon in der Mitte zusammenpresste. Je nach Dichte und Dicke der Doughnuts entstehen eine Vielzahl von Formen, von einem leichten Oval bis hin zur länglichen Gestalt eines Sanduhrglases. Unser Verständnis der physikalischen Prozesse, die zur Formung Planetarischer Nebel beitragen, hat schließlich einen Zustand erreicht, wie er in den Versen des englischen Dichters Alexander Pope, der im 18. Jahrhundert lebte, beschrieben wird:

Wo Ordnung wir in der Verschiedenheit erkennen, und alle Dinge zusammenpassen, obwohl sie sich unterscheiden.

Wie wir später sehen werden, ist dieses allgemeine Bestreben, ein Gesetz zu finden, dass eine Vielzahl von Phänomenen erklärt, eines der grundlegendsten Ziele der modernen Physik.

Die beiden beschriebenen Beispiele, das Gemälde von Millais und der Formenreichtum Planetarischer Nebel, zeigen, dass es einige Ähnlichkeiten bei der Suche nach einer tieferen ästhetischen Bedeutung in einem Kunstwerk und nach der zugrunde liegenden „Wahrheit" in einem physikalischen Phänomen gibt. Man sucht nach einer grundsätzlichen Idee, die die Basis für eine Erklärung bildet. Es gibt aber auch viele wesentliche Unterschiede zwischen Kunst und Wissenschaft, und einer der für unsere Thematik wichtigsten ist der folgende: Wie ich in Kapitel 2 erklären werde, wird das Verhalten und die Entwicklung des Universums durch eine Reihe von Gesetzen beherrscht, die wir die Gesetze der Physik nennen. Diese sind wahrhaft

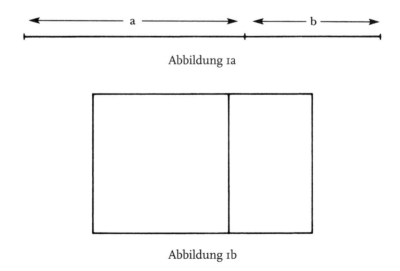

Abbildung 1a

Abbildung 1b

universal in dem Sinne, dass sie im ganzen beobachtbaren Universum Geltung besitzen. Wenn intelligente Wesen außerhalb der Erde wirklich existieren (ein Thema, das in den Kapiteln 8 und 9 diskutiert wird), sollten sie in ihrem Teil des Universums die gleichen Gesetze ableiten können wie wir im unsrigen. Wenn die Sprachbarriere überwunden ist, müssten solche Wesen also imstande sein, unsere Wissenschaft zu verstehen. Dasselbe gilt indes nicht für unsere Kunst, denn das Verständnis von Kunst ist im Allgemeinen eben nicht durch eine Reihe von universellen Gesetzen abzuleiten – und das ist auch gut so!

Das heißt nun aber nicht, dass ästhetische Prinzipien *nie* auf irgendwelchen allgemeinen, universelleren Regeln beruhen. Es hat in der Geschichte sehr wohl Bestrebungen gegeben, einen Kanon für perfekte Proportionen in einem Kunstwerk aufzustellen. Eine sehr bekannte Regel dieser Art ist der *Goldene Schnitt*. Er bezeichnet seit der Antike eine Beziehung, die auf der Teilung einer Strecke beruht (siehe Abbildung 1a), in der das Verhältnis des längeren Teilstücks (im Bild die Strecke a) zu dem kleineren Teilstück (Strecke b) das gleiche ist wie die Summe der Teilstücke (a und b) zum längeren Teilstück (a). In der Ebene ist der Goldene Schnitt durch die Linie gegeben, die zwei gleiche goldene Schnittpunkte auf gegenüberliegenden Seiten des in Abbildung 1b gegebenen Rechtecks verbindet – auch als das Goldene Rechteck bekannt. Diese besondere Art der Streckenteilung ist offenbar schon seit der Zeit der alten Ägypter bekannt. Sie wurde ausführlich in dem 1509 erschienenen Buch *De Divina Proportione* des Mathematikers Luca Pacioli diskutiert, der ein enger Freund von Leonardo da Vinci und Piero della Francesca war. Leonardo hat 60 Abbildungen für Paciolis Buch beigesteuert. Als Zahl ist das Verhältnis, das den Goldenen Schnitt darstellt, ungefähr mit 1,618... anzugeben; es ist genau gleich der Hälfte der Summe von 1 und der Quadratwurzel von 5. Man hat argumentiert, dass die Benutzung des Goldenen Schnitts in Kunstwerken ästhetisch allen anderen Verhältnissen überlegen ist, weil er eine asymmetrische Teilung liefert, ein Element der Spannung, dem gleichzeitig ein gewisses Gleichgewicht innewohnt. Es gibt zahllose Beispiele für die Verwendung des Goldenen Schnittes in der Kunst, beginnend mit dem Parthenon im alten Griechenland, über Gemälde von Botticelli bis hin zur modernen Kunst. In seinem berühmten Gemälde *Das Sakrament des Letzten Abendmahls*, das sich in der National Gallery of Art in Washington befindet, macht sich beispielsweise Salvador Dalí den Goldenen Schnitt zunutze, indem er zum einen das gesamte Gemälde zu einem Goldenen Rechteck macht und andere innere Goldene Rechtecke verwendet, um die einzelnen Figuren zu platzieren. Andere Beispiele für die Verwendung von Goldenen Schnitten bei der Positionierung liefert Paul Cézanne in sei-

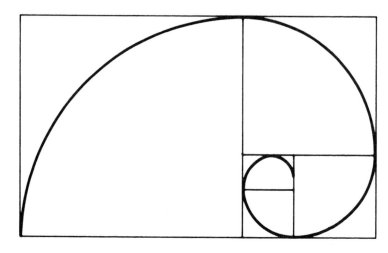

Abbildung 2

nen *Kartenspielern* und der italienische, aber in Argentinien geborene abstrakte Maler Lucio Fontana mit seinen Bildern.

Außerhalb der Kunst stehen einige der mathematischen Eigenschaften des Goldenen Schnitts mit Naturereignissen im Zusammenhang. Der Mathematiker Leonardo von Pisa, genannt Fibonacci, entdeckte im 12. Jahrhundert die Zahlenreihe 1, 1, 2, 3, 5, 8, 13, 21, 34..., in der, mit der dritten Zahl angefangen, jede Zahl die Summe der zwei vorhergehenden Zahlen ist. Diese Reihe ist ganz eng mit dem Goldenen Schnitt verknüpft. Das Verhältnis jeder Zahl zur vorhergehenden nähert sich rasch dem Verhältnis des Goldenen Schnitts. Beispielsweise ist 5:3 gleich 1,666..., 8:5 ist gleich 1,60, 13:8 ist 1,625 und 21:13 ist gleich 1,615. Das Verhältnis des Goldenen Schnitts von 1,618 rückt also immer näher. In der Natur zeigen viele Phänomene Fibonacci-Muster, beispielsweise die Anordnung der Blätter entlang eines Halms (das als Phyllotaxis oder Blattstellung bekannte Phänomen) oder die einiger Blumenblätter. Die Punkte, die die Goldenen Schnitte auf aufeinander folgenden eingebetteten Rechtecken markieren (siehe Abbildung 2), liegen alle auf einem Spiralmuster, das als logarithmische Spirale bekannt ist. Dieses Muster ist in der Natur sehr weit verbreitet, von den Kammern in den spiralförmigen Muscheln tropischer Weichtiere bis zu den beobachteten Formen einiger Riesengalaxien.

Auch die Musikempfindung folgt bestimmten „universellen" Gesetzen. Ich meine hier nicht die Strukturen einer Komposition, sondern die physikalische Basis, die allen musikalischen Formen zugrunde liegt. Man kann das Spektrum der Musik analysieren – die Verteilung der Klangstärke über die unterschiedlichen Frequenzen oder Tonhöhen. Solch eine Analyse wurde 1978 von zwei Physikern in Berkeley, Richard Voss und John Clarke, durchgeführt. Sie entdeckten, dass eine große Verschiedenheit musikalischer Stile durch die gleiche spektrale Form charakterisiert ist. Der gefundene Spektraltyp ist als „1/f-Rauschen" bekannt. Er ist durch die Tatsache charakterisiert, dass es kein spezielles Zeitintervall gibt, über das Klänge korreliert sind; es existieren vielmehr Korrelationen über alle Zeitintervalle. Daraus resultiert eine dem Ohr angenehme Klangfolge. Auf einer wesentlich weniger wissenschaftlichen Grundlage, auf Beobachtungen, die ich beim Aufwachsen meiner drei Kinder gemacht habe, beruht mein Eindruck, dass unser Geschmack mit wachsendem Alter eine Musik mit vorhersehbarem Fortgang einer weniger vorhersehbaren immer mehr vorzieht.

Die bloße Existenz solcher mathematisch begründeten Konzepte wie der Goldene Schnitt und das 1/f-Rauschen dient als Beleg für die Tatsache, dass Schönheit in der Kunst auch einige wahrhaft universelle Elemente enthalten kann. Dessen ungeachtet bleibt aber die Tatsache bestehen, dass die Kunstgeschichte viele Beispiele außergewöhnlicher Werke enthält und wohl in Zukunft auch weiter enthalten wird, die keiner Art von universellem Kanon entsprechen.

Während die Schönheit in der Kunst also nicht unbedingt einem Regelwerk von Gesetzen unterworfen ist, behaupte ich, dass die Gesetze der Physik zu einem großen Teil durch ästhetische Prinzipien bestimmt werden. Deshalb bildet das Zentrum meiner Darstellung ein Blick auf ein Konzept, das den meisten Physikern sehr am Herzen liegt: Die Vorstellung, dass der Test für die Richtigkeit einer physikalischen Theorie des Universums darin besteht, festzustellen, ob sie Schönheit besitzt oder nicht. Eines meiner Ziele ist es, genau zu definieren, was diese ästhetischen Standards sind und was sie nicht sind und zu erklären, warum sie und keine anderen die wichtigen Standards sind. Ich werde dann zeigen, wie sie den Physikern behilflich waren, sich auf eine Theorie festzulegen, die versucht, Ursprung und Entwicklung des Universums zu erklären – von den kleinsten zu den größten Strukturen. Insbesondere werde ich mich auf eine der grundlegenden Fragen konzentrieren, die Astronomen und Kosmologen gegenwärtig beschäftigen: Wird unser expandierendes Universum in alle Zukunft expandieren? Oder wird die Expansion zum Stillstand kommen und das Universum sich dann wieder zusammenziehen?

Wie in allen Einzelheiten im fünften Kapitel erklärt werden wird, wissen die Kosmologen seit langem, dass die Antwort auf diese Frage hauptsächlich von der Dichte der Materie (oder der Energie) im

Universum abhängt. Wenn das Universum dichter als ein bestimmter kritischer Wert ist, ist die Anziehungskraft der Materie im Universum ausreichend, um die augenblickliche Expansion abzubremsen und schließlich mit dem beginnenden Zusammenziehen das Kollabieren einzuleiten.

Wenn andererseits die Materiedichte in unserem Universum niedriger als der kritische Wert ist, ist die Schwerkraft nicht stark genug, um die Expansion anzuhalten, und das Universum wird für alle Zeiten expandieren, mit einer Geschwindigkeit, die vielleicht immer mehr abnimmt, die aber niemals den Wert null erreichen wird. Es ist sogar vorstellbar, dass die Geschwindigkeit der Expansion immer weiter zunimmt.

Im Grenzfall, in dem die Materiedichte im Universum *genau gleich* der kritischen Dichte ist, wird das Universum für alle Zeiten expandieren, aber mit einer immer mehr abnehmenden Geschwindigkeit, die in unendlich ferner Zeit in der Zukunft den Wert null erreichen wird.

Die Astronomen sind seit langem bestrebt herauszufinden, welcher der oben beschriebenen Fälle auf unser Universum zutrifft, indem sie versuchten, die Abbremsung der kosmischen Expansion zu messen. Denn je größer die Dichte im Universum ist, umso mehr wird es abgebremst. Diese Messungen erfolgen mit Hilfe weit entfernter „Leuchttürme". Wegen ihrer enormen Leuchtkraft sind Supernovae – extrem energiereiche Explosionen, die den Endpunkt des Lebens massereicher Sterne darstellen – in dieser Hinsicht besonders nützlich, da sie bis in große Entfernungen von unserer Milchstraße aus gesehen werden können. Wenn die Expansion tatsächlich abgebremst wird, sollten Objekte in großen Entfernungen, also Objekte, die ihr Licht vor langer Zeit ausgesandt haben, sich mit größerer Geschwindigkeit von uns entfernen, als es das normale Expansionsgesetz vorsieht. Je größer die Abbremsung, je größer also die Materiedichte, umso größer sollte dieser Unterschied sein. Die Messung dieser Abweichungen kann den Astronomen helfen, die Dichte im Universum zu bestimmen.

Lange bevor die Kosmologen schlüssige Daten dafür hatten, welche der drei genannten Alternativen die korrekte ist, behaupteten die meisten von ihnen, dass das wahrscheinlichste Modell dasjenige ist, in dem die Dichte im Universum genau gleich der kritischen Dichte ist. Dieses Vorurteil entstand nicht auf der Grundlage von überzeugenden Theorien, sondern großenteils auf der Grundlage *ästhetischer* Argumente.

Dieses Buch befasst sich deshalb mit *Schönheit*. Aber es handelt nicht von den üblichen Fragen, die mit der Erschaffung von Kunst verknüpft sind, von ihrer Bedeutung und ihrem Einfluss. Stattdessen erkundet der erste Teil Schönheit als ein wesentliches Ingredienz in

Theorien über die Natur des Universums. Der zweite Teil, der auf neuesten astronomischen Beobachtungen beruht, wirft ein neues Licht auf alles, was im ersten Teil beschrieben worden ist. Warum? Weil neueste Forschungsergebnisse – beispielsweise die der entfernten Supernovae – darauf hindeuten, dass die Materiedichte im Universum, ein Schlüsselfaktor zur Ermittlung seines endgültigen Schicksals, schließlich doch kleiner als die kritische Dichte ist. Mehr noch: Die neuen Beobachtungsergebnisse deuten darauf hin, dass das Universum die Wirkung einer besonderen Form von kosmischer Abstoßung erfährt, die eine Beschleunigung der Expansion hervorruft.

Diese Informationen legen also nahe, dass das Universum für alle Zeiten *mit einer immer mehr anwachsenden Geschwindigkeit* expandieren wird. Es ist leicht einzusehen, dass dies die künftige kosmologische Forschung in vielfältiger Weise beeinflussen wird.

Doch es gibt noch einen wichtigen Aspekt: Die Möglichkeit, dass die Materiedichte kleiner als die kritische ist und dass es eine kosmische Abstoßung gibt, widerspricht existierenden Meinungen von einer „schönen" Theorie des Universums.

Es gibt theoretische Ansätze, die behaupten, dass in den darstellenden Künsten der Betrachter mit dem Akt der Rezeption in gewissem Sinne zur Schöpfung eines Kunstwerks und damit zu seiner Schönheit beiträgt. Wenn dies nicht der Fall wäre und in Anbetracht der Tatsache, dass die Optik des Sehens bei allen Betrachtern gleich ist, müssten alle Erfahrungen von Kunst gleich sein. Nur durch psychologische Reaktionen, die auch Kreativität beinhalten, entstehen Unterschiede zwischen den Empfindungen der Betrachter.

Wie wir sehen werden, erhebt sich die Frage, ob die Menschen eine ähnliche Rolle spielen, wenn sie die Eigenschaften des Universums und somit seine Schönheit bestimmen. Wäre es möglich, dass einige Eigenschaften unseres beobachtbaren Universums das sind, was sie sind, weil diese Eigenschaften Vorbedingungen für *unsere* Existenz sind? Könnte es also sein, dass von allen möglichen Universen dasjenige, in dem Menschen am wahrscheinlichsten auf irgendeinem Planeten auftauchen können, eine Dichte besitzt, die geringer als die kritische Dichte ist? Ich werde zeigen, dass diese Möglichkeit, wenn sie wahr sein sollte, einige der Prinzipien verletzt, die für die Schönheit gültig sein müssen. Wir müssen also der erschreckenden Möglichkeit ins Gesicht sehen, dass wir eventuell die Vorstellung einer schönen Theorie des Universums infrage stellen oder sogar aufgeben müssen. Wenn sich dies bestätigen sollte, wäre es ein traumatisches Ergebnis für die Physiker – genauso traumatisch wie für Galileis Inquisitoren der Verlust der Vorstellung, dass wir einen ganz besonderen Platz im Universum einnehmen.

Gibt es einen Ausweg aus diesem Problem? Existiert eine allumfassendere und schöne Theorie? Oder könnte sich unser Begriff von Schönheit selbst ändern?

Ich will versuchen, diese und andere Fragen zu beantworten, und auf dem Weg zu diesen Antworten möge mich der Leser auf eine faszinierende Reise durch die Themen der modernen Astrophysik und Kosmologie begleiten.

2
Die Schöne und das Biest

Was ist Schönheit? Was macht bestimmte Kunstwerke, Musikstücke, Landschaften oder das Gesicht einer Person für uns so anziehend, dass sie uns ein Gefühl von Begeisterung und Freude vermitteln? Seit Platos Zeit haben Scharen von Philosophen, Künstlern, Psychologen oder Biologen sich über diese Frage den Kopf zerbrochen. Im 18. Jahrhundert führte sie zur Ausbildung eines Begriffs der Ästhetik – und doch ist sie bis heute zum großen Teil unbeantwortet. In gewisser Weise können alle klassischen Annäherungen an den Begriff der Schönheit durch die folgende, sehr vereinfachte Aussage zusammengefasst werden: Schönheit versinnbildlicht einen bestimmten Grad von Perfektion in Bezug auf ein Ideal. Doch ist es nicht seltsam, dass etwas, das auf einer solch abstrakten Definition beruht, so intensive Reaktionen hervorrufen kann? So geht die Rede, dass der russische Schriftsteller Dostojewskij bei Anwesenheit einer besonders schönen Dame häufig ohnmächtig wurde!

Über die Jahrhunderte hat sich der Geschmack des Öfteren verändert, und offenkundig gibt es in unterschiedlichen Kulturen verschiedene Geschmacksrichtungen, doch trotz aller Unterschiede ist die Auffassung dessen, was schön ist, sehr tief in uns allen verwurzelt. Es genügt, sich ein paar Bilder wie Botticellis *La Primavera*, Leightons *Flaming June* oder eine majestätische Berglandschaft anzusehen, um zu wissen, was ich meine.

Bei den alten Griechen stand der Begriff des Schönen im Zusammenhang mit den Begriffen des „Guten", des „Realen" oder des „Wahrhaftigen". Seit der zweiten Hälfte des 18. Jahrhunderts beschränkt er sich zumeist auf die Wirkung, die er auf unsere Sinne ausübt. Interessanterweise ist die Definition, die in der Bibel, in dem recht philosophisch geschriebenen Buch der Sprüche, zu finden ist, näher an der moderneren Definition: „Der Schein trügt, und die Schönheit ist vergeblich".

Auch wenn Schönheit bloß unsere Sinne beeinflusst, sollte sie nicht unterschätzt werden, was im alten Griechenland auch nicht der Fall war. Der griechische Sagenschatz enthält die berühmte Geschichte der Göttin Eris, die nicht zum Hochzeitsfest des Königs Peleus mit der Seenymphe Thetis eingeladen war. So gekränkt, rächte sie sich, indem sie einen goldenen Apfel mit der Aufschrift „Der Schönsten!" in den Festsaal warf. Nach langen Diskussionen unter den anwesenden Göttinnen gab es nur noch drei Anwärterinnen auf den Titel:

Hera, Athene und Aphrodite. Die Sache wurde Zeus vorgebracht, der die Entscheidung geschickt an Paris, den Sohn des Königs von Troja, weitergab. Letztlich bestand dessen Aufgabe nur noch darin, die Bestechungsgüter abzuwägen, die ihm von jeder der Göttinnen angeboten worden waren.

Hera flüsterte ihm zu, sie würde ihn zum Herrn von Europa und Asien machen, Athene versprach ihm den Sieg über die Griechen, doch Aphrodite bot ihm etwas an, das er nicht ablehnen konnte – sie versprach ihm, dass ihm das schönste Weib auf Erden gehören solle... Also gab Paris Aphrodite den Apfel, eine Tat, die Folgen von wahrlich historischem Ausmaß haben sollte. Denn das schönste Weib auf Erden war Helena, die Frau des Menelaos, deren Antlitz „tausend Schiffe in See stechen ließ". Das Ende der Geschichte ist bekanntermaßen tragisch – nachdem Paris Helena entführt und sie nach Troja gebracht hatte, brach ein erbitterter Krieg aus, der schließlich zum Untergang der Stadt führte.

Helenas Schönheit soll so überwältigend gewesen sein, dass sie offenbar noch gefährlich war, als Menelaos beschlossen hatte, sie zu töten. Die Mutter eines trojanischen Helden beschwor ihn, Helena zu töten, ohne in ihre Augen zu schauen, weil sie „durch ihre Augen die Männer beherrscht und zerstört, so wie sie auch Städte zerstört". Es gibt Spekulationen, dass Helenas Schönheit von der kühlen, unnahbaren Art war und dass ihre überwältigende Wirkung darauf beruhte, dass sie so unerreichbar erschien wie der Begriff der Schönheit selbst.

Manchmal kann man einen Begriff oder eine Eigenschaft besser verstehen, wenn man etwas betrachtet, das als Symbol für das Gegenteil gilt. Man findet solche Begriffspaarungen in Himmel und Hölle, Dr. Jekyll und Mr. Hyde, Stan Laurel und Oliver Hardy – und, wie die Überschrift dieses Kapitels impliziert, in die Schöne und das Biest. Bislang habe ich nur über den Begriff der Schönheit diskutiert, was aber ist das hässliche Biest?

Das Biest ist in diesem Falle – die Physik! Für viele meiner persönlichen Freunde und für eine große Zahl von Studenten der Geisteswissenschaften, denen ich begegnet bin, gibt es nichts Gegensätzlicheres, nichts, was weiter vom Begriff der Schönheit entfernt und ihrer inneren Empfindung mehr entgegengesetzt ist als die Physik. Der Schrecken und die Ablehnung, den die Physik in manchen Menschen hervorruft, kann nur mit ihren Gefühlen verglichen werden, die sie Küchenschaben entgegenbringen. In einem Beitrag in der *Sunday Times* verglich der Leitartikler A. A. Gill Himmelsobjekte mit Kino- und Theaterstars, indem er schrieb: „Es gibt diese Sterne und jene Sterne. Einige sind öde Langweiler, und andere sind fabelhaft, witzig, provozierend." Unglaublich, aber wahr, mit den „öden Langweilern" beschrieb er die Entdeckung der Pulsare – Sterne, die so dicht gepackt sind, dass ein Kubikzentimeter ihrer Masse Millionen Tonnen wiegt und sie im Bruchteil einer Sekunde um ihre Achse rotieren, während die Erde 24 Stunden dafür benötigt!

Ich hoffe, dass ich die Skeptiker davon überzeugen kann, dass „Schönheit in der Physik und Kosmologie" nicht ein Widerspruch in sich ist. Ich erinnere mich an eine bestimmte Szene in dem Film *Good Morning, Vietnam*, in der ein Soldat gefragt wird, zu welcher Einheit er gehört. Seine Antwort „Military Intelligence" (Aufklärungseinheit) provoziert sofort die Entgegnung des Generals: „So etwas gibt es nicht!". Um ein Beispiel aus der Wissenschaft zu bringen, sei an den englischen Dichter Keats erinnert, der Newton beschuldigte, dieser zerstöre die Schönheit des Regenbogens, wenn er optische Theorien bemühe, um dessen Entstehung zu erklären. Keats schrieb:

Die Philosophie wird die Engelsflügel beschneiden, alle Geheimnisse mit Zirkel und Lineal auskundschaften, die Geister der Luft, die Gnome der Höhlen verschwinden lassen, den Regenbogen entzaubern...

Manche Leser werden von dieser Geschichte überrascht sein, weil Keats oft mit dem Ausspruch zitiert wird: „Schönheit ist wahr, und Wahrheit ist schön." Tatsächlich hat Keats nie so etwas gesagt. Vielmehr spiegeln seine Zeilen das allgemeine Gefühl wider, dass Zauberkunststücke oft ihren Reiz verlieren, wenn wir einmal wissen, was sich hinter ihnen verbirgt. In der Physik jedoch ist die Erklärung in vielen Fällen schöner als die Frage, und noch häufiger birgt die Lösung eines Rätsels die Erklärung für ein noch tieferes, noch fesselnderes Geheimnis. Ich hoffe deshalb, zeigen zu können, dass Reaktionen wie die von Keats bloß ein Missverständnis darstellen, das auf falschen Mythen beruht.

Was ist schön?

Definitionen sind oft schwierig, besonders, wenn wir es mit einer Sache zu tun haben, die großenteils subjektiv ist. In diesem Sinn sind Definitionen von Wörterbüchern oder philosophischen Handbüchern für uns nicht sehr hilfreich. Ich werde deshalb versuchen, mir meine Aufgabe zu erleichtern. Da es mein Ziel ist, die Schönheit in der Physik und Kosmologie zu diskutieren, werde ich die Frage so formulieren: Wann hat ein *Physiker* das Gefühl, dass eine physikalische Theorie schön ist?

Alle Versuche, diese Frage zu beantworten, haben zur Folge, dass erneut ein Vokabular benutzt werden muss, das meist aus dem Bereich der schönen Künste stammt. Begriffe dieser Art sind beispielsweise Symmetrie, Kohärenz, Einheitlichkeit, Einfachheit, Harmonie, Eleganz. Vielleicht werden nicht alle Physiker darin übereinstimmen, welche Begriffe benutzt werden sollten. Ich werde aber später zeigen, dass mindestens drei absolut notwendig sind:

Die Symmetrie
Die Einfachheit
Das kopernikanische Prinzip

Ein viertes Element, die Eleganz, wird von manchen als wichtige Zutat einer schönen Theorie erachtet. Ich halte dieses für nicht wesentlich, doch davon später. Natürlich ist mir klar, dass die Bedeutung all dieser Begriffe für die Physik dem Leser vage, wenn nicht völlig dunkel erscheint. Deshalb werde ich jetzt in Einzelheiten erklären, was ich unter jedem einzelnen dieser Begriffe verstehe.

1. Symmetrie:
Wenn Dinge, die sich ändern sollten, sich nicht ändern

Jeder ist zumindest mit Symmetrien von Bildern, Objekten oder Formen vertraut. Das Gesicht und der Körper des Menschen besitzen eine fast exakte zweiseitige (Spiegel-) Symmetrie. Wenn wir eine Hälfte unseres Gesichts reflektieren, erhalten wir etwas, das dem Original sehr ähnlich ist. Dies gilt sogar für den einäugigen Zyklopen, dem Odysseus auf seinen Reisen begegnete.

Manche Formen sind auch rotationssymmetrisch. Wenn wir beispielsweise einen Kreis auf ein Blatt Papier zeichnen und das Papier auf dem Tisch drehen, ändert sich der Kreis nicht.

Andere Anordnungen von Dingen sind symmetrisch in Bezug auf Verschiebungen. Wenn wir vor einer Front von Reihenhäusern stehen, und jemand würde die Häuserzeile um eine Einheit verschieben, würden wir kaum einen Unterschied bemerken. In einem bekannten Bild des Popkünstlers Andy Warhol gibt es eine Reihe von identischen Dosen mit Campbell-Suppe. Wenn wir auf eine Suppendose schauen, und das Bild würde ein bisschen zur Seite oder nach oben gerückt, würden wir das gleiche Bild sehen.

In all diesen Beispielen ändert sich das Objekt oder seine Form nicht, wenn wir die Symmetrieoperation – Spiegelung, Rotation oder Verschiebung – ausführen.

Die Beziehung zwischen Symmetrie und Schönheit erfordert keine umständlichen Erklärungen. Jeder, der jemals durch ein Kaleidoskop geschaut hat, hat die Empfindung von Schönheit erfahren, die der Symmetrie innewohnt. Das Wort Kaleidoskop leitet sich von den griechischen Worten *kalos* (schön), *eidos* (Form) und *skopeein* (anschauen) ab.

Wichtig ist aber der Hinweis, dass die Einführung der Symmetrie in die Physik nicht die Symmetrie von Formen bedeutet, sondern die Symmetrie der physikalischen Gesetze. Wir werden sogleich sehen, dass die Symmetrie mit Dingen verknüpft wird, die sich nicht ändern. Um dieses Konzept besser zu begreifen, lassen Sie mich zuerst kurz beschreiben, was wir unter den Gesetzen der Physik verstehen.

Die Gesetze der Physik, manchmal auch als die Naturgesetze bezeichnet, stellen Versuche dar, das Verhalten von allen Naturereignissen, die wir beobachten, in eine mathematische Form zu kleiden. In der klassischen Physik besagt beispielsweise Newtons allgemeines Gesetz der Schwerkraft, dass jedes Materieteilchen im Universum jedes andere Teilchen mit einer Kraft anzieht, die man als Schwerkraft bezeichnet. Dieses Gesetz liefert ferner ein quantitatives Maß dafür, dass diese Anziehungskraft größer wird, je massereicher ein Teilchen ist (ein Teilchen doppelter Masse verdoppelt die Anziehungskraft), und dass die Anziehungskraft abnimmt, wenn die Entfernung zwischen den Teilchen zunimmt (eine doppelt so große Entfernung macht die Kraft um einen Faktor vier schwächer). Ein anderes Beispiel für physikalische Gesetze sind die Maxwellschen Gleichungen. Diese Gleichungen beschreiben alle elektrischen und magnetischen Phänomene. Eine von ihnen besagt, dass es keine magnetischen Monopole, also keine einzelnen magnetischen Pole gibt. Es kann keinen Magneten geben, der beispielsweise nur aus einem Nordpol besteht. Wenn wir einen Stabmagneten nehmen und diesen in immer kleinere Stückchen zerschneiden, wird dennoch jedes dieser Stückchen einen Nord- und einen Südpol haben.

Was bedeutet nun also Symmetrie in physikalischen Gesetzen? Sie bilden gewisse grundlegende Eigenschaften dieser Gesetze, die eine große Ähnlichkeit mit den Symmetrien aufweisen, die wir für Formen beschrieben haben. So ändern sich die physikalischen Gesetze nicht von Ort zu Ort. Ob wir ein physikalisches Experiment in Russland oder in den Vereinigten Staaten oder auf dem Mond durchführen, wir werden immer die gleichen Ergebnisse erhalten. Dies gilt auch für die verschiedenen Orte im Universum. Wir können dieselben Gesetze, die wir aus Experimenten im Labor ableiten, auch für das Universum im Ganzen anwenden. Wenn wir also einen Stern beobachten, der mehrere Billionen Kilometer von uns entfernt ist, wird er immer noch den gleichen physikalischen Gesetzen gehorchen, die wir hier auf der Erde finden. Diese Erkenntnis verbirgt sich hinter der trockenen Feststellung, dass die Gesetze der Physik *symmetrisch unter Verschiebungen* sind. Wir sollten diese Eigenschaft jedoch nicht mit der Tatsache verwechseln, dass beispielsweise die Anziehungskraft auf der Erde und dem Mond unterschiedlich sind. Die Schwerkraft auf dem Mond ist geringer, weil die Masse und die Größe des Mondes von der Erde verschieden sind. Wenn wir aber die Masse und die Größe des Mondes kennen, können wir *genau dieselbe Formel* verwenden, um die Anziehungskraft des Erdtrabanten zu berechnen, die wir auch auf der Erde anwenden.

Die Gesetze der Physik hängen auch nicht von der Richtung im Raum ab. Sie würden sich beispielsweise nicht ändern, wenn die Erde sich plötzlich in entgegengesetzter Richtung drehen würde. Wäre dies nicht der Fall, so würden physikalische Experimente auf der Südhalbkugel andere Ergebnisse liefern als Versuche auf der Nordhalbkugel. Wir würden dann auch andere Resultate erhalten, wenn wir auf dem Boden liegen, anstatt zu stehen, oder wir würden finden, dass Licht sich schneller nach Norden als nach Osten fortpflanzt. Doch natürlich bedeutet dies nicht, dass die Sterne am Nachthimmel von Alaska dieselben sind wie in Australien. Schließlich verehrt die Jugend an beiden Orten auch unterschiedliche Rockgruppen. Es bedeutet aber, dass die Gesetze, die die Naturvorgänge beschreiben, keine Vorzugsrichtung haben. Sie würden sich auch nicht ändern, wenn jemand das gesamte Universum hernähme und es in Drehung versetzte. Diese Eigenschaft wird durch die Aussage ausgedrückt, dass die physikalischen Gesetze *rotationssymmetrisch* sind.

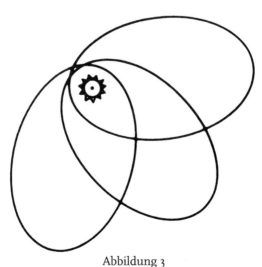

Abbildung 3

Lassen Sie uns den Unterschied zwischen der Symmetrie einer Form und der eines Gesetzes noch weiter herausarbeiten. Die Symmetrie der physikalischen Gesetze unter einer Rotation bedeutet z. B. nicht, dass die Planetenbahnen kreisförmig sein müssen, was die alten Griechen glaubten. Ein Kreis als *Form* ist zwar in der Tat symmetrisch in Bezug auf eine Rotation. Aber dies hat nichts mit der Symmetrie des Gesetzes zu tun – in diesem Fall ist es das Gesetz der Schwerkraft, das die Bewegung der Planeten um die Sonne beschreibt. Seit den Zeiten von Johannes Kepler, eines deutschen Astronomen, der im 17. Jahrhundert in Prag arbeitete, wissen die Astronomen, dass die Planetenbahnen nicht kreisförmig, sondern elliptisch sind. Die Symmetrie des Gesetzes bedeutet, dass die Bahn eine beliebige Orientierung im Raum haben kann (Abbildung 3).

Eine weitere Symmetrie, die die grundlegenden physikalischen Gesetze aufweisen, betrifft die Zeitrichtung. Merkwürdigerweise ändern sich die Gesetze nicht, wenn die Zeit rückwärts laufen würde. Dies gilt sowohl für mechanische als auch für elektromagnetische Phänomene, sowohl im mikroskopischen wie im makroskopischen Bereich. Es klingt paradox, aber es ist so: Nichts in den grundlegenden Gesetzen der Physik weist darauf hin, dass ein herunterfallender Dachziegel, der auf dem Erdboden in viele Teile zerbricht, sich nicht wieder zusammenfügen und auf das Dach zurückzufliegen könnte. Einige Leser sind vielleicht mit dem zweiten Gesetz der Thermodynamik vertraut, das nicht symmetrisch in Bezug auf die Zeitumkehr ist. Wie wir aber später sehen werden, stellt dies in gewisser Hinsicht kein grundlegendes physikalisches Gesetz dar, sondern vielmehr eine Abhängigkeit von den Anfangsbedingungen. Ich werde auf die Frage der Zeitsymmetrie im dritten Kapitel zurückkommen.

Soweit wir wissen, ändern sich die physikalischen Gesetze auch im Lauf der Zeit nicht. Diese Eigenschaft wird sehr deutlich durch astronomische Beobachtungen bestätigt. Wir können Galaxien in Entfernungen von Millionen und Milliarden Lichtjahren beobachten. Ein Lichtjahr ist die Strecke, die das Licht im Laufe eines Jahres zurücklegt, etwa 10 Milliarden Kilometer. Eine Galaxie, die 100 Millionen Lichtjahre entfernt ist, sandte also vor 100 Millionen Jahren Licht aus, das uns heute erreicht. Was wir heute sehen, ist mit anderen Worten die Galaxie, wie sie vor 100 Millionen Jahren aussah. Die Astronomie gestattet uns, tief in die Vergangenheit zu schauen. Wenn wir das heute beobachtete Licht analysieren, können wir folglich die Tatsache bestätigen, dass die gleichen physikalischen Gesetze, die die Aussendung von Licht heute beschreiben, auch in der fernen Vergangenheit Gültigkeit besaßen. Wir können mit einem hohen Maß an Sicherheit sagen, dass die Gesetze der Physik sich nicht geändert haben, seit das Universum ein Alter von einer Sekunde hatte (siehe Kapitel 3).

Wenn Objekte oder Formen eine bestimmte Symmetrie besitzen, hat dies mit etwas zu tun, das sich nicht ändert. Die Wissenschaft nennt dies eine *Invariante*. Wegen ihrer Rechts-links-Symmetrie sieht das Spiegelbild der Kathedrale von Notre Dame in Paris genauso aus wie die Kathedrale selbst. Symmetrien hängen also mit der Ununterscheidbarkeit von Unterschieden zusammen. Da wir Symmetrien in den Gesetzen diskutieren, die das Verhalten aller Naturereignisse beschreiben, beruht die Eigenschaft von Dingen, die sich nicht ändern, in diesem Fall auf der Existenz von so genannten *Erhaltungssätzen*. Ein Erhaltungssatz gehorcht der einfachen Tatsache, dass es im Universum physikalische Größen gibt, die zeitlich konstant bleiben. Wenn wir den Wert einer solchen Größe heute oder im nächsten Jahr oder nach einer Million Jahren messen würden, würden wir immer den gleichen Wert erhalten. Schauen wir uns zum Vergleich den Aktienmarkt an, zeigt sich, dass Geld keine Erhaltungsgröße ist – dort kann an einem bestimmten Tag jeder verlieren und keiner gewinnen.

Die zwei beschriebenen Symmetrien in den Naturgesetzen, die Symmetrie in Bezug auf Verschiebungen und die Symmetrie in Bezug auf Rotationen, führen in der Tat zu Erhaltungssätzen. Der Impuls eines Körpers ist gleich dem Produkt von Masse und Geschwindigkeit, und seine Richtung ist die Bewegungsrichtung. Der Impuls eines Körpers beschreibt in gewissem Sinne die „Bewegungsmenge", die dieser Körper besitzt; diese ist umso größer, je größer die Masse und die Geschwindigkeit sind. Ein davonjagender Büffel hat einen größeren Impuls als ein Mensch, der mit der gleichen Geschwindigkeit läuft, aber einen kleineren im Vergleich zu einer Rakete, die sich mit wesentlich höherer Geschwindigkeit bewegt. Die Symmetrie unter Verschiebungen zeigt sich in der Tatsache, dass der Impuls erhalten bleibt. Der Impuls kann weder verschwinden noch erzeugt werden, er kann bloß von einem Körper auf den anderen übertragen werden. Im täglichen Leben können wir direkt die Folgen der Impulserhaltung beobachten – in den Fahrspuren zusammenstoßender Autos, den Bahnen kollidierender Billardbälle und in der Bewegung der Eishockeyscheibe. Geschwindigkeit und Richtung all dieser Bewegungen werden auf solche Weise bestimmt, dass der Gesamtimpuls des Systems gleich bleibt. Auch die Bewegung von Raketen ist eine Folge der Impulserhaltung. Wenn die Rakete auf der Startplattform steht, ist ihr Impuls gleich null (weil ihre Geschwindigkeit gleich null ist). Solange keine äußeren Kräfte eingreifen, muss er immer null bleiben. Wenn Gase mit hoher Geschwindigkeit von der Rakete nach unten strömen, erhält die Rakete eine Geschwindigkeit nach oben, um den Impuls der Gase auszugleichen.

Der *Drehimpuls* eines rotierenden Körpers ist ein Maß der Rotation, die er besitzt. Wenn zwei identische Kugeln um ihre Achsen rotieren, hat diejenige einen größeren Drehimpuls, die schneller rotiert. Wenn zwei Kugeln mit gleicher Masse mit gleicher Winkelgeschwindigkeit (oder Umdrehungszahl) rotieren, hat diejenige den größeren Drehimpuls, die den größeren Radius hat. Die Symmetrie der Naturgesetze in Bezug auf Rotation drückt sich in der Tatsache aus, dass der Drehimpuls ebenfalls eine Erhaltungsgröße ist.

Eiskunstläufer machen sich häufig diese Erhaltung des Drehimpulses zunutze. Wenn sie dem Publikum eine Pirouette zeigen, beginnen sie sich langsam zu drehen, die Arme weit ausgestreckt, und dann ziehen sie ihre Arme ganz nah an den Körper heran und steigern damit dramatisch ihre Umdrehungsrate. Vielleicht erinnern sich einige Eiskunstlauf-Fans noch an Scott Hamilton, der diese Drehbewegungen unglaublich schnell ausführen konnte. Die Pirouetten beruhen auf nichts anderem als auf der Erhaltung des Drehimpulses – durch die verkleinerte Entfernung der Arme von der Drehachse resultiert eine Vergrößerung der Rotationsgeschwindigkeit. Auch in anderen Alltagserscheinungen macht sich die Drehimpulserhaltung bemerkbar. Sie ist neben der Fähigkeit zur Balance dafür verantwortlich, dass Fahrräder in Bewegung nicht umfallen, dass Achsen von Kreiseln stabil bleiben (und diese deshalb zur exakten Richtungsbestimmung verwendet werden) und nicht zuletzt, dass die Bahnen der Planeten um die Sonne sich nicht verändern.

Eine andere schon erwähnte Symmetrie, die Tatsache, dass sich die Naturgesetze nicht mit der Zeit ändern, ist verantwortlich für das Vorhandensein und die Erhaltung einer Größe, die wir Energie nennen. Wir alle haben ein intuitives Verständnis dafür, was Energie bedeutet. Immerhin zahlen wir Energierechnungen an Gas- und Stromlieferanten, und viele von uns erinnern sich noch an die Energiekrisen von 1973 und 1979, als Benzin teuer und schwer zu bekommen war. In gewisser Hinsicht bezeichnet Energie die Fähigkeit, Arbeit zu verrichten. Grob gesprochen kann Energie mit Bewegung in Beziehung gesetzt werden. In diesem Fall spricht man von kinetischer Energie. Sie kann in bestimmter Form gespeichert werden, als chemische, elektrische, gravitative oder Kernenergie, und in diesen Fällen wird sie als potenzielle Energie bezeichnet, oder sie kann durch Licht befördert werden und wird dann Strahlungsenergie genannt. Auch hier bedeutet der Erhaltungssatz, dass Energie weder erschaffen noch zerstört werden kann. Sie kann nur von einem Ort zum anderen transportiert oder von einer Form in eine andere umgewandelt werden.

Wenn wir einen Löffel fallen lassen, wird potenzielle Energie in kinetische Bewegungsenergie umgewandelt, und letztere wird in Wärme und Schallenergie transformiert, wenn der Löffel auf dem Boden ankommt.

2. Einfachheit: Weniger ist mehr

Kommen wir nun zum zweiten Kriterium für die Schönheit einer Theorie: der Einfachheit. Der Begriff soll hier im Sinne des Reduktionismus verstanden werden. Das oberste Ziel der Physik besteht darin, viele Fragen durch sehr wenige grundlegende zu ersetzen, oder eine Beschreibung der Natur zu entwickeln, die viele einzelne physikalische Gesetze durch eine vollständige Theorie austauscht, die nur noch aus wenigen grundlegenden Gesetzen besteht. Dies ist das Grundprinzip des Reduktionismus. Jahrhunderte lang haben sich Physiker durch das Gefühl leiten lassen, dass sich hinter dem riesigen Reichtum der Phänomene, die wir beobachten, ein relativ einfaches Bild verbirgt. Schon im 17. Jahrhundert sagte der große französische Philosoph und Wissenschaftler René Descartes: „Um die Wahrheiten der Natur zu entdecken, ist eine Methode erforderlich. Als Methode bezeichne ich Regeln oder Gesetze, die so klar und einfach sind, dass jeder, der sie mit Sorgfalt benutzt, niemals das Falsche mit dem Richtigen verwechseln kann, und so keine geistige Anstrengung verloren geht." Im ersten Kapitel haben wir schon ein Beispiel für die Anwendung dieser Denkweise gefunden, als wir einen Mechanismus suchten, um alle Formen von Nebeln zu erklären.

Wir können in diesem Hang zum Reduktionismus einige der Elemente wiedererkennen, die vermutlich die Grundlage für die Vorstellung in der christlich-jüdischen Kultur sind, dass der Monotheismus eine weitergehende (schönere?) Form des Glaubens darstellt als die Vielgötterei. Dies kommt sehr klar in den zehn Geboten zum Ausdruck: „Ich bin der Herr, dein Gott..." und „Du sollst keine anderen Götter haben neben mir..." Ich erinnere mich, dass ich als Kind über die Feststellung eines Lehrers, dass der Übergang zum Monotheismus einen Fortschritt darstelle, etwas verwundert war. Ich dachte, wenn es sowieso eine Sache des Glaubens ist, was macht es dann für einen Unterschied, ob man an einen Gott glaubt oder an viele Götter, von denen jeder für ein anderes Naturphänomen verantwortlich ist? Heute kann ich in dieser Feststellung meines Lehrers dieselbe Forderung nach Reduktionismus, nach Einfachheit wiederfinden, die auch die Physik stellt.

Wenn zwei Theorien ein gegebenes Phänomen gleich gut beschreiben, wird der Physiker immer die einfachere Theorie bevorzugen, und zwar aus ästhetischen und nicht bloß praktischen Gründen. Es trifft nicht zu, dass Physiker nicht die Schönheit erkennen, die im Reichtum und in der Komplexität der Phänomene liegt. Physiker würden durchaus die Worte des Dichters William Cowper unterschreiben, der im 18. Jahrhundert sagte, dass „die Vielfalt dem Leben die Würze gibt". Das Vorhandensein von Komplexität in unserem Universum, wobei das Leben vielleicht den Gipfel dieser Komplexität darstellt, ist sicher der wichtigste Grund für die Schönheit des Universums. Wenn aber die Schönheit einer *physikalischen Theorie* ermittelt werden soll, betrachten die Physiker als wesentliches Element der Schönheit die Tatsache, dass alle Komplexität aus einer beschränkten Zahl physikalischer Gesetze herrührt.

Ich möchte diesen Gedanken durch ein einfaches Beispiel noch etwas vertiefen. Stellen wir uns vor, wir zeichneten ein Quadrat und an jeder Seite des Quadrats ein weiteres Quadrat mit einer Seitenlänge, die ein Drittel derjenigen des ursprünglichen Quadrats entspricht. Stellen wir uns weiter vor, wir wiederholten diesen Vorgang viele Male (Abbildung 4). Jeder wird zustimmen, dass das endgültige Muster aufgrund seiner Symmetrie dem Auge schön erscheint. Doch der Physiker wird ein zusätzliches Element von Schönheit in der Tatsache entdecken, dass es ein sehr einfaches Gesetz, einen Algorithmus oder eine Rechenvorschrift, für die Herstellung dieses Musters gibt.

Im 18. Jahrhundert hatte der große deutsche Philosoph Immanuel Kant ähnliche Ideen in Bezug auf das Ideal des menschlichen Bewusstseins. Er definierte dieses Ideal als den Versuch, unser Verständnis des Universums aus einer kleinen Zahl von Prinzipien aufzubauen, aus denen sich die unendliche Vielfalt der Phänomene entwickelt. Er ging weiter und identifizierte ein schönes Objekt als eines, das aus einer Vielzahl von Bestandteilen besteht, die gleichzeitig alle einer klaren, transparenten Struktur gehorchen, die erst das große Bild liefert.

Recht häufig werden die gegenseitigen Einflüsse von Kunst und Wissenschaft übertrieben. Als Physiker, der zufällig auch Kunstfanatiker ist, kann ich bestätigen, dass der direkte, bewusste Einfluss minimal ist. Nichtsdestoweniger ist es wahr, dass zu manchen Zeiten Vertreter unterschiedlicher Disziplinen manchmal entlang ähnlicher Linien dachten. So ist ein Teil der Überschrift dieses Abschnitts, „Weniger ist mehr", ein populärer Aphorismus des Architekten Ludwig Mies van der Rohe. Das Gefühl, dass man nach den grundlegendsten Eigenschaften der Dinge suchen muss, das die Physiker zu allen Zeiten und insbesondere im 20. Jahrhundert geleitet hat, fand seinen Weg

Die Schöne und das Biest

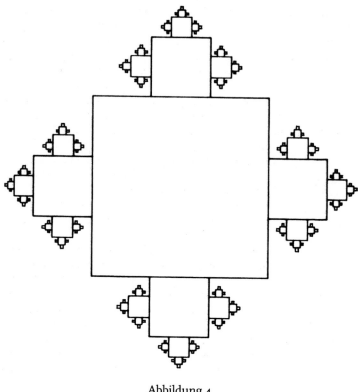

Abbildung 4

auch in Kunstkreise. Insbesondere die Wurzeln der Minimal Art und der konzeptionellen Kunst folgen dieser Richtung.

Ein sehr gutes Beispiel für diese Sichtweise in der Kunst sind der Übergang von der sehr realistischen Darstellung erotischer Anziehung und des Liebesaktes, wie sie sich in den Skulpturen *Desire* des französischen Künstlers Aristide Maillol oder *Der Kuss* von Auguste Rodin findet, zu der sehr minimalistischen Beschreibung in der Skulptur *Der Kuss* des rumänisch-französischen Bildhauers Constantin Brancusi. Die Wandlung vom Realismus zum Minimalismus findet sich auch in einer Reihe von Baumgemälden des holländischen Malers Piet Mondrian, bei deren Betrachtung der Übergang von einer sehr realistischen Ausführung eines Baumes zu einer sehr abstrakten, minimalistischen Malerei, die eine Reihe von Linien symbolisch als Blätter darstellt, detailliert nachvollzogen werden kann.

Ein anderes Gemälde von Mondrian, das der Idee des Reduktionismus verhaftet ist, ist *Broadway Boogie Woogie*, das sich augenblicklich im Museum of Modern Art in New York City befindet. Mondrian stellt den Titel des Bildes in einer Ansammlung von Quadraten und Rechtecken in hellen, leuchtenden, neonlichtartigen Farben von Rot, Gelb und Blau dar. Während reduktionistische Verfahrensweisen nur in bestimmten Bewegungen der westlichen Kunst Eingang fanden, wurden solche Ausdrucksformen in der japanischen Kunst für Jahrhunderte als ein Element der Schönheit angesehen. Man muss nur ein lyrisches Landschaftsbild von Toyo Sesshu aus dem 15. Jahrhundert betrachten oder ein Gedicht von Shikibu aus dem 11. Jahrhundert lesen, um zu erkennen, dass die japanische Kultur Einfachheit und den Gedanken des Reduktionismus zu ästhetischen Höhen gebracht hat.

Komm schnell – sobald
diese Blüten sich öffnen
verwelken sie auch schon.
Diese Welt ist
Wie ein Hauch von Tau auf Blumen.

Seit dem 8. Jahrhundert ist die populärste Form eines japanischen Gedichts das kurze Gedicht (Tanka), das nur fünf Zeilen und 31 Silben hat (in der Folge 5, 7, 5, 7, 7 arrangiert). Im 17. Jahrhundert kam eine noch kürzere Struktur (Haiku) auf, die aus drei Zeilen und 17 Silben besteht (nach dem Muster 5, 7, 5).

3. Das kopernikanische Prinzip: Wir sind nichts Besonderes

Viele betrachten Nikolaus Kopernikus als einen ermländischen Astronomen aus dem 16. Jahrhundert, der ein Weltmodell wieder zur Geltung brachte, das Aristarch bereits im 3. Jahrhundert v. Chr. entworfen hatte, und es besagt, dass nämlich die Erde um die Sonne kreist. Kopernikus war aber – ohne dass er dies beabsichtigte – weit darüber hinaus für eine tief greifende Revolution im menschlichen Denken verantwortlich.

Denn Aristachs Weltmodell hatte keine Anhänger gefunden. Vielmehr folgten alle frühen Weltmodelle gläubig den Vorstellungen des Aristoteles aus dem 4. Jahrhundert v. Chr., wonach die Erde den Mittelpunkt der Welt darstelle. Das detaillierteste und erfolgreichste Modell, das auf diesem Konzept aufbaute, das die beobachteten

Bewegungen der Sonne, des Mondes und der damals bekannten Planeten am Himmel erklärte, wurde im 2. Jahrhundert n. Chr. von dem griechischen Astronomen Ptolemäus entwickelt. Dieses Modell überlebte – erstaunlich genug – fast 13 Jahrhunderte. Es muss die Lähmung der intellektuellen Neugierde im „finsteren Mittelalter" in Verbindung mit der beherrschenden Stellung der katholischen Kirche gewesen sein, die seine Langlebigkeit ermöglichte. Denn Aristoteles' Lehrmeinungen wurden in die christliche Theologie integriert, was dem im 13. Jahrhundert lebenden Thomas von Aquin zugeschrieben wird, und fortan genossen sie den Schutz der Kirche und Aristoteles selbst den Status uneingeschränkter Verehrung.

Kopernikus stellte als Erster klar und deutlich fest, dass *wir keinen bevorzugten Platz im Universum einnehmen*. Er entdeckte, dass wir nichts Besonderes sind. Diese Vorstellung entwickelte sich zu dem, was wir heute als *kopernikanisches Prinzip* bezeichnen. Im Rückblick ist sehr einfach zu verstehen, warum es ein kopernikanisches Prinzip im Bezug auf die Existenz „intelligenter" Lebewesen geben muss. Wir glauben heute, dass es viele Stellen im Universum gibt, an denen Leben entstehen kann, und deshalb sind per definitionem nur sehr wenige davon „etwas Besonderes". Es ist daher viel vorteilhafter für uns, dass wir uns an einem gewöhnlichen statt an einem besonderen Platz befinden. Das kopernikanische Prinzip ist also ein Prinzip der Mittelmäßigkeit!

Seit der Zeit von Kopernikus ist dieses Prinzip immer weiter bestätigt worden. Nicht nur hat die Erde ihre zentrale Stellung im Universum verloren, am Anfang des 20. Jahrhunderts zeigte der Astronom Harlow Shapley darüber hinaus, dass sich unser gesamtes Sonnensystem nicht einmal im Zentrum unserer Milchstraße befindet. Es liegt in der Tat etwa zwei Drittel des Weges vom Zentrum entfernt und benötigt 200 Millionen Jahre für einen Umlauf um das Zentrum. Wie wir in den nächsten Kapiteln sehen werden, ist die Erniedrigung der Erde in der Folgezeit immer weitergegangen.

Das kopernikanische Prinzip kann erweitert und verallgemeinert werden, um Theorien des Universums ganz allgemein einzuschließen. Jedes Mal also, wenn eine bestimmte Theorie es erfordert, dass wir Menschen *einen ganz speziellen Platz einnehmen oder zu einer ganz bestimmten Zeit leben*, können wir sagen, dass diese Theorie nicht dem verallgemeinerten kopernikanischen Prinzip gehorcht. Wenn eine Theorie vorgeschlagen werden würde, der zufolge sich Ursprung und Entwicklung der Menschheit von anderen Tierarten vollkommen unterscheidet, würde eine solche Theorie diesem Prinzip widersprechen. Darwins Theorie über die Herkunft der Arten durch natürliche Zuchtwahl ist demnach ein perfektes Beispiel für eine

Theorie, die dem kopernikanischen Prinzip gehorcht, und sie ist damit von diesem Standpunkt aus schön. Manche Theorien werden als „hässlich" angesehen, weil sie gegen etwas verstoßen, das als Mittelweg zwischen der Einfachheit und einer noch allgemeineren Interpretation des kopernikanischen Prinzips angesehen werden kann. Dazu gehören alle Theorien, die extrem spitzfindig sind oder die sehr spezielle Umstände erfordern (eine Art von Feinabstimmung) um gültig zu sein, auch wenn sie nicht eine Sonderrolle für uns Menschen einschließen. Das Zögern, Schönheit mit solchen Theorien in Beziehung zu setzen, ist ein bisschen vergleichbar mit der Ungläubigkeit, die wir sicherlich empfinden würden, wenn uns jemand erzählte, dass er eine Münze so werfen könne, dass sie auf ihrem Rand landen und stehen bleiben würde. Beispiele solcher Feinabstimmung werden uns in den Kapiteln 5 und 6 begegnen.

4. Eleganz: Erwarten wir das Unerwartete!

In der Mathematik und der Physik oder ganz allgemein in fast jeder Forschungsdisziplin geschieht es manchmal, dass eine sehr einfache, unerwartete neue Idee ein andernfalls relativ schwieriges Problem löst. Solche brillanten Abkürzungen führen zu eleganten Lösungen. Beim Schachspiel werden Schönheitspreise für solche Geistesblitze verliehen. Sie können beinahe überall auftreten. So fand eines der elegantesten Spiele des brillanten amerikanischen Schachspielers Paul Morphy 1858 in einer Loge der Pariser Oper statt, während auf der Bühne eine Vorstellung von Rossinis *Barbier von Sevilla* ablief!

Es ist wichtig, Eleganz von Einfachheit zu unterscheiden. Das Ptolemäische Modell der Planetenbewegungen lieferte beispielsweise eine elegante Lösung für ein schwieriges Beobachtungsproblem, indem es einen Weg wies, mit bemerkenswerter Genauigkeit die beobachteten Bewegungen der Planeten zu beschreiben. Das Modell ist aber keineswegs einfach. Vielmehr erforderte es, dass jeder Planet auf einem kleinen Kreis (dem Epyzikel) umlief, der sich auf einem großen Kreis um die Erde herumbewegte (dem Deferenten). Um alle Beobachtungen zu erklären, benötigte das Ptolemäische Modell nicht weniger als 80 Kreise! Erst nach Keplers Entdeckung, dass die um die Sonne verlaufenden Planetenbahnen Ellipsen sind, entstand ein wirklich einfaches Modell des Sonnensystems.

Ein Beispiel von Eleganz findet sich auch in dem folgenden mathematischen Rätsel: Kann man das in Abbildung 5 gezeigte Spielbrett so mit Dominosteinen, von denen jeder zwei Quadrate überdeckt, belegen, dass nur eine Ecke unbedeckt bleibt? Die Antwort

Die Schöne und das Biest

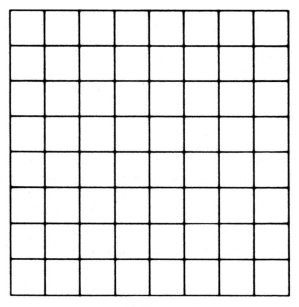

Abbildung 5

ist sehr einfach: nein! Da das Spielbrett eine gerade Zahl von Quadraten, nämlich 64, besitzt und da jeder Domino zwei Quadrate einnimmt, können wir nur eine gerade Anzahl von Quadraten bedecken, und deshalb können wir nicht ein einziges Quadrat offen lassen. Nehmen wir nun aber an, wir würden gefragt, ob wir das Brett so bedecken können, dass wir zwei diagonal aufeinanderstehende Ecken unbedeckt lassen. In diesem Fall bedecken wir eine gerade Anzahl von Quadraten, und damit ist es weniger trivial, sofort herauszufinden, ob dies möglich ist oder nicht. Denken Sie ein wenig nach! Mit Hilfe eines sehr einfachen Tricks können wir die Frage sofort beantworten. Der Trick ist, uns das Spielbrett als Schachbrett vorzustellen, auf dem jedes zweite Quadrat schwarz ist. Da jedes Dominostück genau ein schwarzes und ein weißes Quadrat bedeckt, ist es einsichtig, zwei genau gegenüberliegende Quadrate unbedeckt zu lassen, da sie die gleiche Farbe haben! Die extrem elegante Idee, sich das Spielbrett vor dem geistigen Auge als Schachbrett vorzustellen, half uns, ein Problem sofort zu lösen, das andernfalls als ein sehr komplexes Problem erschien. Ist das nicht elegant? Ich möchte aber noch einmal betonen, dass Eleganz, die ich in einer schönen Theorie als überflüssig erachte, nicht mit Einfachheit verwechselt werden sollte, die absolut essenziell ist.

Kriterien der Schönheit

Die Schönheit von physikalischen Theorien ist unser Hauptthema. Schönheit ist, wie Liebe oder Hass, kaum sauber zu definieren, denn vermutlich jede Definition wird Widerspruch auslösen. Auch auf die Gefahr hin, mich zu wiederholen, möchte ich kurz den Gedankengang rekonstruieren, der mich zu meinen Bedingungen für Schönheit führte. Wegen der fundamentalen Rolle, die Schönheit in der Physik spielt, sollte man sich nicht mit dem Standpunkt „Ich weiß, was schön ist, wenn ich es sehe" zufrieden geben, den manche Physiker vertreten. Wir haben drei Elemente identifiziert, die notwendig sind, damit eine physikalische Theorie schön ist: Symmetrie, Einfachheit und das verallgemeinerte kopernikanische Prinzip. Natürlich können diese Kriterien angezweifelt werden – etwa durch folgende Fragen: Aus welchem Grund sind diese Elemente für eine schöne Theorie vonnöten? Gibt es andere Elemente, die ebenso wichtig sind?

Die Antworten auf diese Fragen sind nicht trivial, weil das Erkennen von Schönheit in einer physikalischen Theorie großenteils von der Intuition des Wissenschaftlers abhängt und manchmal sogar von seinem ästhetischen Empfinden, seinem Geschmack – so wie auch das Erkennen von Schönheit in einem Kunstwerk von dem ästhetischen Empfinden und dem Geschmack des Künstlers abhängig sind. Ich will nichtsdestoweniger versuchen, eine Antwort aufzuzeigen. Anstatt mit den Elementen anzufangen und dann zu versuchen, sie zu rechtfertigen, wollen wir nun unseren Weg rückwärts einschlagen, von einer schönen Theorie ausgehen und von da unsere Schritte in Richtung auf ihre grundlegenden Zutaten lenken.

Das oberste Ziel physikalischer Theorien ist es, das Universum und alle in ihm ablaufenden Phänomene auf eine Weise zu beschreiben, die *so perfekt wie möglich* ist. Deshalb kann eine Theorie nur dann wirkliches Empfinden von Schönheit auslösen, wenn sie einen wesentlichen Schritt zur Perfektion darstellt. Wir müssen deshalb herausfinden, welche Kombinationen von Eigenschaften die Perfektion einer Theorie ausmachen. Da im Universum eine riesige Zahl von Phänomenen auftritt, sodass es generell als ein ziemlich chaotischer Ort erscheinen mag, ist klar, dass bei der Naturbeschreibung die Einführung von Regelmäßigkeit, von Organisation, von Gleichgewicht und Korrespondenz nötig ist. Diese Eigenschaften können umfassende Untersuchungen ermöglichen, die schließlich die Wissenschaftler in den Stand versetzen, gemeinsame Eigenschaften in unterschiedlichen Phänomenen zu identifizieren. Als Nächstes möchten wir klassische ästhetische Bestandteile herausfinden, die zur Schönheit beitragen. Wenn wir solche Komponenten aus den Künsten übernehmen, finden wir folgende Bestandteile: Symmetrie, Einfachheit, Ordnung, Kohärenz, Einheitlichkeit, Eleganz und Harmonie. Die Frage ist nun, welche von ihnen eine zentrale Rolle in der Wissenschaft spielen. Um diese Frage zu beantworten, werde ich versuchen, diese Bestandteile nach ihrer Bedeutung für das naturwissenschaftliche Denken zu ordnen.

Symmetrie steht zweifelsfrei in der Hierarchie ganz oben, da sie buchstäblich die Grundlage bildet, auf der die physikalischen Gesetze aufbauen, wie wir im letzten Abschnitt gesehen haben.

Die Einfachheit kommt direkt danach, da sie den Wissenschaftlern erlaubt, aus allen möglichen Hypothesen und Ideen die ökonomischsten herauszusuchen. Albert Einstein schrieb einst: „Unsere Erfahrung bestätigt bis jetzt unseren Glauben, dass die Natur die Verwirklichung der einfachsten mathematischen Ideen ist, die vernünftig sind."

Ich habe Ordnung, Kohärenz, Harmonie und Einheitlichkeit nicht aufgezählt, weil sie in der Physik keine unabhängigen Konzepte darstellen. Beispielsweise bezeichnet man mit Ordnung, dass gleiche physikalische Umstände gleiche Folgen hervorrufen sollten. Wir haben aber schon gesehen, dass Symmetrie und Einfachheit genau dieses Ziel erreichen. Im folgenden Abschnitt werden wir einem guten Beispiel für die vereinigende Kraft von Symmetrie und Einfachheit begegnen. Werner Heisenberg, einer der Väter der Quantenmechanik, stellte einst fest: „Schönheit ist die wahre Konformität der Teile zueinander und zum Ganzen." Wie wir bald sehen werden, wird genau dies durch das Vorhandensein von Symmetrie und Einfachheit erfüllt.

Eleganz kann zur Attraktivität einer physikalischen Theorie beitragen. Ich betrachte sie aber nicht als ein wesentliches Element. Mit dieser Meinung befinde ich mich – in aller Bescheidenheit – im Widerspruch zu dem Philosophen und Staatsmann Francis Bacon aus dem 16. Jahrhundert. Dieser schrieb, dass „es keine ausgezeichnete Schönheit gibt, die nicht eine gewisse Seltsamkeit in den Proportionen besitzt". Da „Seltsamkeit in den Proportionen" zumindest teilweise als Überraschungsmoment verstanden werden kann, ist Bacons „Definition" enger verwandt mit dem, was ich als Eleganz bezeichne, als mit der Schönheit. Bacons Kriterium bezieht sich aber auch auf die Vereinheitlichung von andernfalls scheinbar unabhängigen Konzepten und demzufolge auch auf Symmetrie und Einfachheit. Was die Eleganz anbetrifft, so hat der Kernphysiker Leo Szilard meinen Standpunkt am besten ausgedrückt: „Eleganz ist etwas für Schneider".

Ich hoffe, dass die obige Diskussion zur Klärung der ersten beiden Elemente meiner Definition von Schönheit in der Physik beiträgt. Das dritte hingegen erfordert weitere Erklärungen. Denn das verallgemeinerte kopernikanische Prinzip ist ja offenkundig nicht mit der Ästhetik verknüpft. Es handelt sich in der Tat um eine Eigenschaft, die den Naturwissenschaften eigentümlich ist. Wissenschaftler verabscheuen Theorien, die besondere Umstände, spitzfindige Modellierungen oder Feinabstimmungen benötigen. In diesem Sinn muss eine schöne Theorie, wie es der Teilchenphysiker Steven Weinberg in seinem Buch *Der Traum von der Einheit des Universums* sagt, praktisch „unvermeidbar" erscheinen.

Eine Verletzung dieses Prinzips durch Aussagen wie „das Universum muss so oder so sein, weil wir Menschen soundso sind" oder irgendwelcher Feinabstimmungen ist ganz gewiss ein Schlag ins Gesicht des Unvermeidbaren und deshalb hässlich. Wir werden auf diese Frage bei der Diskussion über intelligentes Leben und das anthropische Prinzip in Kapitel 9 zurückkommen. An diesem Punkt sei nur der Hinweis erlaubt, dass Theologie, Psychologie oder auch das Theater den Menschen in der Mitte der Bühne platzieren mögen. Doch es ist dies keine Eigenschaft, die Naturwissenschaftler mit einer schönen Theorie verknüpfen würden.

Nach so viel Theorie könnte der Leser leicht den Eindruck gewinnen, dass Physiker in ihrer Suche nach Schönheit in der Theorie die Schönheit des Universums selbst aus dem Blick verlieren. Doch das ist ganz bestimmt nicht der Fall. Einstein sagte einst, das einzig Unverständliche am Universum sei, dass es verstehbar sei, und er bezog sich mit dieser Aussage genau auf die zwei „Schönheiten". Die Realität von Marc Chagalls Bild *Liebende mit Halbmond* (Stedelijk Museum in Amsterdam) ist mehr als die chemische Zusammensetzung seiner Farbe. Menschen können einerseits die Schönheit des Universums erfassen und andererseits die Schönheit seines Wirkens verstehen.

Ich habe immer das Theater bewundert. Ich betrachte die Kunst, wichtige Ideen mit Hilfe von Dialogen und Monologen darzustellen, als eine nahe Verwandte der „Kunst" der wissenschaftlichen Darstellung. Infolgedessen habe ich beschlossen, an einigen Stellen in diesem Buch meinen mehr belehrenden Stil durch einen theatralischen Stil zu ersetzen. Der Zweck dieser kurzen „Szenen" ist es, eine Einführung in neue Konzepte auf der Grundlage von Ideen zu geben, die vorher schon entwickelt worden sind.

Galileo Galilei

In einem dunklen Raum, der nur von einigen Kerzen erhellt ist, sitzen fünf rot gekleidete Männer hinter einem langen Tisch. Der ernste Ausdruck auf ihren Gesichtern lässt sie alle fast identisch erscheinen.

MANN IN DER MITTE DES TISCHES (DER GROßINQUISITOR) Man bringe ihn herein! [*Die Schritte einer Wache hallen von den Steinwänden und der Decke. Die Wache tritt ein, wobei sie einen bärtigen alten Mann vor sich herstößt, der sichtlich Mühe hat zu laufen.*]
GROßINQUISITOR: Wir möchten Dir noch ein paar Fragen über Deine verrückten und, wie soll ich sagen, gefährlichen Ideen stellen.
ALTER MANN: Meine Ideen stellen bloß den Fortschritt der wissenschaftlichen Erkenntnis dar.
GROßINQUISITOR: Überlasse die Beurteilung gefälligst uns. Der Gedanke, dass die Sonne im Zentrum der Welt steht und unbeweglich ist, ist absurd, philosophisch falsch und ketzerisch. Meinst Du nicht auch, dass die Erde unbeweglich im Zentrum der Welt steht?
ALTER MANN [*mit schwacher Stimme*]: Sicher nicht. Die Erde dreht sich um ihre Achse und bewegt sich gleichzeitig um die Sonne. Das Sonnensystem ist noch nicht einmal im Zentrum unserer Galaxis.
INQUISITOR [*am äußeren linken Ende des Tisches mit Überraschung*]: Galaxis? Welche Galaxis? Was hat die Milchstraße damit zu tun?
ALTER MANN [*richtet sich ein wenig auf*]: Wir bezeichnen das schwach leuchtende Band, das sich über den Himmel erstreckt, als Milchstraße, aber eine Galaxie ist in Wirklichkeit eine Ansammlung von etwa 100 Milliarden Sternen, von denen jeder so wie unsere Sonne ist.
GROßINQUISITOR: Bist Du verrückt? Wo sind denn all diese Sonnen?
ALTER MANN: Wie ich schon sagte, unser eigenes Sonnensystem gehört einer solchen Galaxie an. Doch die meisten dieser Sterne sind zu schwach, um mit dem bloßen Auge gesehen zu werden.
GROßINQUISITOR: Warum sehe ich nicht, dass die Erde sich um die Sonne bewegt, wie Du sagst? Ich sehe nur, dass alles um mich herum stillsteht, während sich die Sonne um die Erde bewegt.
ALTER MANN [*etwas verächtlich*]: Das liegt daran, dass Ihr nur relative Bewegungen sehen könnt. Alles auf der Erde bewegt sich mit der Erde, und deshalb seht Ihr keine Bewegung relativ zu Euch.
ZWEITER INQUISITOR AUF DER RECHTEN SEITE: Dies ist der größte Unsinn, den ich je gehört habe. Willst Du auch noch behaupten, dass die Sonne sich nicht um die Erde bewegt, sondern um etwas anderes?
ALTER MANN: In der Tat, die Sonne rotiert um ihre eigene Achse, und sie bewegt sich um das Zentrum unserer Galaxis.
GROßINQUISITOR [*erhebt zornig seine Stimme*]: Hören Deine Ohren, was Dein Mund hervorbringt? Alles rotiert! [*verächtlich*] Was, glaubst Du, rotiert sonst noch?
ALTER MANN [*nun offenkundig zögerlich*]: Nun, die Elektronen im Atom bewegen sich um den Atomkern.
[*Die Inquisitoren sind sichtlich verblüfft über diese Aussage und tuscheln miteinander. Schließlich fasst der Großinquisitor die Befragung zusammen.*]

GROSSINQUISITOR: Es wird immer offenbarer, dass Du den Verstand verloren hast. Wir haben nicht die leiseste Idee, worüber Du sprichst, aber ich will Dir sagen, dass das Wort Atom im Griechischen das Unteilbare bedeutet und dass Du Dich deshalb (*lauter werdend*) täuschen musst!
[*Der Alte Mann verharrt schweigend*]
GROSSINQUISITOR: Nun?
ALTER MANN [*mit schwacher Stimme*]: Materie, wie wir sie kennen, besteht aus Atomen, das ist wahr. Aber die Atome selbst haben einen sehr dichten und sehr kleinen Kern in ihrem Innern. In diesem Kern gibt es Teilchen, die man Protonen und Neutronen nennt. Und andere kleine Teilchen, die Elektronen, kreisen um diesen Kern.
GROSSINQUISITOR [*klatscht in die Hände und schaut verzweifelt in die Höhe. Nachdem er seine Kollegen angesehen hat, wendet er sich dem alten Mann mit empörter Miene zu*]: Ich hoffe wenigstens, dass Deine Protonen und Elektronen sich nicht um ihre Achse drehen?
[*Alle Inquisitoren lachen laut*]
ALTER MANN [*mit Bestimmtheit*]: Die Elektronen und Protonen haben eine Quanteneigenschaft, die Spin genannt wird. Man kann sich diese Eigenschaft durchaus so vorstellen, als ob die Teilchen um ihre Achse rotieren.
GROSSINQUISITOR [*schreit wütend*]: Schweig! Ich habe genug davon. Die Erde dreht sich nicht, sie ist im Zentrum der Welt, und all diese so genannten Elektronen und Protonen sind Fantasiegespinste! [*wendet sich der Wache zu.*] Sperrt ihn in eine feuchte Zelle in Einzelhaft, wo er dann Zeit haben wird, nachzudenken, bis sein eigener Kopf zu rotieren anfängt!
[*Die Wache führt den alten Mann ab. Dieser hat die Augen vor Angst weit aufgerissen und kann kaum den Riesenschritten der Wache folgen. Als er durch die große Holztür geführt wird, flüstert er vor sich hin: Eppur si muove!* (Und sie bewegt sich doch!)]

Es ist natürlich überflüssig zu erwähnen, dass zu Galileos Zeit (1564-1642) Galaxien, Atome, Atomkerne, Elektronen und die Quantenmechanik noch nicht entdeckt worden waren. Aber es würde mich nicht überraschen, wenn Galileo ähnliche Worte über sie gesagt hätte, wie ich sie ihm in den Mund gelegt habe, wenn all diese Dinge zu seiner Zeit schon bekannt gewesen wären.

Drehungen

Elektronen sind in Bezug auf ihre Massen die kleinsten Teilchen, die elektrische Ladung tragen. Galaxien dagegen sind riesige

Ansammlungen von Milliarden von Sternen. Aber es sind die gleichen Gesetze, die beider Verhalten beschreiben. Dies ist die wahre Bedeutung von Einfachheit und Symmetrie – von Schönheit in der Physik. Doch wieso ist ihr Verhalten gleich? Das folgende Beispiel beschreibt, wie diese Gesetze wirken.

Elektronen und Protonen, die grundlegenden Bausteine der Atome, besitzen eine Eigenschaft, die man als Spin bezeichnet. Genau genommen kann man diese Eigenschaft nur mit Hilfe der Quantenmechanik erklären – der Theorie, die die subatomare Welt beschreibt. Für unsere Zwecke wollen wir den Spin als eine Rotation des Elektrons oder Protons um seine eigene Achse ansehen. Wie bei allen rotierenden Körpern können die Eigenschaften dieses Spins mit Hilfe der Drehimpulserhaltung beschrieben werden. Da Elektronen und Protonen zusätzlich eine elektrische Ladung besitzen, hat dieser Spin zur Folge, dass sie sich wie kleine Stabmagneten verhalten, da ein Magnetfeld entsteht, wenn sich elektrische Ladungen bewegen. Nun wollen wir in Gedanken ein einfaches Experiment mit zwei kleinen Magneten ausführen, beispielsweise mit zwei Kompassnadeln. Wir hängen die Nadeln auf dünnen Fäden auf, die durch ihre Mittelpunkte gehen. Wenn wir die zwei Nadeln entlang einer geraden Linie anordnen und sich zwei *gleiche* Pole (z. B. die Nordpole) einander gegenüberstehen, werden wir feststellen, dass eine der Nadeln sich spontan umdrehen wird, so dass zwei unterschiedliche Pole einander zugekehrt sind (ein Nord- und ein Südpol). Energetisch gesprochen bedeutet dies, dass ein solches System bei einem spontanen Übergang von einem energiereicheren in einen energieärmeren Zustand übergeht, da physikalische Systeme sich vorzugsweise in ihrem niedrigsten Energiezustand aufhalten. Jedermann wird dies aufgrund seines eigenen Verhaltens nachvollziehen können.

In gleicher Weise können bei einem Wasserstoffatom, das aus einem Proton besteht, um das ein Elektron kreist, in seinem niedrigsten Energiezustand die Spins von Elektron und Proton parallel sein, was in gewisser Hinsicht so verstanden werden kann, dass Elektron und Proton im gleichen Sinne rotieren. Elektron und Proton können aber auch antiparallel, also in unterschiedliche Richtungen rotieren. Die Quantenmechanik erlaubt nur diese beiden möglichen Zustände für die Spins von Elektron und Proton. Infolgedessen kann das Wasserstoffatom auch spontan seinen Spin umdrehen, vom parallelen zum antiparallelen Zustand. Da letzterer ein kleineres Energieniveau besitzt, wird die Differenzenergie in Form einer Radiowelle ausgesandt. Generell werden Wellen durch eine Eigenschaft beschrieben, die *Wellenlänge* genannt wird. Wenn wir einen Kieselstein in einen Tümpel werfen, können wir eine Anzahl von konzentrischen Wellen beobachten. Die Entfernung zwischen zwei Wellenbergen ist die Wellenlänge.

Die Wellenlänge der Radiowellen, die bei der Umkehr des Spins ausgesandt werden, liegt bei 21 Zentimetern. Wie hängt all dies mit Galaxien zusammen? Die 21-cm-Radiowelle spielt eine entscheidende Rolle bei der Erforschung der Galaxien. Um die allgemeine Struktur unserer eigenen Galaxis, der Milchstraße, und die Bewegungen innerhalb derselben zu bestimmen, müssen wir Beobachtungen bis zu Entfernungen von etwa 30 000 Lichtjahren machen. Das Problem liegt darin, dass das interstellare Medium, diffus verteiltes Gas, Staub und darin enthaltene Staubwolken, optische Beobachtungen bis zu diesen Entfernungen nicht zulässt, da das Licht den Staub nicht durchdringen kann. Man muss also die elektromagnetische Strahlung bei einer Wellenlänge finden, bei der die interstellare Materie relativ transparent ist, sodass die Strahlungsquelle noch bis zu relativ großen Entfernungen gesehen werden kann. Außerdem muss die Wellenlänge so geartet sein, dass entweder Sterne oder kalte Gaswolken, die die häufigsten sich bewegenden Objekte in der Galaxis sind, starke Signale abstrahlen, damit wir sie entdecken können.

Die 21-cm-Linie ist für diese Zwecke hervorragend geeignet. Sie erlaubt nicht nur, dass die entferntesten Winkel der Galaxis untersucht werden können, sie wird auch von neutralen Wasserstoffatomen ausgestrahlt, die den Hauptbestandteil der interstellaren Materie in Form kalter Gaswolken darstellen.

Es gibt einen weiteren Effekt, der erklärt werden muss, wenn es um die Beobachtung der Geschwindigkeiten von Gaswolken geht, und diesen bezeichnet man als den Doppler-Effekt, benannt nach dem Physiker Christian Doppler, der ihn 1842 entdeckte. Dieser Effekt ist leicht darzustellen, denn wir alle kennen ihn aus unserem alltäglichen Leben. Wenn eine Schallquelle, ein Auto oder ein Zug, sich uns nähert, werden die Schallwellen gestaucht, und wir empfangen sie bei einer höheren Frequenz oder einem höheren Ton. Das Gegenteil tritt ein, wenn die Schallquelle sich von uns entfernt. Die Wellen werden dann auseinander gezogen, und wir hören einen niedrigeren Ton. Der Effekt ist besonders auffällig, wenn eine Schallquelle sich mit hoher Geschwindigkeit an uns vorbeibewegt, da sich dann der Schall von einem hohen zu einem tiefen Ton verändert. Haben Sie schon einmal ein Autorennen besucht, dann kennen Sie das. Eine ähnliche Beobachtung kann beim Licht oder irgendeiner anderen elektromagnetischen Strahlung gemacht werden. Wenn eine Quelle, die die 21-cm-Strahlung aussendet, sich von uns entfernt, werden wir die Strahlung bei einer etwas längeren Wellenlänge (einer niedrigeren Frequenz) empfangen. Nähert sie sich uns, wird sie bei einer kürzeren Wellenlänge (höheren Frequenz) beobachtet.

Aus der gemessenen Wellenlängenverschiebung kann die Geschwindigkeit der Quelle ermittelt werden: Je größer die Verschiebung, umso höher ist die Geschwindigkeit.

Die Sterne und Gaswolken unserer Galaxis nehmen an einer allgemeinen Rotation um das galaktische Zentrum teil. Radiobeobachtungen der 21-cm-Linie erlaubten es den Astronomen, die Struktur und das Rotationsmuster der gesamten Milchstraße innerhalb der Sonnenbahn zu bestimmen – zwischen der Bahn der Sonne und dem galaktischen Zentrum.

Eine genaue Kartierung unserer Galaxis zeigt, dass sie eine scheibenförmige Spiralgalaxie ist. Sie hat die Form eines Pfannkuchens, auf dessen Oberfläche ein Spiralmuster aufgeprägt ist. Diese Scheibenstruktur ist vermutlich eine Folge des Entstehungsprozesses der Galaxis, und sie steht zumindest teilweise in Beziehung zur Größe des Drehimpulses (der Größe der Rotation), den die Gaswolke innehatte, aus der sie sich formte. Der genaue Ablauf, wie sich Galaxien bilden, ist noch nicht ganz verstanden. Wir können jedoch getrost folgende Aussagen machen: Wenn eine rasch rotierende Gaswolke aufgrund der Schwerkraft zusammenfällt, um eine Galaxie zu bilden, wird sie dazu tendieren, eine abgeplattete Scheibe zu bilden. Dies ist eine Folge der Zentrifugalkraft, die bestrebt ist, Material von der Rotationsachse wegzustoßen. Die Zentrifugalkraft ist all denen wohlvertraut, die schon einmal versucht haben, mit einem Auto bei hoher Geschwindigkeit eine enge Kurve zu nehmen: Eine starke Kraft macht sich bemerkbar, die den Wagen von der Straße wegzutragen versucht. Die Zentrifugalkraft ist stärker, wenn die „Rotationsmenge" der Wolke höher ist. Der Kollaps macht aus Wolken mit hohem Drehimpuls flache, scheibenförmige Strukturen.

Was haben wir nun hier entdeckt? Die gleiche Größe, der Drehimpuls, dessen Erhaltung aus der Symmetrie der physikalischen Gesetze bei Rotation gefolgert wird, erklärt uns etwas über das Elektron, das eine Größe von etwa 10^{-13} cm besitzt, und über unsere Galaxis, die eine Größe von 10^{23} cm besitzt. Wir haben eine Eigenschaft (die Spinumkehr des Elektrons) dazu benutzt, die andere (die Struktur der Galaxis) zu entdecken. Nun frage ich Sie – ist das nicht wahrlich schön?

3
Expansion

Die moderne Kosmologie befasst sich mit dem Studium des Ursprungs und der Entwicklung des Universums als Ganzem. Sie beschäftigt sich dabei mit sehr grundlegenden Fragen: Was ist der Ursprung der Expansion des Universums? Was ist der Ursprung der Materie? Aus welchen Saatkörnern entwickelten sich die heute im Universum zu beobachtenden Strukturen wie etwa die Galaxien? Dies sind keine einfachen Fragen. Die Tatsache, dass wir glauben, solche und ähnliche Fragen beantworten zu können, kann als absolut erstaunlich angesehen werden, vor allem wenn man sich vor Augen hält, dass noch vor 100 Jahren viele dieser Fragen überhaupt nicht gestellt werden konnten!

Da die Naturgesetze die Elemente der Schönheit in sich tragen, sollte es keine Überraschung sein, dass ästhetische Prinzipien schon immer eine große Rolle gespielt haben, wenn wir uns Gedanken über den Ursprung des Universums gemacht haben.

Lassen Sie mich mit einem Bild beginnen, das sehr gut verdeutlicht, womit wir es zu tun haben, wenn wir uns mit dem Universum beschäftigen: Stellen wir uns vor, wir stünden mitten in einem Wald, dessen Baumstämme allesamt weiß angestrichen wurden. Wenn der Wald nicht sehr groß ist, kann man vielleicht in einigen Richtungen durch die Lücken zwischen den Baumstämmen einen Blick auf die Dinge erhaschen, die außerhalb des Waldes sind, da unser Sehstrahl in diesen Richtungen keinem Baumstamm begegnet. Stellen wir uns weiter vor, dass der Wald immer dichter wird, dass immer mehr Bäume um den ursprünglichen Waldrand herum angepflanzt werden und dieser also in immer größere Entfernung rückt. Es gibt einen Moment, ab dem der Betrachter von einem Wald umgeben ist, der gleichförmig weiß erscheint. In welche Richtung man auch schaut, immer trifft der Sehstrahl auf einen Baumstamm. Wie wir bald sehen werden, ist dieser Wald sehr eng mit einigen Eigenschaften des Universums verbunden.

Seit den frühen Tagen der modernen Kosmologie zu Beginn des 20. Jahrhunderts gelten folgende fundamentale Annahmen: Das Universum ist homogen, es hat überall die gleichen Eigenschaften. Das Universum ist isotrop, es sieht in allen Richtungen gleich aus. Diese beiden grundlegenden Aussagen sind auch als das kosmologische Prinzip bekannt. Man beachte, dass beide Annahmen genau mit meiner Definition von Schönheit zusammenfallen, denn

Homogenität ist die einfachste Annahme, die man machen kann, und sie beinhaltet Symmetrie in Bezug auf Verschiebungen. Aus der Isotropie ergibt sich, dass es keine Vorzugsrichtung gibt und deshalb eine Symmetrie des Universums in Bezug auf Rotationen besteht. Weiterhin spiegeln Homogenität und Isotropie auch den Geist des kopernikanischen Prinzips wider, denn aus der Tatsache, dass wir nicht in der Mitte des Kosmos leben, ergibt sich direkt, dass unser Ort ein typischer Ort ist. Und daraus folgt, dass das Universum in seinen großen Strukturen überall gleich aussieht, gleichgültig, von welchem Ort man in es hineinsieht.

Der Gedanke der Homogenität lässt sich bis ins 16. Jahrhundert zurückverfolgen. Der italienische Philosoph und Wissenschaftler Giordano Bruno behauptet in seinem Buch *Zwiegespräche vom unendlichen All und den Welten* (1584), dass das Universum überall die gleiche Struktur aufweise und sozusagen aus einer unendlichen Folge von Sonnensystemen bestehe („synodi ex mundis", „Ansammlungen von Welten"). Unglücklicherweise geriet Bruno durch seine Begeisterung für die Lehren des Kopernikus in direkte Konfrontation mit der Inquisition und wurde nach siebenjährigem Prozess 1600 in Rom auf dem Scheiterhaufen verbrannt.

Mächtige Teleskope auf dem Erdboden und im Weltraum gestatten uns, bis zu einem „Horizont" von etwa 10 Milliarden Lichtjahren ins All zu schauen. Beobachtungen in diese Tiefen des Raumes zeigen, dass Homogenität und Isotropie nicht nur Annahmen sind. Auf Skalen von mehr als ein paar 100 Millionen Lichtjahren ist das Universum in der Tat homogen und isotrop.

Aus den beiden Beobachtungstatsachen Homogenität und Isotropie ergeben sich zwei wichtige Folgerungen: Das Universum hat keinen Rand und kein Zentrum. Wenn es einen Rand hätte, wäre kein Ort im Universum dem anderen gleich. Ein Ort nahe am Rand hätte eine völlig andere Umgebung als ein Ort nahe dem Zentrum. Ein Ort am Stadtrand von Berlin ist ja auch nicht gleich einem Ort mitten in Berlin. Somit wäre die Homogenität verletzt. Und ganz ähnlich würde das Universum von einem Ort aus, der nicht im Zentrum liegt, ganz anders aussehen, wenn das Universum ein Zentrum hätte. Das stände im Widerspruch zur Isotropie.

Denken wir eine Minute darüber nach, wie es möglich ist, dass ein geometrisches Gebilde weder einen Rand noch ein Zentrum hat. Ein offenkundiges Beispiel hierfür ist eine unendliche, homogene flache Ebene. Definitionsgemäß hat sie weder Zentrum noch Rand. Das Gebilde muss aber nicht unendlich ausgedehnt sein, um keinen Rand zu besitzen. Betrachten wir beispielsweise die zweidimensionale Oberfläche eines kugelförmigen Luftballons. Sie hat ebenfalls kein

Zentrum, da es keinen bestimmten Mittelpunkt auf der Oberfläche des Ballons gibt. Man beachte, dass der Mittelpunkt des Luftballons selbst nicht ein Teil der Oberfläche ist – und wir betrachten ja nur das Gebilde der Oberfläche. Die Oberfläche hat auch keinen Rand; wenn wir zweidimensionale Lebewesen wären, die auf dieser Oberfläche lebten, und wir ständig in der gleichen Richtung wanderten, würden wir doch nie zum Rand gelangen; allerdings kämen wir irgendwann wieder zu unserem Ausgangspunkt zurück.

Stellen wir uns für einen Augenblick vor, unser beobachtbares Universum wäre nicht nur homogen und isotrop, sondern auch noch unendlich ausgedehnt, mit identischen Sternen überall im Raum – wie Rosinen in einem Kuchen. Wegen seiner unendlichen Ausdehnung würde unsere Sichtlinie mit Sicherheit in jeder beliebigen Richtung schließlich die Oberfläche eines Sterns treffen, so wie in unserem Beispiel vom Wald mit den weißen Bäumen. Infolgedessen würden wir erwarten, dass der Nachthimmel *gleichförmig hell* ist und die Helligkeit eines Sterns hat. Diese Erwartung steht natürlich in scharfem Kontrast zum wirklichen Erscheinungsbild des Nachthimmels – des dunklen Himmels, an dem die Sterne wie Lichtpunkte auf einer dunklen Fläche erscheinen. Dieser scheinbare Widerspruch ist unter dem Namen Olberssches Paradoxon bekannt, nach dem deutschen Astronomen Wilhelm Olbers, der es 1823 formulierte, obwohl das allgemeine Problem schon mindestens 100 Jahre früher erkannt worden war, vielleicht schon von Johannes Kepler. Da die Gültigkeit der Homogenität und Isotropie auf großen Skalen durch moderne astronomische Durchmusterungen bestätigt worden ist, folgt aus dem Widerspruch zwischen der Vorhersage *gleichförmig heller Himmel* und der alltäglichen Erfahrung *dunkler Himmel*, dass eine oder beide unserer Annahmen „das beobachtbare Universum ist unendlich" und „überall erfüllt mit identischen Sternen" falsch sein muss. Wo liegt der Fehler? Leider kann das Paradox nicht einfach mit der Annahme aufgelöst werden, dass das Sternlicht durch interstellaren Staub unseren Blicken entzogen wird. Denn im Gleichgewichtszustand absorbiert solcher Staub das intensive Sternlicht und strahlt die Energie genauso wie ein Stern wieder ab. So unglaublich es klingt: Die uns so vertraute Tatsache des dunklen Nachthimmels leitet sich aus einer Eigenschaft des Universums ab, deren Entdeckung wohl die dramatischste der gesamten Kosmologie ist.

In den zwanziger Jahren formulierte der Astronom Edwin Hubble, nach dem das Hubble-Weltraumteleskop benannt ist, die folgenden Ergebnisse seiner Beobachtungen, wobei man einschränken muss, dass einige dieser Gedanken schon durch frühere Arbeiten des Astronomen Vesto Slipher bekannt waren:

1. *Jede* entfernte Galaxie scheint sich von uns wegzubewegen.
2. Weiter entfernte Galaxien bewegen sich schneller von uns weg als nahe Galaxien, und zwar so, dass eine doppelt so weit entfernte Galaxie sich doppelt so schnell von uns entfernt.

Wie kann man so etwas entdecken? Die Antwort ist einfach und uns schon bekannt: mit Hilfe des Doppler-Effekts. Erinnern wir uns, dass das Licht einer Lampe, die sich von uns entfernt, verschoben ist zu längeren Wellenlängen oder niedrigeren Frequenzen hin. Da in dem für das menschliche Auge sichtbaren Bereich der elektromagnetischen Strahlung die längste Wellenlänge rot ist, sagt man in einem solchen Fall, dass das Licht rotverschoben ist. Nun gibt jedes Atom Strahlung bei einem ganz bestimmten Satz von Wellenlängen ab, die den Differenzen seiner verschiedenen Energieniveaus entsprechen. Wenn beispielsweise ein Wasserstoffatom einen Übergang vom zweitniedrigsten zu seinem niedrigsten Energieniveau vollzieht, wird die Energiedifferenz in Form ultravioletter Strahlung abgegeben, die eine Wellenlänge von 0,00001216 cm besitzt. Jedes Atom eines chemischen Elements hat seinen eigenen Satz von Energieniveaus und deshalb seinen eigenen Satz von Wellenlängen, den man als *Spektrum* dieses Atoms bezeichnet. Wenn Strahlung, die der Wellenlänge im Spektrum eines bestimmten Atoms entspricht, beobachtet wird, ist dies wie ein Fingerabdruck, der die Anwesenheit dieses Atoms anzeigt. Hubble entdeckte nun, dass die Spektren aller Galaxien rotverschoben waren, was zwingend auf eine „Galaxienflucht" hindeutete. Da der Betrag der Verschiebung durch die Geschwindigkeit der Quelle bestimmt wird (je schneller die Quelle, umso größer die Verschiebung), konnte er herausfinden, dass die Geschwindigkeit der Fluchtbewegung proportional zur Entfernung ist. Mit Hilfe von modernen Teleskopen haben Wissenschaftler festgestellt, dass einige der entferntesten Galaxien, manche sind bis zu 10 Milliarden Lichtjahren weit weg, und ebenso die Objekte, die man als Quasare bezeichnet, sich mit Geschwindigkeiten von uns wegbewegen, die mehr als 90 Prozent der Lichtgeschwindigkeit betragen!

Vor diesem Hintergrund stellen sich die folgenden Fragen wie von selbst: Wie ist es möglich, dass sich alles von *uns* wegbewegt? Wer sind *wir* im großen Bauplan des Universums? Verstößt diese Erkenntnis nicht gegen das kopernikanische Prinzip, weil es so aussieht, als ob *wir* uns im Zentrum des Universums befinden? Warum entfernen sich nicht einige Galaxien von uns, während andere sich uns nähern? Man könnte ja fast den Eindruck haben, dass eine große kosmische Antipathie uns gegenüber herrscht, wenn alles von uns wegstrebt?

Versuchen wir zu verstehen, was da vor sich geht, und dies geht am einfachsten mit Hilfe eines imaginären Universums, das nur zwei

Raumdimensionen besitzt. Wir haben die Idee eines solchen Universums schon einmal benutzt, als wir die Oberfläche eines kugelförmigen Luftballons betrachteten. Wir haben festgestellt, dass ein solches zweidimensionales Universum weder Zentrum noch Rand besitzt. Stellen wir uns nun vor, dass wir zweidimensionale Wesen seien, die auf dieser Oberfläche auf einem aufgemalten Punkt leben. Dieser Punkt stellt eine Galaxie dar. Die Tatsache, dass der Ballon selbst in einem dreidimensionalen Raum existiert, ist den Bewohnern dieses Universums nicht ohne weiteres klar, da eine dritte Dimension für sie nicht existiert. Was wird geschehen, wenn dieser Ballon aufgeblasen wird? In einem solchen Fall würden wir beobachten, dass alle Galaxien um uns herum von uns wegstreben. Und diese Beobachtung bleibt richtig, ungeachtet der bestimmten Galaxie, in der wir uns befinden. Wenn wir zwei Galaxien betrachten, von denen eine ursprünglich doppelt so weit von uns weg ist wie die andere, wird die entferntere Galaxie sich doppelt so schnell von uns wegbewegen. In diesem zweidimensionalen Universum würden wir mit anderen Worten genau das entdecken, was schon Hubble entdeckte. Das Wesentliche dieser Entdeckung gilt auch für den dreidimensionalen Raum. *Hubble entdeckte, dass unser Universum expandiert.*

Interessanterweise war der große Astronom niemals vollständig von der Wirklichkeit der Expansion überzeugt. 1936 schrieb er in einer Arbeit: „Die hohe Dichte deutet darauf hin, dass expandierende Modelle eine erzwungene Interpretation der Beobachtungsdaten sind." Seine Zweifel rührten zum großen Teil von einem zweiten Beobachtungsprogramm her, in dem er die Zahl der Galaxien in allen Helligkeitsintervallen zählte. Da er die Fehler in seiner Zählanalyse unterschätzte, dachte er, dass die Ergebnisse nicht im Einklang mit einem expandierenden Universum stünden. Obwohl Hubble eine der wichtigsten Entdeckungen der Kosmologie machte, blieb er selbst bis zu seinem Tode 1953 skeptisch.

Doch die Entdeckung der Expansion und die Tatsache, dass die Fluchtgeschwindigkeit der Galaxien proportional zu ihrer Entfernung ist, führen uns zu dramatischen Folgerungen. Zuerst müssen wir uns noch einmal vergegenwärtigen, was uns die kosmologischen Prinzipien der Homogenität und Isotropie sagen: Das Universum besitzt kein Zentrum, und ein Beobachter würde von jeder beliebigen Galaxie aus die gleiche Expansion feststellen wie jeder beliebige Beobachter in einer anderen Galaxie. Zu beachten ist ferner, dass nur die Skala des Universums im Großen, ausgedrückt in Entfernungen, die Galaxien und Galaxienhaufen voneinander trennen, expandiert. Die Galaxien selbst werden jedoch nicht größer, auch nicht die Sonnensysteme, die Sterne oder die Menschen selbst. Es ist einfach der Raum zwischen ihnen, der sich vergrößert. Ein weit verbreitetes Missverständnis beruht darüber hinaus in der Annahme, die Bewegung der Galaxien erfolgten in einem schon immer existierendem Raum. Doch dies ist falsch. Denken wir wieder an die Punkte auf der Oberfläche des Ballons. Sie bewegen sich nicht. Stattdessen ist es der Raum selbst (die Oberfläche), der sich ausdehnt und damit die Entfernungen zwischen den Galaxien vergrößert. Und noch eine Bemerkung: Das Gesetz der Speziellen Relativitätstheorie, dass sich Materie nicht schneller als Licht bewegen kann, besitzt im Fall der Galaxien, die sich deshalb voneinander entfernen, weil sich der Raum ausdehnt, keine Gültigkeit. Die Galaxien selbst bewegen sich ja nicht, und es gibt keine Grenze für die Geschwindigkeit, mit der der Raum expandieren kann. Anders als im Fall von sich bewegenden Zügen oder Autos ist der Doppler-Effekt, der benutzt wird, die Rotverschiebung zu bestimmen, in diesem Falle ein Auseinanderziehen der Wellenlängen aufgrund der Expansion des Raumes selbst.

Bleibt die allerwichtigste Folgerung aus Hubbles Beziehung zwischen Entfernung und Fluchtgeschwindigkeit: *Unser beobachtbares Universum hatte einen Anfang.* Es existierte nicht immer; es hat ein Alter, das zwischen 11 und 15 Milliarden Jahren liegt, wobei ich im Folgenden den Wert von 14 Milliarden Jahren benutzen werde. Wie können wir das Alter ermitteln? Betrachten wir zunächst, wie wir die benötigte Zeit abschätzen, um eine bestimmte Strecke zurückzulegen. Die Entfernung von Baltimore nach New York beträgt etwa 340 Kilometer; wenn wir mit einer Durchschnittsgeschwindigkeit von 100 Stundenkilometern fahren, kommen wir in etwa dreieinhalb Stunden dort an, weil die Zeit gleich der Entfernung geteilt durch die Geschwindigkeit ist. Da Hubbles Entdeckung die Entfernung jeder Galaxie mit ihrer Geschwindigkeit verknüpft, können wir auch ungefähr berechnen, vor welcher Zeit die Expansion des Universums begann. Das *ganze* Universum expandiert; jede Galaxie bewegt sich von jeder anderen Galaxie weg. Wenn wir wie in einem Film die Zeit rückwärts laufen lassen könnten, würden die Galaxien schließlich zusammenstürzen – falls es in der Frühzeit des Universums überhaupt Galaxien gegeben hat. Wie im Beispiel des expandierenden Ballons, der in diesem Fall auf eine winzige Größe zusammenschrumpfen würde, begann das Universum von einem Punkt aus. Genau gesagt, war vor etwa 14 Milliarden Jahren all die Materie und Energie, die wir heute im Universum beobachten können, in einer Kugel konzentriert, die kleiner als ein Zehnpfennigstück war.

Kommen wir nun auf das Olberssche Paradoxon zurück. Wir haben herausgefunden, dass die beiden Annahmen, das beobachtbare Universum sei unendlich und mit identischen Lichtquellen (Sterne oder Galaxien) erfüllt, teilweise oder ganz falsch sind. Hubbles Entdeckung der Expansion und die Tatsache, dass das Universum ein endliches Alter von etwa 14 Milliarden Jahren besitzt, helfen uns nun, das Paradoxon aufzulösen. Wenn das Universum 14 Milliarden Jahre alt ist, bedeutet dies, dass wir prinzipiell nicht Sterne und Galaxien jenseits eines bestimmten Horizonts sehen können. Selbst wenn es Lichtquellen dort draußen gäbe, hätte ihr Licht nicht genug Zeit gehabt, uns während der Lebenszeit des Universums zu erreichen. Dies bedeutet, dass für unsere Augen das Universum nicht unendlich ist, und somit ist die erste Annahme ungültig. Es wäre so, als wenn in unserem allerersten Beispiel die Bäume ab einer bestimmten Entfernung schwarz statt weiß wären. Wir würden dann natürlich keinen gleichförmigen weißen Hintergrund sehen. Betrachten wir die zweite Annahme. Da das Universum expandiert, wird das Licht von jeder weit entfernten Galaxie zu einer niedrigeren Frequenz verschoben. Elektromagnetische Strahlung ist umso energieärmer, je niedriger ihre Frequenz ist. Photonen, die Träger der elektromagnetischen Energie, sind bei Röntgenstrahlung energiereicher als Photonen des sichtbaren Lichts, da ihre Frequenz höher ist. Je weiter entfernt eine Galaxie ist, umso weniger energiereich sind die Photonen, die wir von ihr empfangen. Da sie sich rascher von uns wegbewegt, ist sie deshalb stärker rotverschoben. Dies bedeutet aber, dass von unserem Blickpunkt aus die Annahme identischer Lichtquellen ebenfalls zusammenbricht. In unserem Waldbeispiel würde dies bedeuten, dass die Stämme ungleichmäßig angestrichen sind, wobei entferntere Stämme immer weniger Farbe aufweisen.

Ist es nicht sehr erstaunlich, dass etwas so Banales wie der dunkle Nachthimmel erst erklärbar wird, wenn wir von der Expansion des Universums und von der Tatsache, dass es einen Anfang besitzt, wissen? Man kann kaum besser aufzeigen, wie scheinbar unzusammenhängende Phänomene durch die Anwendung der gleichen grundlegenden Gesetze miteinander verknüpft sind.

Schon lange bevor die Menschen diese Zusammenhänge begriffen haben, haben sternklare Nächte eine unglaubliche Faszination ausgeübt und eine außerordentliche emotionale Wirkung hervorgerufen. In der biblischen Schöpfungsgeschichte werden die Sterne am vierten Tag erschaffen. In der Genesis lesen wir ferner, dass Abraham, der bereit ist, seinen Sohn Isaak zu opfern, das Versprechen hört: „Ich werde deine Nachkommen so zahlreich machen wie die Sterne des Himmels." Die Faszination der Sterne kommt vielleicht am besten in zwei Gemälden mit dem Titel *Sternennacht* zum Ausdruck. Eins stammt von dem norwegischen Künstler Edvard Munch, das andere von dem niederländischen Maler Vincent van Gogh.

Munch wird mit Recht als einer der besten Darsteller der alten nordischen Geisteswelt angesehen, und van Gogh gilt traditionell als Postimpressionist. Beide Künstler müssen zweifellos zu den Gründerfiguren des modernen Expressionismus gezählt werden. Es ist vielleicht kein Zufall, dass beide Maler auch wegen geistiger Erkrankungen behandelt werden mussten. Van Goghs Sternennacht (Museum of Modern Art, New York) wurde im Juni 1889 gemalt, nur einen Monat, nachdem er auf eigenen Wunsch in das Irrenhaus von Saint-Rémy aufgenommen wurde, und ein Jahr vor seinem Selbstmord. Munchs Sternennacht (J. Paul Getty Museum, Los Angeles) wurde 1893 gemalt – vielleicht hat er es gemalt, nachdem er van Goghs Bild im Kunstgeschäft von Vincents Bruder Theo in Paris gesehen hatte.

Trotz ihrer sehr unterschiedlichen äußeren Erscheinung haben die Bilder einige Gemeinsamkeiten. Beide Maler zeigen die hellen Sterne an ihrem richtigen Ort am Himmel. Munch bildet sogar den Planeten Venus ab. Auf beiden Gemälden sind die Sterne von starken Lichthalos umgeben. Dies wird besonders in van Goghs Bild und in zwei weiteren Bildern von Munch, die er 1923–1924 malte, deutlich. Das Erscheinungsbild der Sterne ähnelt in bemerkenswerter Weise den Bildern, die mit der Infrarotkamera des Hubble-Weltraumteleskops aufgenommen wurden. In diesen Bildern sind die ringförmigen Halos die Folge des Beugungsmusters, das von der Optik erzeugt wird.

Munchs Bild ist fast abstrakt, es vermittelt eine düstere, mystische Stimmung. Der Blick geht von einem Fenster des Grand Hotels in Åsgårdstrand hinaus in die Landschaft. Es ist der gleiche Ort, an dem er acht Jahre zuvor eine Affäre mit Milly Thaulow, der Frau seines Vetters, begann. Als Munch die Stimmung, die im Bild eingefangen wurde, beschrieb, sagte er: „Ich sehne mich nach Dunkelheit – ich ertrage das Licht nicht –, es sollte so sein wie an diesem Abend, als sich der Mond hinter den Wolken verbarg. Es ist so geheimnisvoll..."

Van Goghs *Sternennacht* ist ein tumultisches Gemälde, in dem sich deutliche Vorahnungen von kommenden Leiden ausdrücken. Nachtszenen waren für ihn gerade interessant geworden, weil er sein visuelles Gedächtnis benutzen musste. Es wurde behauptet, das Gemälde sei von dem Traum inspiriert worden, im Tod eine Reise zu den Sternen zu unternehmen. Das kleine Dorf im Bild wird von van Goghs wiederkehrenden Motiven in Saint-Rémy eingerahmt – einer Zypresse, einigen Olivenbäumen und den wellenförmigen Formen der Voralpen. Die allgemeine Atmosphäre lässt die Naturelemente, insbesondere die dramatischen Sterne, nahezu bedrohlich erscheinen.

Die beiden Gemälde verkörpern die emotionale Antwort der Menschen auf die Allmacht und Kraft der Natur. Man kann sich nicht vorstellen, wie die beiden Maler ihre beiden *Sternennächte* noch gewaltiger hätten schaffen können, selbst wenn sie schon gewusst hätten, dass eine Sternennacht etwas so Unglaubliches wie die Expansion des Universums ausdrückt.

Hubbles Entdeckung der Expansion hat auch die Horizonte des kopernikanischen Prinzips erweitert. Sie zeigt deutlich, dass unsere Milchstraße von bemerkenswerter Gewöhnlichkeit ist und nicht im Mittelpunkt des Universums steht, mehr noch, dass es nicht einmal ein Zentrum besitzt. Im Juli 1998 wurden eine Kollegin von mir, Carol Christian, und ich eingeladen, in der „Mark Steiner Show" aufzutreten. Das ist ein populäres Radioprogramm, in dem der Gastgeber, Mark Steiner, mit Gästen über alle möglichen Dinge plaudert. Wir wurden eingeladen, neue astronomische Entdeckungen zu diskutieren. Während der Sendung erwähnte ich Hubbles Entdeckung und seine Bedeutung. Am nächsten Tag erhielt ich von einem Hörer eine E-Mail, der die folgende Interpretation meiner Kommentare vorschlug: „Ist es nicht richtig, dass, anders als Kopernikus, der uns aus der Mitte herauswarf, Hubble genau genommen zeigte, dass jeder Punkt des Universums die Mitte darstellt?" Der Briefschreiber schlug weiter vor, dass diese Erkenntnis theologische Folgen haben sollte. Meine Antwort war, dass ich mich nicht dazu berufen fühle, theologische Probleme zu diskutieren, dass aber aus Hubbles Entdeckung und aus dem kosmologischen Prinzip selbst tatsächlich die Folgerung gezogen werden kann, dass alle Punkte im Universum *äquivalent* sind.

Ein heißer Anfang

Wir haben ausführlich dargestellt, dass das Universum einen Anfang hat. Gut, aber wie sah der aus? Es gibt ein Modell, das Modell des *heißen Urknalls*, das ihn beschreibt. Danach hat sich das Universum vor 14 Milliarden Jahren aus einem Punkt entwickelt und sich seit dieser Zeit immer weiter ausgedehnt. In diesem Modell hatte das Universum im Anfang nicht nur eine extrem hohe Dichte, sondern auch eine extrem hohe Temperatur, etwa 10^{32} Grad (eine 1, gefolgt von 32 Nullen) und eine Größe von 10^{-33} Zentimetern (0,00... 1, mit der 1 an der 33. Dezimalstelle). Während das Universum expandierte, kühlte es sich wegen der Verschiebung der Strahlung zu einer niedrigen Frequenz, die seine Energie verringerte, auch sehr rasch ab. Zu dem Zeitpunkt, als die Temperatur auf das Einhundertmillionenfache der Temperatur des Sonnenzentrums gesunken war (die Temperatur im Sonnenzentrum beträgt etwa 17 Millionen Grad!), bildeten sich die grundlegenden

Bausteine der Materie. Man nennt sie Quarks, Elementarteilchen, aus denen sich die Protonen und Neutronen der gewöhnlichen Materie zusammensetzen. Nachdem sich das Universum auf das 1000fache ausgedehnt hatte, wurden die Quarks in den Neutronen und Protonen eingeschlossen, und es erforderte eine weitere Expansion um den Faktor 1000, bis die Protonen und Neutronen begannen, sich zu leichten Atomkernen zusammenzufügen. Insbesondere wurden damals die meisten Kerne des Elements Helium, die etwa 23 oder 24 Prozent der gesamten sichtbaren Materie im Universum ausmachen, gebildet. Alles, was ich bislang beschrieben habe, spielte sich innerhalb einer Minute nach dem Beginn der Expansion ab. Das Universum war aber noch zu heiß, als dass Elektronen von den Atomkernen hätten eingefangen werden und mit ihnen verbunden bleiben können, um Atome zu bilden – die Elektronen waren noch zu energiereich. Unter diesen Bedingungen, der Physiker spricht von einem Plasma, konnte Strahlung sich nicht sehr weit ausbreiten, ohne irgendwelchen Teilchen, insbesondere Elektronen, zu begegnen und von ihnen eingefangen und wieder abgestrahlt oder auch gestreut zu werden. Das Universum war für elektromagnetische Strahlung undurchsichtig. Da Energie ständig zwischen den Teilchen und der Strahlung ausgetauscht wurde, führte dies zu einem Zustand, in dem die Temperatur ziemlich gleichförmig war, zumindest über kleine Bereiche des Universums hinweg, da Abweichungen von der örtlichen Durchschnittstemperatur durch einen Energieaustausch mit der Umgebung sehr rasch ausgeglichen werden konnten. Dieses Gleichgewicht zwischen Materie und Energie nennt man den Zustand des thermischen Gleichgewichts. In diesem Zustand wird die Intensität der Strahlung bei jeder Wellenlänge allein durch die Temperatur bestimmt, und man sagt, die Strahlung besitzt ein thermisches Spektrum. Etwa 300 000 Jahre nach dem Urknall war das Universum nur noch 1000-mal kleiner als heute, und seine Temperatur hatte soweit abgenommen, dass sich neutrale Atome bilden konnten. Jetzt waren die Elektronen in Bahnen um die Atomkerne eingefangen worden, und Strahlung konnte sich praktisch frei im Universum ausbreiten, ohne absorbiert oder gestreut zu werden. Die Situation hat eine gewisse Ähnlichkeit mit der in dem Schwimmbecken in meines Nachbars Garten. In jedem Augenblick sind ein paar Eltern und viele Kinder im Wasser. Solange es den Kindern erlaubt ist, frei herumzuplanschen, ist es unmöglich, mehr als einen Meter zu schwimmen, ohne mit einem Kind zusammenzustoßen. Wenn aber die Eltern beschließen, die lieben Kleinen in ihrer Nähe zu halten, gibt es plötzlich genug Raum um zu schwimmen. Das Universum wurde also durchsichtig für die Strahlung, die nun ungehindert den ganzen Raum erfüllte und so einen „kosmischen Strahlungshintergrund" bildete. Da dieser Augenblick im „Leben" des Universums durch die Entkopplung von Materie und Strahlung bestimmt ist, wird er auch das „Zeitalter der Entkopplung" bezeichnet.

Der Nachweis der kosmischen Hintergrundstrahlung ist eine der sensationellsten Beobachtungen, die das Modell des heißen Urknalls bestätigen. Wenn wir von der obigen Beschreibung ausgehen, sagt das Modell zwei sehr spezifische Eigenschaften dieser Strahlung voraus: Die Strahlung sollte erstens extrem isotrop, also aus allen Richtungen gleich stark sein, da sie das gesamte Universum gleichförmig erfüllte. Sie sollte zweitens charakteristisch für einen Zustand des thermischen Gleichgewichts sein, denn unter diesen Bedingungen ist sie entstanden. Wenn man also eine Temperatur bestimmen kann, kann man genau die Strahlungsintensität bei jeder Wellenlänge vorhersagen. Da sich das Universum seit dem Urknall ständig ausgedehnt und abgekühlt hat, ist zu erwarten, dass die Temperatur dieser *fossilen* Hintergrundstrahlung zur heutigen Zeit extrem niedrig sein und bei etwa drei Kelvin liegen muss. Temperaturen in Kelvin werden vom „absoluten Nullpunkt" aus gemessen, der tiefstmöglichen Temperatur – etwa 273 Grad unter null Grad Celsius (entspricht null Kelvin). Null Grad Celsius sind gleich 273 Kelvin, 100 Grad Celsius gleich 373 Kelvin, usw. Bei sehr hohen Temperaturen ist der Unterschied zwischen Grad Celsius und Kelvin vernachlässigbar.

Die Strahlung sollte das Maximum im Mikrowellenbereich haben, also im Gebiet der kurzen Radiowellen – solche Mikrowellen werden verwendet, um Speisen im Mikrowellenherd aufzuheizen. Der erste Hinweis auf das Vorhandensein dieser Strahlung kam 1948 von dem brillanten theoretischen Physiker George Gamow. Genaue Vorhersagen und Pläne, eine solche Strahlung zu entdecken, stammen von R. A. Alpher, R. C. Hermann und J. W. Follin in den fünfziger Jahren.

In den frühen sechziger Jahren war eine Forschergruppe an der Universität von Princeton, die von dem bedeutenden Kosmologen Robert Dicke geleitet wurde, im Begriff, eine Mikrowellenantenne zu bauen, um nach der kosmischen Hintergrundstrahlung zu suchen. Doch durch Zufall wurde der Entdeckerruhm von einer anderen Gruppe eingeheimst: 1964 kalibrierten Arno Penzias und Robert Wilson, Mitarbeiter der Bell Laboratories in New Jersey, eine Mikrowellenantenne, die für Fernmeldesatelliten verwendet wurde. Sehr zu ihrem Verdruss fanden sie in ihren Messungen ein permanentes Hintergrundrauschen, vergleichbar dem, dass man bei schwachen Radiosendern hören kann. Trotz all ihrer Anstrengungen, und selbst das Entfernen von Taubenmist aus der Antenne half nicht weiter, war dieses Mikrowellenrauschen einfach nicht zu beseitigen. Es blieb das

Gleiche, wohin auch immer man die Antenne drehte. Nur durch eine zufällige, aber schicksalsträchtige Flugreise, erfuhr Penzias, was er und Wilson entdeckt hatten. Ein neben ihm sitzender Astronom erzählte ihm von den Berechnungen und Plänen der Forschergruppe in Princeton. Nach einem Treffen mit der Forschergruppe erkannten Penzias und Wilson, dass das von ihnen gefundene Rauschen nichts anderes als das Nachglühen des Urknalls war. Für diese wahrhaft folgenschwere Entdeckung erhielten sie 1978 den Nobelpreis für Physik.

1992 zeigten Messungen des Satelliten COBE (Cosmic Background Explorer), die von John Mather und seiner Gruppe durchgeführt wurden, zwei bedeutsame Eigenschaften des Mikrowellenhintergrunds: Die Strahlung ist außerordentlich isotrop, die Abweichungen von einer Richtung zur anderen betragen bloß ein Hunderttausendstel; ferner besitzt die Strahlung genau das Spektrum eines Körpers im thermischen Gleichgewicht, und zwar mit einer Genauigkeit von 1:10 000, und entspricht einer Temperatur von 2,728 Kelvin. Diese Ergebnisse stimmen auf bemerkenswerte Weise mit den Vorhersagen des Urknallmodells überein und geben mehr als irgendeine andere einzelne Beobachtung einen starken Hinweis darauf, dass der Urknall wirklich stattgefunden hat.

Wie ging es weiter? Nachdem sich in der Entkopplungsära neutrale Atome gebildet hatten, konnten sich diese in Gaswolken ansammeln. Diese Gaswolken kollabierten später unter der Schwerkraft und bildeten Sterne, Galaxien und Galaxienhaufen. Allerdings ist der genaue Prozess der Galaxienbildung noch immer nicht vollständig verstanden. Damit dies alles funktioniert, muss der gravitative Einfluss von Materie, die wir nicht sehen können – der dunklen Materie –, eine beherrschende Rolle bei der Bildung von Strukturen im Universum übernehmen (dazu kommen wir in Kapitel 4). Es gibt jedoch keinen Grund zu vermuten, dass die Bildung von Galaxien und größeren Strukturen nicht bequem in das Konzept des Urknallmodells eingepasst werden kann.

Das Verhalten der Atomkerne, Atome, Sterne und Galaxien wird durch die Eigenschaften der grundlegenden Naturkräfte bestimmt. Diese liefern selbst ein wundervolles Beispiel des Wirkens von Einfachheit und Symmetrie.

Symmetriebrechung:
Steht der Brotteller links oder rechts?

Heutzutage erkennen wir in der Natur vier elementare Wechselwirkungen. Es sind dies die gravitative Wechselwirkung, die elektromagnetische Wechselwirkung sowie die starke und die schwache Kernkraft. Die Gravitation hält uns an der Erdoberfläche fest und lässt Äpfel auf den Kopf von Leuten wie Newton fallen. Sie zwingt die Erde auf ihre Bahn um die Sonne und sie bewirkt, dass das Gas der Sonne zusammen- und die Sonne auf ihrer Bahn um das Zentrum der Milchstraße bleibt. Die gleiche Gravitationskraft sorgt dafür, dass die Materie unserer Galaxis und die Galaxien in Galaxienhaufen zusammengehalten werden.

Die elektromagnetische Kraft bindet feste Körper und Flüssigkeiten zusammen und gibt ihnen ihre individuellen Eigenschaften. Sie ist für alle chemischen Prozesse verantwortlich, für alle Phänomene, die wir als elektrisch oder magnetisch bezeichnen, und für alle Eigenschaften der elektromagnetischen Strahlung wie Licht, Röntgenstrahlen, Radiowellen und so weiter. Erst im 19. Jahrhundert entdeckten die Physiker Michael Faraday und James Clerk Maxwell, dass elektrische und magnetische Kräfte Ausdruck einer einzigen Wechselwirkung sind – des Elektromagnetismus. Bewegte elektrische Ladungen rufen eine magnetische Kraft hervor, und bewegte Magnete erzeugen elektrische Kraft. Kurz gesagt, wenn wir unseren Morgentoast bereiten, ist die elektromagnetische Wechselwirkung dafür verantwortlich, dass Toast und Toaster zusammengehalten werden, dass der Toaster durch Elektrizität aufgeheizt wird, dass die Drähte im Innern rot leuchten, dass der Toast gebräunt wird. Schließlich steuert sie auch all die Prozesse, die in unserem Mund und Magen ablaufen, wenn wir den Toast essen und verdauen.

Die starke Kernkraft wirkt nur auf kleine Entfernungen, Distanzen von der Größenordnung des Atomkerns. Sie ist dafür verantwortlich, dass die Protonen und Neutronen in den Atomkernen zusammengehalten werden. Protonen haben eine positive elektrische Ladung, während Neutronen elektrisch neutral sind. Gleichartige elektrische Ladungen stoßen sich ab, und deshalb würde der Atomkern bei Abwesenheit einer Anziehungskraft sofort zerfallen. Nur weil die anziehende starke Kernkraft stärker als die elektromagnetische Abstoßung ist, haften die Protonen und Neutronen im Atomkern eng zusammen.

Die schwache Kernkraft ist ebenfalls von kurzer Reichweite, und sie kommt bei bestimmten radioaktiven Zerfällen, den Betazerfällen, zum Einsatz. Bei diesen Prozessen werden Neutronen in Protonen verwandelt und umgekehrt. Sie ist auch verantwortlich für Wechselwirkungen zwischen Elementarteilchen, die ein Teilchen einschließen, das man *Neutrino* nennt. Dieses ist ein Elementarteilchen extrem kleiner Masse, das nur sehr schwach mit gewöhnlicher Materie wechselwirkt. Im Zentrum der Sonne wird es in großer Zahl durch Kernreaktionen erzeugt. Die schwache Kernkraft ist schwächer als die starke Kernkraft und die elektromagnetische Kraft. Während wir im täglichen Leben kein direktes Wirken der schwachen Kernkraft spüren, ist ihre Rolle bei den Energie erzeugenden Reaktionen in den Kernen der Sterne von entscheidender Bedeutung.

Was kann ein besserer Beweis für die Gültigkeit des Reduktionismus sein als die lange Liste der aufgezählten Phänomene, für die die elektromagnetische und die Gravitationskraft verantwortlich sind? Doch Physiker sind, wie wir gleich sehen, noch ehrgeiziger, denn sie wollen die Wechselwirkungen noch weiter vereinfachen.

Die Prinzipien des Reduktionismus und der Symmetrie bis an die Grenze des Möglichen zu bringen ist gleichbedeutend damit, in einer endgültigen physikalischen Theorie nur noch mit einer einzigen Wechselwirkung statt mit vier auszukommen. In einer solchen Theorie würden die vier Wechselwirkungen als verschiedene Manifestationen oder Komponenten einer einzigen Kraft erscheinen. Dieses Bestreben treibt die Suche nach einer *Theorie der Vereinheitlichung* an, einer Theorie, in der all diese Kräfte zu einer einzigen werden.

Was bedeutet diese Vereinheitlichung? Wir müssen uns zunächst fragen, warum wir, wenn all diese Kräfte in Wirklichkeit eine einzige sind, sie dann als vier unterschiedliche mit ziemlich unterschiedlichen Stärken beobachten? Die elektromagnetische Kraft ist beispielsweise etwa 10^{36}-mal stärker als die Gravitation. Um zu verstehen, wie eine grundlegende Wechselwirkung sich in vier verschiedenen Kräften manifestieren kann, wollen wir betrachten, was mit einer Flüssigkeit geschieht, die abgekühlt wird. Innerhalb einer Flüssigkeit sind alle Richtungen gleichberechtigt. Wie auch immer wir das Glas mit der Flüssigkeit drehen, die Anordnung der Moleküle in der Flüssigkeit wird immer die gleiche sein. Das bedeutet, dass die Flüssigkeit vollständig symmetrisch gegenüber Rotationen ist. So breitet sich Licht in einer Flüssigkeit in allen Richtungen mit gleicher Geschwindigkeit aus. Nun stellen wir uns vor, dass wir die Flüssigkeit bis zu dem Punkt herunterkühlen, an dem sie zu einem Kristall gefriert. Der Fachmann spricht hier von einem Phasenübergang. In diesem Punkt kann der sich bildende Festkörper die Konfiguration eines Gitters mit Atomen an den Ecken der Würfel annehmen – wie es beispielsweise Salzkristalle besitzen. Innerhalb dieses Gitters sind dann nicht mehr alle Richtungen gleichberechtigt. Wir finden häufig die Atome in drei verschiedenen kristallografischen Achsen des Gitters angeordnet. Das Licht breitet sich im Allgemeinen mit unterschiedlichen Geschwindigkeiten entlang der drei verschiedenen Achsen aus. Stellen wir uns einmal vor, wir würden in einem Raum leben, der die Eigenschaften eines solchen Mediums hätte, das sich von einer Flüssigkeit in einen Festkörper verwandelt hat. Unsere physikalischen Gesetze würden sicherlich in der flüssigen Phase anders aussehen als in der festen. In der flüssigen Phase hätten wir eine Situation, in der die Lichtgeschwindigkeit nur durch eine Zahl gegeben ist, während wir in der festen Phase drei Zahlen für die gleiche Eigenschaft hätten. Mit anderen Worten, im kalten Festkörper hätten wir drei verschiedene Zahlen, die die Physik der Lichtausbreitung beschreiben, während wir in der heißen flüssigen Phase nur einen Wert hätten. Dieses Beispiel zeigt, wie einige Eigenschaften, die unter bestimmten Bedingungen vereinigt sind, sich spontan aufteilen können, wenn eine bestimmte Symmetriebrechung auftritt. In unserem Fall wird sie durch Kühlung hervorgerufen. Auf die gleiche Weise könnte die Tatsache, dass wir augenblicklich vier verschiedene Kräfte mit vier unterschiedlichen Stärken beobachten, einfach bedeuten, dass wir in einem kalten Universum leben, in einem Universum, in dem eine Symmetriebrechung schon aufgetreten ist.

Man begegnet der Symmetriebrechung im Alltag etwa bei einem Gastmahl. Stellen Sie sich einen gedeckten runden Tisch vor. Jeder Gast hat einen Brotteller neben dem Essteller stehen. Die Konfiguration ist völlig symmetrisch in dem Sinn, dass alle Sitzplätze um den Tisch herum identisch sind und links und rechts ununterscheidbar ist. Wenn nun das Brot serviert wird, könnte es sein, dass der erste Essende nach dem Brot auf dem linken Teller neben seinem Essteller greift. Dies verursacht augenblicklich eine Symmetriebrechung; rechts und links werden unterscheidbar. Es kann aber auch geschehen, dass zwei Essende an verschiedenen Stellen ihre Entscheidung zur gleichen Zeit treffen, der eine wählt den linken Teller, der andere den rechten. Das führt dazu, dass ein Essender ohne Brotteller bleibt, während an einer anderen Stelle des Tisches ein Brotteller unberührt bleibt.

Die Suche nach einer Vereinheitlichung der Naturkräfte ist nicht neu. Einstein selbst widmete einen Großteil der letzten 30 Jahre seines Lebens dem Versuch, die Theorie der elektromagnetischen Wechselwirkung mit der Allgemeinen Relativitätstheorie, der Theorie der Schwerkraft, zu vereinen. Er wollte zeigen, dass diese beiden bloß unterschiedliche Erscheinungen der gleichen Kraft sind. Er wählte diese beiden Wechselwirkungen und vernachlässigte die starke und die schwache Wechselwirkung, weil sie die beiden einzigen waren, die in Einsteins Jugend bekannt waren. Heute können wir rückblickend erkennen, warum er mit seinem Vereinheitlichungsversuch scheiterte. Wie ich später beschreiben werde, ist die Vereinheitlichung der Gravitation mit den anderen Kräften der schwierigste Teil, ein Teil, dessen Lösung noch nicht in Reichweite ist.

In den letzten drei Jahrzehnten hat es bemerkenswerte Fortschritte bei der Jagd nach der Vereinheitlichung der Naturkräfte gegeben. In den späten sechziger Jahren haben die Physiker Steven Weinberg, Abdus Salam und Sheldon Glashow gezeigt, dass die schwache Kernkraft und die elektromagnetische Kraft nur verschiedene Aspekte einer Kraft sind, die man heute als elektroschwache Wechselwirkung bezeichnet. Sie zeigten, dass die elektromagnetische und die schwache Kernkraft bei hohen Energien in eine einzige Kraft münden. Ähnlich wie im obigen Beispiel mit der Flüssigkeit erhielten sie ihre unterschiedlichen Erscheinungsformen erst, nachdem das Universum unter eine kritische Temperatur von etwa 10^{15} Kelvin abkühlte, denn dann trat die Symmetriebrechung ein. Diese Temperatur herrschte im Universum, als es etwa 10^{-11} Sekunden alt war. Zu dieser Zeit hatten Elementarteilchen kinetische Energien, die etwa das 100fache der Ruheenergie des Protons betrugen. Die Ruheenergie eines Teilchens ist die Energie, die freigesetzt wird, wenn die gesamte Masse dieses Teilchens nach Einsteins berühmter Formel, die besagt, dass Energie gleich dem Produkt der Masse und dem Quadrat der Lichtgeschwindigkeit ist, in Energie verwandelt wird. Da solche Energien bereits in großen Teilchenbeschleunigern erzielt worden sind, sind die meisten Aspekte der elektroschwachen Theorie experimentell bestätigt worden. Insbesondere verknüpft sie den Träger der elektromagnetischen Wechselwirkung, das Photon, mit drei bislang unentdeckten Teilchen, den Trägern der schwachen Wechselwirkung. Die Existenz dieser vorhergesagten Teilchen, des W^+-, des W^-- und des Z^0-Teilchen, wurde 1983 auf spektakuläre Weise nachgewiesen.

Eine noch wichtigere Vorhersage bezieht sich auf den *Mechanismus*, der für die Symmetriebrechung verantwortlich ist. Der augenblicklich favorisierte ist als *Higgs-Feld* bekannt, benannt nach Peter Higgs von der Universität Edinburgh, der die Idee 1964 entwickelte. Das Higgs-Feld wirkt wie ein „Spielverderber" für die Symmetrie, denn wenn es seinen niedrigsten Energiezustand erreicht, den alle Systeme erreichen wollen, bricht es die Symmetrie. Nach den Vorhersagen der Wissenschaftler muss der Träger des Higgs-Feldes ein massereiches Teilchen sein, das man Higgs-Boson getauft hat. Experimente mit großen Teilchenbeschleunigern bei der europäischen Organisation für Kernspaltung, CERN, und bei Fermilab in Batavia, Illinois, USA, werden hoffentlich in der nahen Zukunft zeigen, ob das Higgs-Boson wirklich existiert. In den geplanten Experimenten sollen Teilchen mit genügend hohen Energien kollidieren, um so das Higgs-Boson zu erzeugen.

Die allgemeine Idee hinter der Vereinheitlichung ist also sehr einfach. Alle elementaren Wechselwirkungen waren in frühen Stadien des Universums, als es sehr viel heißer war als heute, vereinigt. Es war zu diesem Zeitpunkt sehr symmetrisch; wenn man eine Kraft mit einer anderen ausgetauscht hätte, hätte sich nichts geändert. Doch als das Universum expandierte und abkühlte, traten bei bestimmten kritischen Temperaturen (den Temperaturen für Phasenübergänge) Symmetriebrechungen auf, und schließlich erhielten die vier elementaren Wechselwirkungen ihre unterscheidbaren Identitäten. Das Universum verhält sich also sehr ähnlich wie die beschriebene Flüssigkeit. Dass wir vier verschiedene Wechselwirkungen erleben, liegt einfach daran, dass wir in einem Zustand leben, in dem das Universum schon sehr abgekühlt ist. Die Vereinigung der starken Kernkraft mit der elektroschwachen Kraft tritt nach einigen Theorien (die man GUTs oder Grand Unified Theories oder auf deutsch große Vereinheitlichungs-Theorien nennt) erst bei Energien von etwa dem 10^{15}fachen der Ruhemasse des Protons auf. Solche Energien hatten Teilchen nur zu einer Zeit, als das Universum weniger als 10^{-35} Jahre alt war und seine Temperatur mehr als 10^{28} Kelvin betrug – es war die Epoche der GUTs. Da solche hohen Energien in keinem Teilchenbeschleuniger erreicht werden können, denn sie sind etwa 1000 Milliarden Mal größer als die in heutigen Teilchenbeschleunigern erzielten, haben wir nur wenige Möglichkeiten, die GUTs zu prüfen. Wir können lediglich einige Vorhersagen prüfen, die sie für unser heutiges niederenergetisches Universum machen, oder nach irgendwelchen Überbleibseln der GUT-Epoche suchen. Wir werden später Beispiele für beide Möglichkeiten betrachten.

Sehr interessant ist diese Entwicklung auch vom Standpunkt der Wissenschaftsgeschichte. Die Astronomie ist die älteste der Wissenschaften (nicht das älteste Gewerbe!). Sie lieferte die ersten Hinweise auf Gesetze im Universum. Als die Vorstellung solcher Gesetze vom Himmel auf die Erde gebracht wurde, entstand die Physik. Nun zahlt die Physik ihre Schuld zurück, da Theorien der Naturkräfte direkte Anwendungen in der Kosmologie haben und durch astronomische Beobachtungen geprüft werden können.

Ob GUTs zufriedenstellende Ergebnisse liefern oder nicht, die größte Herausforderung der Vereinheitlichten Theorien stellt immer noch die Aufgabe dar, die Schwerkraft mit den anderen Wechselwirkungen zu vereinigen. Gründe für diese Schwierigkeit werden einsichtig, wenn man bedenkt, dass diese Vereinheitlichung den Zusammenschluss der beiden bisher dramatischsten wissenschaftlichen Revolutionen unter einem Dach darstellen würde – der Quantenmechanik und der Allgemeinen Relativitätstheorie. Einsteins Allgemeine Relativitätstheorie ist eine Theorie der Schwerkraft, die zum ersten Mal die Begriffe von Raum und Zeit mit denen von Materie und Bewegung in Bezug setzte. Sie interpretiert die Schwerkraft als eine geometrische Eigenschaft, nämlich die Krümmung der vierdimensionalen Raumzeit (unsere drei Raumdimensionen und die Zeit als vierte Dimension). Die Grundidee der Allgemeinen Relativitätstheorie ist von so überwältigender Einfachheit, dass einige Physiker sie immer noch als die schönste Theorie ansehen, die je entwickelt wurde. Nach den Worten von Herrmann Weyl, einem bedeutenden deutschen Physiker, brach bei ihrem Erscheinen „eine Mauer, die uns von der Wahrheit trennte, zusammen."

Die Quantenmechanik beschreibt die Physik von Elementarteilchen und Feldern (wie das elektromagnetische Feld) auf kleinsten Skalen. Sie änderte den gesamten Wortschatz der Physik. Aus dem Gemälde vollständig bestimmbarer Orte und Geschwindigkeiten (oder Impulsen) der Teilchen wurde ein Bild, in dem nur noch Wahrscheinlichkeiten von Teilchen und Impulsen gemessen werden können.

Man könnte sich vielleicht vorstellen, dass es keine Eile gäbe, diese beiden Theorien zu vereinen, um eine Theorie der Quantengravitation zu entwickeln, da ihre Anwendungsbereiche so unterschiedlich sind. Quanteneffekte sind völlig vernachlässigbar auf den Skalen von Sternen und Galaxien, wo die Schwerkraft von Bedeutung ist. In gleicher Weise ist die Schwerkraft, die von Atomen und Elementarteilchen hervorgerufen wird (wo Quanteneffekte von Bedeutung sind), winzig im Vergleich mit elektromagnetischen und Kernkräften. All dies ändert sich jedoch, wenn wir uns mit dem frühen Universum beschäftigen. Hier nahm der gesamte Materie- und Energieinhalt unseres heute beobachtbaren Universums einen Raum von weniger als 10^{-33} cm Durchmesser ein. Betrachtet man diese Zeit, als das Universum weniger als 10^{-43} Sekunden alt war, die man nach dem deutschen Physiker Max Planck die Planck-Epoche benannt hat, kann man nicht länger die Tatsache ignorieren, dass die Schwerkraft mit Hilfe der Quantenmechanik beschrieben wird. Diese Beschreibung ist absolut notwendig, um die Schwerkraft mit den anderen Naturkräften zu vereinheitlichen. Ein großer Stolperstein auf dem Weg der Vereinheitlichung ist die Tatsache, dass es bislang keine überzeugende Theorie für die Quantengravitation gibt. Es gibt jedoch schon eine viel versprechende, grundlegende Richtung. Diese Theorien nennt man *String-Theorien* (von englisch „string", Saite). Dort ist die grundlegende physikalische Einheit nicht ein Teilchen wie das Elektron, sondern ein quantenmechanischer String. Wir können uns diese Strings als kleine – 10^{20}-mal kleiner als ein Atomkern – eindimensionale Risse in der ansonsten gleichförmigen Struktur des Raumes vorstellen. In diesem Sinn sind Stringtheorien mit der Allgemeinen Relativitätstheorie verwandt: Sie beschreiben nicht Kräfte, sondern Eigenschaften des Raumes selbst. Die Strings können geschlossen sein, wie ein unendlich dünnes Gummiband, oder offen, mit zwei freien Enden. Da sie so winzig sind, erscheinen Schleifen von Strings wie punktförmige Teilchen, wenn sie nicht zu genau untersucht werden. Wie eine Gitarrensaite können Strings in einer Vielfalt von „Tönen" schwingen, wobei unterschiedliche Teilchen unterschiedlichen Tönen entsprechen. Die Schwingungen von schleifenförmigen Strings erzeugen – statt Musik – die Masse und die Ladung der Teilchen. Berechnungen von John Schwarz vom Caltech in Pasadena, Kalifornien, und Joel Scherk von der Ecole Normale Supérieure in Paris haben gezeigt, dass einer der Töne eines geschlossenen Strings wie ein Teilchen mit verschwindender Masse erscheint, das einen Eigendrehimpuls hat, der doppelt so groß wie der des Photons, des Trägers der elektromagnetischen Wechselwirkung, ist. Der Witz dabei ist, dass dies genau die erwarteten Eigenschaften des Gravitons sind, des Trägers der Schwerkraft. Die Existenz eines solchen *Gravitons* ist eine *unvermeidbare* Eigenschaft aller Stringtheorien. Deshalb ist man geneigt zu sagen: Stringtheorien sagen voraus, dass die Schwerkraft wirklich existiert!

Trotz einiger eindrucksvoller Erfolge haben Stringtheorien noch einen langen Weg vor sich, bevor sie als definitive Vereinheitlichungstheorie der Naturkräfte angesehen werden können. Trotz allem ist ein stetiger Fortschritt zu verzeichnen. Eine der neuesten Entwicklungen ist die Erkenntnis, dass eine Anzahl von Stringtheorien in der Tat Teil eines einheitlichen Systems sind, das noch etwas geheimnisvoll als M-Theorie bezeichnet wird. Keiner weiß so recht, wofür „M" steht, Stringtheoretiker, die es wissen müssten, haben „Mutter" oder „Mysterium" vorgeschlagen. Einer der Gründe für den relativ langsamen Fortschritt beruht auf der Tatsache, dass die für die Lösung der Probleme benötigten mathematischen Hilfsmittel so neuartig sind, dass sie „entlang des Lösungsweges" erst erfunden werden müssen.

Dafür eröffnen Stringtheorien interessante Möglichkeiten. Eine ist, dass die subatomaren Elementarteilchen in Wirklichkeit *extreme Schwarze Löcher* darstellen. Schwarze Löcher sind Objekte, die eine so starke Schwerkraft hervorrufen, dass Materie oder Energie nicht aus ihrer Umgebung entkommen kann (wir werden das im achten Kapitel näher untersuchen). Extreme Schwarze Löcher sind winzig, sie haben die Größe von Elementarteilchen und besitzen eine elektrische Ladung sowie die minimal mögliche Masse. Ein bedeutsamer Fortschritt bei dem Versuch, den Zusammenhang zwischen Strings und Schwarzen Löchern zu klären, gelang 1995. Ein direkter Zusammenhang zwischen Schwarzen Löchern und Elementarteilchen wurde von Andrew Strominger (Universität von Kalifornien in Santa Barbara), Brian Greene (Cornell University) und David Morrison (Duke University) hergestellt. Diese faszinierende Entwicklung deutet darauf hin, dass selbst so verschiedene Dinge wie Schwarze Löcher und Elementarteilchen am Ende einfach unterschiedliche Manifestationen der gleichen Grundeinheit sind, nämlich der Strings. Der interessierte Leser sei auf das ausgezeichnete Buch von Brian Greene *Das elegante Universum – Superstrings, verborgene Dimensionen und die Suche nach der Weltformel* verwiesen. In einem Interview mit dem Wissenschaftsjournalisten Timothy Ferris sagte Strominger 1983: „Ich glaube nicht, dass jemand etwas über das Universum herausfindet, außer, wie wundervoll es ist – und das wissen wir bereits."

Für uns ist es nicht wichtig, ob Stringtheorien oder die M-Theorie (oder auch andere Theorien wie eine Schleifen-Quanten-Theorie) die endgültigen Antworten liefern. Wichtig hingegen ist, dass viele, wenn nicht alle Physiker keinen Zweifel daran haben, dass es eine Theorie der Vereinheitlichung gibt. Wird sie gefunden, wird ihre Grundidee zweifellos Schönheit und Symmetrie besitzen! Dies erklärt, warum einige der besten Köpfe, insbesondere der mathematische Physiker Edward Witten aus Princeton, ihre gesamte Energie darauf verwenden, eine solche Theorie zu suchen. Vor ein paar Jahren lud ich Witten ein, einen Vortrag am Space Telescope Science Institute zu halten. Als wir einige neuere astronomische Entdeckungen diskutierten, fragte ich ihn, ob er nicht durch die Tatsache beunruhigt sei, dass Stringtheorien keine direkt nachprüfbaren Vorhersagen machen würden. Sofort gab er zur Antwort: „Wir sagen die Schwerkraft voraus!"

Was wäre geschehen, wenn im Universum keine Symmetriebrechung aufgetreten wäre und die Wechselwirkungen für alle Zeiten gleich geblieben wären? Dann würde es nur eine Kraft und eine Sorte von Elementarteilchen geben. In solch einem Universum würde kein Wasserstoffatom oder irgendein anderes Atom existieren können. Es gäbe keine Galaxien, keine Blumen, keine Menschen. Ist unser Universum mit seiner Symmetriebrechung also nicht schön? Ganz im Gegenteil, wenn man nicht Schönheit der Langeweile gleichsetzt. Erinnern wir uns daran, dass Schönheit auf der Tatsache beruht, dass sich eine gewaltige Vielfalt von Phänomenen aus einer einzigen Urkraft entwickelt, nicht darauf, dass eine solche Urkraft existiert. Ähnlich benutzte der russische Theaterschriftsteller Anton Tschechow Langeweile als ein dramatisches Element, um komplexe menschliche Verhältnisse zu beschreiben, nicht aber als die alleinige Zutat eines Theaterstücks.

Spiegelbrechungen

Einer der größten Fortschritte der Einbeziehung von Theorien der großen Vereinheitlichung in das Urknallmodell des Universums ist unsere Erkenntnis, dass das Universum Materie, aber keine Antimaterie enthält.

Experimente mit großen Teilchenbeschleunigern und die Theorien der Elementarteilchen haben uns gezeigt, dass zu jedem Elementarteilchen ein entsprechendes Antiteilchen gehört. Das Antiteilchen hat die gleiche Masse wie das Teilchen, aber die entgegengesetzte elektrische Ladung der gleichen Größe. Das Antiteilchen des Elektrons beispielsweise, das man Positron nennt, hat die gleiche Masse wie das Elektron, es trägt aber eine positive Ladung. Die Entdeckung des Positrons im Jahre 1932 war einer der ersten Erfolge der Quantenelektrodynamik – der Theorie, die das Verhalten von Elektronen und Licht beschreibt. In gleicher Weise gibt es ein Antiproton, das die gleiche Masse wie das Proton besitzt, aber negativ geladen ist. All diese Antiteilchen können in Hochenergie-Experimenten erzeugt werden – als Paare, zusammen mit ihren entsprechenden Teilchen. Dies gelingt beispielsweise, wenn Protonen mit anderen Protonen mit einer Energie kollidieren, die größer als die Ruhemasseenergie des Paares ist, das erzeugt werden soll. Ein Wasserstoffatom besteht aus einem Kern, der ein einfaches Proton ist, und aus einem um den Kern umlaufenden Elektron. Man könnte also ein Anti-Wasserstoffatom erzeugen, das als Kern ein Antiproton besitzt, um das ein Positron umläuft. Analog kann zu jedem Atom ein Antiatom existieren. Wirklich überraschend ist jedoch, dass allem Anschein nach *die gesamte Materie im Universum aus gewöhnlicher Materie besteht*, aus Protonen, Elektronen und so weiter – aber nicht aus Antimaterie. Höchstens ein Millionstel aller Materie im Universum, wahrscheinlich noch viel, viel weniger, besteht aus Antimaterie.

Diese Folgerung beruht auf den bekannten Ergebnissen der Kollision zwischen Materie und Antimaterie. Wenn Protonen und Antiprotonen bei nicht zu hohen Energien zusammenstoßen, zerstrahlen sie vollständig, wobei die entstehende Energie als reine Gammastrahlung ausgesandt wird. Kollisionen von Galaxien aus Materie und Galaxien aus Antimaterie würden in vollständiger Zerstörung enden, wobei energiereiche Gammaausbrüche auftreten würden. Bisher ist ein solches Phänomen noch nicht beobachtet worden.

Die überwältigende Dominanz von Materie über Antimaterie im Universum scheint auf den ersten Blick in ernsthaftem Widerspruch zu dem vereinheitlichenden, reduktionistischen Prinzip der Kräfte zu stehen. Wenn das frühe Universum völlig symmetrisch war, sollte man annehmen, dass es die gleiche Anzahl von Teilchen und Antiteilchen enthielt. Wenn dies der Fall gewesen wäre, würden wir jetzt nicht hier sein und uns den Kopf darüber zerbrechen. In einem Universum, in dem anfangs die gleiche Zahl von Teilchen und Antiteilchen existierte, würden alle Teilchen und Antiteilchen zerstrahlen, das Universum würde sich mit Strahlung füllen und bei seiner Expansion abkühlen, ohne dass es noch Atome enthielte.

In einem solchen Universum gäbe es keine Planeten, keine Sterne, keine Galaxien. Wie können wir dann die Tatsache erklären, dass unser Universum etwa 10^{78} Protonen enthält, aber praktisch keine Antiprotonen? Die Antwort liegt in einer winzigen Verletzung der perfekten Symmetrie zwischen Teilchen und Antiteilchen, die man als CP-Verletzung bezeichnet.

Abbildung 6 veranschaulicht dieses Konzept. Stellen wir uns vor, dass wir in Abbildung 6a die schwarzen und weißen Flächen vertauschen. Es entsteht die Abbildung 6b, die offenkundig von Abbildung 6a verschieden ist: Das schwarze Feld ist nun auf der rechten Seite statt auf der linken. Wir können daraus schließen, dass Abbildung 6a nicht symmetrisch unter der Vertauschungs-Operation ist. Nun wollen wir das Bild reflektieren, wir stellen das Spiegelbild her. Aus diesem Vorgang erhalten wir wieder Abbildung 6b, und damit ist das ursprüngliche Bild ebenfalls nicht symmetrisch unter der Spiegel-Operation.

Wir setzen unser „Experiment" fort und wollen jetzt die beiden Operationen nacheinander ausführen. In Abbildung 6a vertauschen wir erst das schwarze Feld mit dem weißen (Operation C), und dann reflektieren wir das Bild (Operation P). Offenkundig wird das Bild jetzt nicht verändert. Während also das Bild weder unter C noch P symmetrisch ist, ist es unter der kombinierten Operation CP symmetrisch.

Reaktionen von Elementarteilchen gehorchen gleichartigen Symmetrien. Die Operation der Ladungskonjugation, C genannt,

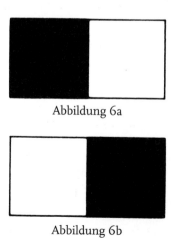

Abbildung 6a

Abbildung 6b

vertauscht einfach die Ladung der Teilchen. In Experimenten haben Wissenschaftler herausgefunden, dass die schwachen Wechselwirkungen bei Teilchen nicht exakt die gleichen bleiben, wenn die Ladungsvorzeichen der Teilchen vertauscht werden; C wird also verletzt. In gleicher Weise vertauscht die Paritäts-Operation (P) einfach links und rechts wie in einem Spiegelbild. Wenn die Wechselwirkung unter dieser Operation symmetrisch wäre, dann würde das Spiegelbild der Wechselwirkung das gleiche sein. Doch auch hier wurde experimentell nachgewiesen, dass Spiegelbilder von schwachen Wechselwirkungen der Elementarteilchen nicht gleich den Wechselwirkungen selbst sind. Damit wird P auch verletzt. Eine Zeit lang vermuteten die Kernphysiker, dass die Wechselwirkungen wie im vorhergehenden Beispiel zumindest unter der kombinierten Operation CP symmetrisch seien, wenn also die Ladungen sowie rechts und links vertauscht werden. In den sechziger Jahren wurde jedoch von den Elementarteilchenphysikern Jim Cronin (Universität von Chicago) und Val Fitch (Universität von Princeton) anhand des Zerfalls von K-Mesonen oder Kaonen genannten Elementarteilchen zur Überraschung aller nachgewiesen, dass in etwa 0,2 Prozent aller Fälle die CP-Symmetrie verletzt wird. Anders als in den obigen Beispielen ist der Zerfall also nicht gleich, selbst wenn man sowohl die Ladungsvorzeichen wie auch links und rechts vertauscht. Da im frühen Universum die starke und die schwache Wechselwirkung noch vereint waren, ist die direkte Folgerung aus dieser Entdeckung, dass Reaktionen in der GUT-Epoche und in der Zeit unmittelbar darauf, als das Universum weniger als 10^{-32} Sekunden alt war, die CP-Symmetrie verletzten. So wurde ein leichter Überschuss von Teilchen gegenüber Antiteilchen erzeugt, ein Gedanke, der zuerst von dem sowjetischen Physiker Andrej Sacharow geäußert wurde. Wie groß muss wohl dieser Überschuss gewesen sein, um heute Protonen und Neutronen, aber keine Antiprotonen und Antineutronen beobachten zu können? Die Antwort ist erstaunlich genug: Es war ausreichend, wenn bei der Erzeugung von drei Milliarden Antiteilchen drei Milliarden *und ein* Teilchen entstanden!

Kann das sein? Um zu zeigen, dass dieser winzige Überschuss wirklich ausreicht, müssen wir uns den Vorgang vergegenwärtigen. Als das Universum expandierte und abkühlte, zerstrahlten alle Antiteilchen zusammen mit ihren entsprechenden Teilchen, und es entstanden dabei Photonen der Strahlung. Anstelle von jeweils drei Milliarden Teilchen-Antiteilchen-Paaren, die zerstrahlten, blieb ein einziges ungepaartes Teilchen übrig. Da jede Zerstrahlung zwei Photonen erzeugt, sollten wir erwarten, mehr als eine Milliarde Photonen für jedes Proton zu finden. Und die Zahl der Photonen in der kosmischen Hintergrundstrahlung ist in der Tat mehr als eine Milliarde Mal größer als die Zahl der Protonen im Universum. Wir kommen deshalb zu der erstaunlichen Schlussfolgerung, dass die gesamte materielle Welt, *von den Galaxien bis hin zum Menschen, ihre Existenz diesem winzigen Überschuss von Teilchen über Antiteilchen* verdankt, der wiederum die Folge einer winzigen Verletzung der perfekten Symmetrie ist.

Eine kleine Verletzung der Symmetrie hat große Wirkungen und verstärkt die Schönheit. Freilich sind solche Phänomene nicht nur in der Physik zu finden. Jeder, der einmal eine Rose genau betrachtet hat, wird diese Meinung teilen. Viele Kunstwerke nutzen kleine Abweichungen von der Symmetrie, um eine „visuelle Form" aufzubauen, nämlich jene Eigenschaften, die einem Kunstwerk Struktur und Zusammenhalt verleihen.

Um dies zu verdeutlichen, wollen wir ein Gemälde mit dem Titel *Die Wahrheit* ansehen, das 1902 von dem Schweizer Symbolisten Ferdinand Hodler gemalt wurde und heute im Kunsthaus in Zürich hängt. In diesem Bild stellt eine wunderschöne nackte Frau in der Bildmitte die Wahrheit dar. Sie blickt den Betrachter an und hat die Arme ausgebreitet, als ob sie ihre gesamte Umgebung umarmen wollte. Auf beiden Seiten dieser Figur finden sich drei schwarz gekleidete Phantome, die List und Tücke darstellen und ihre Gesichter vom Betrachter abwenden. Die beiden Gruppen von Dämonen sind sehr ähnlich, doch nicht identisch, und diese Tatsache zwingt den Betrachter buchstäblich, jede von ihnen in allen Einzelheiten anzuschauen. Hodler verwandte einen ähnlichen Bildaufbau und eine andere Nackte als Zeichen geistiger Reinheit in seinen Gemälden *Der Tag* und *Die Kunst*, woraus vielleicht zu folgern ist, dass er diese Konzepte als Komponenten der Wahrheit betrachtete. Der Physiker Philip Morrison vom Massachusetts Institute of Technology hat unsere Gedankengänge in seinem Buch *Nothing is too wonderful to be true* auf den Punkt gebracht: „Alle Kunstwerke, die wir als besonders ansprechend empfinden, viele Erscheinungen der Natur von großer Schönheit, alle diese Dinge besitzen gebrochene Symmetrien."

Die Tatsache, dass bei Temperaturen, wie sie in den ersten Sekundenbruchteilen des Universums herrschten, ein Überschuss von Teilchen über Antiteilchen entstehen konnte, lässt uns vermuten, dass in der grundlegenden Wechselwirkung die Differenz von Teilchen und Antiteilchen keine strikt konstante Zahl ist. Die Baryonenzahl eines Teilchens ist definiert als die Zahl der Quarks, aus denen es besteht, minus der Zahl der Antiquarks, wobei das Ergebnis der Subtraktion noch durch drei geteilt wird. Beispielsweise enthält ein Proton drei Quarks und kein Antiquark, und damit ist seine

Baryonenzahl gleich eins. Ein Antiproton enthält drei Antiquarks (und keine Quarks), und damit ist seine Baryonenzahl gleich minus eins. In allen Experimenten und Reaktionen, die bislang untersucht wurden, änderte sich die Baryonenzahl nicht. Das Proton ist außerdem das masseärmste existierende Baryon. Wenn also die Erhaltung der Baryonenzahl absolutes Gesetz wäre, könnte das Proton niemals zerfallen, denn Teilchen können immer nur zu masseärmeren Teilchen zerfallen, aber das würde in diesem Fall eben die Baryonenzahl ändern. Doch bei GUT-Energien ist die Baryonenzahl nicht exakt konstant. Vermutlich treten sogar Prozesse, die die Baryonenzahl ändern, bei Temperaturen über 10^{27} Kelvin relativ häufig auf. Folglich müssen wir uns damit abfinden, dass nicht nur Diamanten nicht für alle Ewigkeit existieren. Auch das Proton, der grundlegendste Baustein gewöhnlicher Materie, ist ein instabiles Teilchen und zerfällt. Es gibt aber keinen unmittelbaren Grund zur Panik, denn die Lebensdauer des Protons liegt, soweit wir wissen, bei über 10^{32} Jahren. Selbst wenn wir 2500 Jahre leben würden, würde nur ein Proton in den Atomen unseres Körpers zerfallen. Diese endliche Halbwertszeit des Protons kann jedoch experimentell getestet werden, denn sie besagt, dass in einer Menge von 100 Tonnen Wasserstoff ein Atom pro Jahr zerfallen sollte. Experimente, die solche Zerfälle, wenn sie denn auftreten, entdecken sollen, laufen seit etwa 20 Jahren. Immerhin haben sie schon die einfachste Version der GUTs widerlegt, denn nach dieser Theorie sollte ein Proton in weniger als 10^{30} Jahren in ein Positron und ein Teilchen namens Pi-null zerfallen. Drei Experimente sind inzwischen lange genug gelaufen, um zu zeigen, dass ein solcher Zerfall nicht einmal in 10^{33} Jahren auftritt. Noch sind die genauen Folgerungen dieser experimentellen Ergebnisse für GUTs nicht bekannt. Dies erinnert mich an eine Karikatur, in der ein Wissenschaftler, der gerade sein Labor verlässt, sagt: „Erst erfahre ich, dass die Ehe instabil ist, dann, dass die Wirtschaft instabil ist, und jetzt, dass sogar das Proton instabil ist. Ist es da verwunderlich, dass ich deprimiert bin?"

Wie ich beschrieben habe, wurde die CP-Verletzung bei Kaonenzerfällen entdeckt. Kaonen sind jedoch relativ massearme Teilchen, die zu einfach sind, um das gesamte Bild der CP-Verletzung ans Licht zu bringen. Es besteht Hoffnung, dass die Zerfälle schwererer Teilchen, der B-Mesonen, einen vielfältigeren Teilchen-„Zoo" liefern werden und dabei ein vollständigeres Bild der Quelle der CP-Verletzung entsteht. Zwei große Teilchenbeschleuniger, so genannte „B-Fabriken", nahmen im Frühjahr 1999 ihre Arbeit auf. Sie erzeugen viele B-Mesonen und studieren deren Zerfälle. Eines dieser Experimente findet am Stanford Linear Accelerator Center (SLAC) statt, das andere an der Hochenergie-

Beschleuniger-Forschungsorganisation (KEK) in Tsukuba in Japan. In beiden Anlagen werden Elektronen und Positronen in entgegengesetzten Richtungen nahezu mit Lichtgeschwindigkeit herumgewirbelt. Wenn Bündel dieser Elektronen mit Positronen kollidieren, werden Paare von B- und Anti-B-Mesonen in großer Zahl erzeugt. Man hegt die Hoffnung, dass diese neuen Experimente nicht nur das Geheimnis der CP-Verletzung lüften können, sondern auch neue Einblicke in das Standardmodell der Elementarteilchen geben werden. Der große Teilchendetektor des SLAC, der die Pfade der erzeugten Teilchen aufzeichnet und ihre Energien bestimmt, ist nach dem Elefanten „Babar" in Laurent de Brunhoffs Büchern benannt.

Zeitpfeile

Wir haben gesehen, dass eine nur geringfügige Verletzung der CP-Symmetrie ausreicht, um die Vorherrschaft der Materie über die Antimaterie zu sichern. Diese Verletzung hat aber noch eine weitere Konsequenz. Aus ihr folgt nämlich, dass Reaktionen von Elementarteilchen nicht die gleichen wären, wenn die Zeit rückwärts laufen würde – diese Reaktionen können zwischen Vergangenheit und Zukunft unterscheiden! Hier begegnet uns zum ersten Mal ein „Zeitpfeil", eine Eigenschaft der grundlegenden Gesetze, die die Richtung des Zeitflusses bestimmt. Dies klingt sehr geheimnisvoll, da die Grundgleichungen der physikalischen Gesetze symmetrisch in Bezug auf die Zeit sind – sie ändern sich eben nicht, wenn die Zeitrichtung umgekehrt wird. Und noch eine Frage drängt sich auf: Ist es möglich, dass dieser Zeitpfeil für das starke Zeitempfinden der Menschen verantwortlich ist? Für die Fähigkeit, zwischen Vergangenheit und Zukunft unterscheiden zu können? Die Antwort ist: mit hoher Wahrscheinlichkeit nicht. Erinnern wir uns, dass diese Asymmetrie im Zeitfluss eine Folgerung der CP-Verletzung ist, die nur in einem winzigen Bruchteil der Zerfälle von seltenen Teilchen, bei den K- und B-Mesonen, auftritt. Wie sollte dieser winzige Effekt etwas so Entscheidendes wie unseren subjektiv empfundenen Zeitpfeil erzeugen können? Wir müssen wohl irgendwo anders nach der Ursache unseres subjektiven Sinns für die Zeitrichtung suchen.

Kommen wir zurück zur Frage, wie es für die Reaktionen möglich ist, zwischen Vergangenheit und Zukunft zu unterscheiden, wenn doch die Gleichungen, die die Theorie beschreiben, symmetrisch in der Zeit sind. Dies hängt wiederum mit der Symmetriebrechung zusammen. Der ganze Prozess kann am besten – statt in der Zeit hier im Raum – durch das Verhalten eines einfachen Stabmagneten beschrieben werden. Im Innern eines Magneten befinden sich viele atomare Magnete. Die Gleichungen, die einen jeden dieser kleinen Magneten und seine Wechselwirkung mit allen anderen beschreiben, sind völlig symmetrisch in Bezug auf alle Raumrichtungen. Die Gleichungen erlauben keine Unterscheidung bezüglich irgendeiner Richtung. Jede individuelle Lösung der Gleichungen, die die Richtung eines einzelnen winzigen Magneten beschreibt, verletzt die Symmetrie, weil sie eine bestimmte Richtung anzeigt. Die Gesamtheit aller Lösungen ist wieder symmetrisch, weil es für jede beliebige Richtung einen winzigen Magneten gibt, der in diese Richtung deutet. Diese Umstände bedingen eine Situation, in der der kleinste äußere Einfluss, der eine bestimmte Richtung favorisiert, dazu führt, dass der Magnet in diese Richtung zeigt. Die Situation kann mit einer Cocktail-Party zu Ehren eines bestimmten Gastes verglichen werden: Solange der Ehrengast nicht da ist, schaut jede Person in eine bestimmte Richtung, aber es gibt keine Vorzugsrichtung, in die alle schauen würden. Sobald der Ehrengast aber eintrifft, wendet jeder seinen Blick in die gleiche Richtung. Im Fall des Zeitpfeils sind die Gleichungen symmetrisch in Bezug auf die Zeit, aber sie haben wahrscheinlich zwei Lösungen, eine, die in die Vergangenheit, die andere, die in die Zukunft weist. Die Summe aller Lösungen besitzt vermutlich keine bevorzugte Zeitrichtung. Aufgrund der Symmetriebrechung ist offenkundig nur eine dieser Lösungen in der Natur verwirklicht, die damit der Zeit eine spezifische Richtung gibt.

Sieht man von unserem eigenen Zeitpfeil einmal ab, der zwischen Vergangenheit und Zukunft unterscheiden kann, ist der thermodynamische Pfeil wohl am bekanntesten. In der Thermodynamik, der Wärmelehre, gibt es den Begriff der *Entropie*, die ein Maß für die Unordnung eines physikalischen Systems ist, sei es nun in der Mikro- oder der Makrophysik. Wenn eine Gasmenge in eine Ecke eines Raumes zusammengepresst ist, ist die Entropie des Raumes kleiner, als wenn das Gas über den ganzen Raum verteilt wäre: Das System weist eine größere Ordnung auf.

Wenn Kohlenstoff, Wasserstoff, Sauerstoff, Eisen und andere Atome und Moleküle ziellos durch das Weltall fliegen, ist ihre Entropie, ihre Unordnung, größer, als wenn all diese Teilchen sich in perfekter Weise zusammenfinden und einen menschlichen Körper bilden. Wenn die Bücher einer Bibliothek wahllos über den Boden zerstreut sind, ist ihre Entropie höher als wenn die Bücher wohl geordnet, nach Autoren alphabetisch sortiert, in einem Regal stehen.

Im Jahre 1865 formulierte der deutsche Physiker Rudolf Clausius den zweiten Hauptsatz der Thermodynamik, der besagt, dass die Entropie eines abgeschlossenen Systems niemals abnehmen kann:

Systeme können im Laufe der Zeit nur weniger geordnet werden. Jeder, der das Zimmer eines Jugendlichen (oder aber mein Büro!) für längere Zeit beobachtet, wird von der Gültigkeit dieses Satzes überzeugt werden. Wenn ein Gas, wie in unserem ersten Beispiel, sich hermetisch abgeschlossen in einer Ecke des Raumes befindet und dann die Gelegenheit erhält, sich ungehindert auszubreiten, wird es ausströmen, bis es den ganzen Raum gleichförmig ausfüllt und dabei überall die gleiche Temperatur aufweist. Dies ist ein Zustand des *thermodynamischen Gleichgewichts*, und in diesem Zustand ist die Entropie des Systems maximal. Derselbe Satz erklärt auch, warum beim Kontakt eines heißen und eines kalten Körpers solange Wärme vom heißen zum kalten Körper fließt, bis die Temperaturen gleich sind.

Der zweite Hauptsatz der Thermodynamik definiert eine klare Zeitrichtung für abgeschlossene Systeme, die Richtung wachsender Unordnung. In Systemen, die nicht isoliert, sondern in Kontakt mit anderen Systemen sind, kann in der Tat Ordnung aus der Unordnung erwachsen. Wird Öl in einem runden Topf erhitzt und von oben betrachtet, kann man feststellen, dass sich plötzlich in der homogenen, gestaltlosen Flüssigkeit miteinander verbundene, sechseckige Zellen bilden. Dieses Phänomen wurde bereits 1900 von dem französischen Physiker Henri Bénard entdeckt. In diesem Fall entsteht die Ordnung aufgrund der von außen zugeführten Wärme.

Auch zwei weitere Zeitpfeile sind von Bedeutung, weil sie das Universum im Großen charakterisieren. Der eine ist direkt mit der Expansion verknüpft. Diese definiert eine kosmologische Zeitrichtung: Wenn wir die Größe des Universums zu zwei unterschiedlichen Zeiten vergleichen, können wir wie im Falle eines Ballons, der aufgeblasen wird, feststellen, welche Zeit die frühere war. Der zweite Pfeil ist mit dem Auftreten von Ordnung im Universum verknüpft. Zur Zeit des Urknalls besaß es eine hohe Dichte, eine hohe Temperatur, und es wies praktisch keine Struktur auf. Doch aus diesem Chaos kristallisierte sich nach und nach eine Ordnung heraus, erst in Form von Atomen, dann von Molekülen, schließlich in Form von Sternen, Galaxien und Galaxienhaufen. Es gibt also offenkundig einen Pfeil, der in Richtung wachsender Ordnung zeigt. Daraus ergeben sich unmittelbar zwei Fragen: Steht das Auftreten von Ordnung im Universum nicht im Widerspruch zum zweiten Hauptsatz der Thermodynamik, der eine immer größere Unordnung vorhersagt? Sind ferner all diese Zeitpfeile, der subjektive, der thermodynamische, der kosmologische, und derjenige der Ordnung im Universum, irgendwie miteinander verknüpft? Oder ist es bloßer Zufall, dass sie alle in die gleiche Richtung zeigen?

Bevor ich versuche, diese Fragen zu beantworten, möchte ich ein wundervolles Gedankenexperiment beschreiben, das sich der britische

Physiker James Clerk Maxwell, der auch die Gesetze des Elektromagnetismus formulierte, ausgedacht hat. Man benötigt dazu einen hypothetischen kleinen Dämon, der seine Zeit mit dem Sortieren verbringt. Maxwells Experiment besteht aus einem vertikalen, zylinderförmigen Behälter, der mit Gas gefüllt und mit einer Wand versehen ist, die ihn in zwei gleich große Hälften teilt, eine obere und eine untere. In dieser Trennwand befindet sich eine kleine Tür, die von dem kleinen Dämon geöffnet und geschlossen werden kann. Zu Anfang des Experiments ist die Temperatur in den beiden Zylinderhälften genau gleich, die durchschnittliche Geschwindigkeit der Gasmoleküle ebenfalls. Der Dämon kann die Geschwindigkeit einzelner Moleküle messen, und indem er nach Wunsch die Tür der Trennwand öffnet, kann er Moleküle, die sich schneller als der Durchschnitt bewegen, aus der unteren Hälfte des Zylinders in die obere und langsamere nach unten lassen. Er vermag also schnellere Moleküle, die einer höheren Temperatur entsprechen, in der oberen Hälfte zu sammeln, und langsamere mit niedrigerer Temperatur in der unteren. Mit anderen Worten bewirkt die Aktivität des Dämons, dass sich die obere Hälfte des Zylinders aufheizt, während sich die untere abkühlt. Dies verringert die Entropie des Systems – das System wird in eine größere Ordnung gebracht, die Wärme fließt vom kalten zum heißen Gas, und alles steht in scheinbarem Widerspruch zum zweiten Hauptsatz der Thermodynamik. Wenn wir die gesamte Entropieänderung berechnen wollen, müssen wir allerdings auch den Dämon berücksichtigen. Da wir der Überzeugung sind, dass der zweite Hauptsatz gültig ist und die Gesamtentropie zunimmt, muss die durch die Arbeit des Dämons verursachte Entropieerhöhung mindestens so groß sein wie die Entropieverringerung des Gases. Die Lösung dieses Problems gelang durch die Arbeiten des Mathematikers Claude Shannon und des Physikers Léon Brillouin. Sie zeigten erstens, dass die Gewinnung (und Aufzeichnung) von Information des Systems auf mikroskopischem Niveau die Entropie (die Unordnung) trotz des zweiten Hauptsatzes verringern kann. Mikroskopische Information ist somit gleichbedeutend mit Ordnung. Brillouin wies ferner nach, dass beim Prozess der Gewinnung von Information, die der Dämon braucht, um zu wissen, welche Moleküle er passieren lassen muss, mehr Entropie erzeugt wird, als beim Sortieren des Gases reduziert wird. Damit stieg die Gesamtentropie des Universums in Übereinstimmung mit dem zweiten Hauptsatz der Thermodynamik an, obwohl die Entropie des betrachteten Systems abnahm. Der zweite Hauptsatz der Thermodynamik besagt deshalb, dass die Entropie des Universums als Ganzes niemals abnehmen kann. Die Unordnung muss immer weiter zunehmen.

Es ist relativ leicht zu verstehen, wie sich aus einem geordneten Zustand Unordnung entwickeln kann. Humpty Dumpty, der bei Alices Abenteuern „Hinter den Spiegeln" „auf der Mauer" saß, hatte alle Stücke an der richtigen Stelle – und es gibt nur eine mögliche Anordnung, in der alle diese Stücke perfekt zusammenpassen und damit den intakten Humpty bilden. Als er jedoch „einen großen Fall" tat, gab es sehr viele Arrangements, wie seine zerstreuten Stücke auf dem Boden liegen könnten. Die Wahrscheinlichkeit, dass Unordnung aus Ordnung entsteht, ist also immer relativ hoch, weil es immer viel mehr Möglichkeiten für Unordnung gibt. In gleicher Weise kann eine Büchersammlung auf mannigfaltige Weise auf dem Boden verstreut sein, aber es gibt nur eine einzige Möglichkeit ihrer alphabetischen Anordnung. Hier begegnen wir anscheinend einem Paradox: Wenn zur Zeit des Urknalls thermisches Gleichgewicht herrschte und die Unordnung, also die Entropie, maximal war, wie ist es dann möglich, dass die Entropie im Universum immer noch anwächst?

Die Antwort beruht wohl auf der Tatsache, dass das Universum expandiert. Der maximale Wert, den die Entropie erreichen kann, hängt von der Größe des Systems ab. Die Entropie eines Gases im thermischen Gleichgewicht ist in einem größeren Volumen größer als in einem kleineren. Die Expansion des Universums lässt es zu, dass die Entropie wachsen kann. Dies könnte erklären, warum der kosmologische und der thermodynamische Pfeil in die gleiche Richtung zeigen – die Expansion des Universums ist verknüpft mit einem Anwachsen der Entropie. Wir können nun auch verstehen, wie es trotz der Gültigkeit des zweiten Hauptsatzes möglich war, dass Ordnung im Universum erscheint. Wenn ein betrachtetes System im thermodynamischen Gleichgewicht ist, ist seine Entropie oder Unordnung maximal. Solange das System nicht im Gleichgewicht ist, ist die Unordnung kleiner als maximal; es gibt also eine *Ordnung* im System. Je weiter das System vom Gleichgewichtszustand entfernt ist, umso geordneter ist es. Beim Beispiel des Gases in einem Behälter entspricht das Gleichgewicht dem Zustand, bei dem das Gas den Behälter gleichförmig ausfüllt. Je mehr das Gas in einem kleinen Teil des Behälters konzentriert ist, umso geordneter ist das System. Stellen wir uns jetzt vor, dass sich das Gas im Behälter im thermischen Gleichgewicht befindet, also gleichförmig verteilt ist, dass aber der Behälter vergrößert werden, also expandieren kann. Wenn der Behälter viel schneller expandiert als das Gas sich ausbreiten kann, finden wir eine Situation vor, in der das Gas plötzlich ein sehr kleines Volumen im riesenhaft vergrößerten Behälter einnimmt: Ein geordneter Zustand ist eingetreten.

Die Situation im Universum könnte ähnlich sein. Anfangs befand es sich im thermodynamischen Gleichgewicht, seine Entropie und Unordnung waren maximal. Als es expandierte, geschah zweierlei: Materie und Strahlung verdünnten sich ständig und kühlten ab, und der maximale Wert, den die Entropie erreichen kann, nahm mit wachsender Größe des Universums ständig zu. Wegen der Verdünnung und der Abkühlung nehmen die Reaktionsraten aller atomaren und Kernprozesse ab, die von Teilchenkollisionen herrühren, da sich die Materie verdünnt und die statistischen Bewegungen der Teilchen weniger aufgerührt werden. Ab einem bestimmten Punkt konnten diese Prozesse nicht mit der Expansion Schritt halten, und die Entropie des Universums fiel auf einen Wert unterhalb der maximal möglichen Entropie. Die wachsende Kluft zwischen der aktuellen Unordnung und der maximal möglichen Unordnung bedeutet einfach, dass Ordnung auf verschiedenen Skalen erscheinen konnte. Die Schwerkraft nahm beim Auftreten von Strukturen im Kosmos eine tragende Rolle ein. Sie ist für die Tatsache verantwortlich, dass kleine Materieklumpen mit der Zeit immer dichter wurden. Und sie wirkte auf all die kleinen Abweichungen von einer gleichförmigen Dichte, wie sie im frühen Universum vorherrschte, ein und ließ sie Sterne, Galaxien und Galaxienhaufen bilden.

Der berühmte britische Physiker Roger Penrose vertritt eine andere Ansicht über den Ursprung des thermodynamischen Zeitpfeils. Nach seiner Vorstellung ist die Schwerkraft entscheidend, um die Richtung des Entropiewachstums festzulegen. Es ist leicht zu verstehen, dass Entropie oder Unordnung anwachsen sollte, wenn man von einem wohl geordneten Anfangszustand ausgeht. Penrose stellt fest, dass im frühen Universum die Verteilung der Materie in der Tat extrem glatt und gleichförmig war und es keine großen Massenkonzentrationen gab. Hätten solche Konzentrationen zu einem sehr frühen Zeitpunkt existiert, wären sie zu Schwarzen Löchern kollabiert – zu Massen, die durch die Wirkung der Schwerkraft zu extrem kompakten Gebilden zusammengepresst werden. Schwarze Löcher haben also eine ungeheuer große Entropie, die viel größer ist als die gleich verteilter Materie. Penrose schließt daraus, dass die Entropie im frühen Universum sehr niedrig war, viel kleiner als der maximal mögliche Wert. Ausgehend von diesem geordneten und gleichförmigen Zustand konnte die Entropie nur anwachsen, wobei sich jede kleine Klumpung in der Materieverteilung durch die Wirkung der Schwerkraft vergrößerte. Der zweite Hauptsatz der Thermodynamik ist, so betrachtet, einfach eine Folge der Homogenität des frühen Kosmos.

Wie ist dies alles mit unserem subjektiven Zeitpfeil verknüpft? Wenn wir drei Selbstportraits von Rembrandt aus verschiedenen Lebenszeiten betrachten, wieso können wir sofort die Reihenfolge angeben, in der sie entstanden sind? Warum fürchten wir den Tod, aber warum fürchten wir nicht die Zeit, die vor unserer Geburt lag? Viele Forscher neigen dazu, den subjektiven Zeitpfeil mit dem Gedächtnis zu verknüpfen. Schon in den 397 n. Chr. geschriebenen Bekenntnissen des Heiligen Augustinus heißt es: „In dir, oh Verstand, messe ich meine Zeit." Im 17. Jahrhundert formulierte der jüdische Philosoph Benedikt (Baruch) de Spinoza eine ähnliche Ansicht: „Dauer ist das Attribut, unter dem wir die Existenz geschaffener Dinge empfinden." Erinnerung bedeutet, dass Information im Gehirn abgespeichert werden muss. Wie wir von Maxwells Dämon gelernt haben, ist Information gleichbedeutend mit Ordnung, die die Entropie eines vorgegebenen Systems reduziert – hier eine bestimmte Gegend im Gehirn. Nach dem zweiten Hauptsatz der Thermodynamik bedeutet dies, dass Entropie gleichzeitig an anderer Stelle im Gehirn oder im Körper erzeugt werden muss, etwa in Form von erhöhter Wärme. Das Endergebnis ist, dass die gesamte Entropie des Universums zunimmt. Wenn also der subjektive Zeitpfeil tatsächlich mit dem Ansammeln von Erinnerungen verknüpft ist, deutet dieser Pfeil in die gleiche Richtung wie der thermodynamische Pfeil, da die Vergrößerung der Entropie und das Sammeln von Erinnerungen Hand in Hand gehen.

Wir wollen unsere Überlegungen zu diesem Thema nicht ausweiten, doch müssen wir abschließend noch anmerken, dass das Anwachsen von Unordnung in der Welt, das Erscheinen kosmischer Ordnung und selbst unsere Unterscheidung zwischen Vergangenheit und Zukunft allesamt auf irgendeinem Niveau mit der Expansion des Universums und mit den Kräften, die sein Verhalten bestimmen, zusammenhängen.

Hubbles Entdeckung hat im buchstäblichen und im übertragenen Sinn unser Universum vergrößert. Mein Freund Brian Warner, Astronom an der Universität von Kapstadt, hat ein Büchlein mit lustigen wissenschaftlichen Gedichten geschrieben, betitelt *Dinosaur's End*. Darin findet sich ein amüsantes Gedicht, das er *Ein Gefühl des Schrumpfens* genannt hat:

Das expandierende Weltall – jeder glaubt daran
Doch die Wissenschaft sagt,
Bewegung sei sehr relativ.
Also könnten wir nicht
Einfach schrumpfen?
Wenn es so ist,
Wie lange ist's
bis zum
Ende
?

So wie dieses Gedicht immer mehr schrumpft, verringert sich auch die Bedeutung unserer physischen Existenz in einem expandierenden Weltall. In den zwanziger Jahren wurde diese Expansion des *Raumes* entdeckt. Schon bald sollten weitere seltsame Enthüllungen über die Natur der *Materie* folgen.

4
Der Fall der fehlenden Materie

In Sir Arthur Conan Doyles Kurzgeschichte *Das Abenteuer des blauen Karfunkelsteins* besucht Dr. Watson seinen Freund Sherlock Holmes und findet ihn beim Betrachten eines Filzhutes vor. Zu Watsons Verblüffung ist Holmes nach der genauen Untersuchung des Hutes in der Lage, folgende Aussagen über den Besitzer zu machen: Der Mann besitzt eine hohe Intelligenz; war in den letzten drei Jahren ziemlich wohlhabend, obwohl es ihm in der letzten Zeit nicht mehr so gut ging; er hatte zwar Vorsorgen getroffen, aber einiges Geld, möglicherweise durch Trinksucht, verloren; seine Frau liebt ihn nicht mehr, er ist von mittlerem Alter, geht selten aus, und sein Haus besitzt wahrscheinlich keinen Gasanschluss. Nachdem Watsons Erstaunen sich gelegt hat, beginnt Holmes nach und nach zu erklären, wie er zu diesen Folgerungen gelangte. So leitete er die Intelligenz des Mannes von der ungewöhnlichen Größe seines Kopfes ab. Aus der Tatsache, dass der Staub nicht der sandige graue Staub der Straße, sondern stattdessen der flockige Hausstaub ist, folgert er, dass er selten ausgeht. Doch Watson insistiert: „Aber seine Frau – Sie sagten, dass sie ihn nicht mehr liebt?" Holmes entgegnet mit präziser Logik: „Dieser Hut ist seit Wochen nicht gebürstet worden. Falls ich Sie, mein lieber Watson, mit einem Hut sähe, auf dem der Staub einer ganzen Woche liegt, und falls Ihre Frau es zuließe, dass Sie in einem solchen Aufzug ausgehen, würde ich auch befürchten müssen, dass Sie das Unglück getroffen hat, die Zuneigung Ihrer Frau zu verlieren."

Natürlich können Experten die Gültigkeit von vielen Folgerungen ernsthaft in Zweifel ziehen. So bedeutet ein großer Kopf nicht notwendigerweise einen überlegenen Intellekt. Doch man kann sicher festhalten, dass sorgfältige Schlussfolgerungen außerordentlich informativ sein können.

Modernen „Detektiven" steht ein reichhaltiges Arsenal an wissenschaftlichen Werkzeugen zur Verfügung. Das Rembrandt-Forschungsprojekt ist beispielsweise eine riesige, konzentrierte Anstrengung, die Authentizität aller Werke festzustellen, die dem holländischen Meister Rembrandt van Rijn zugeschrieben werden. Die Tatsache, dass Rembrandt eine recht große Anzahl von talentierten Schülern und Nachfolgern hatte, von denen viele offenbar ziemlich gerne den Meister imitierten, macht diese Aufgabe sehr schwierig. Die Forscher begnügen sich nicht allein mit dem visuellen Eindruck. Die Gemälde werden geröntgt, und es werden Infrarotfotografien angefertigt, was schwarze Pigmente in übermalten Skizzen zum Vorschein bringt. Die Ultraviolettmikroskopie lässt durchsichtige rote Pigmente hervortreten, und selbst thermische Neutronen, eine als Autoradiografie bezeichnete Technik, gelangen zum Einsatz. In einem Selbstportrait von Rembrandt aus dem Jahre 1660 brachten diese aufwendigen Techniken eine sehr zart gezeichnete Skizze und die erstaunliche Spontaneität von Rembrandts Pinselstrichen zum Vorschein. Beides führte zu einem Bild, das schon den Stil von Cézanne erahnen lässt.

Uns beweist dieses Beispiel, dass wir nicht allein unseren Augen vertrauen dürfen, um die wahre Natur und Schönheit des Universums zu ergründen. Jeder, der in einer mondlosen Nacht am Meeresstrand entlanggeht, hat den Eindruck, dass er nur den weißen Schaum der Wellenkämme sehen kann, während das dunkle Seewasser völlig unsichtbar bleibt. Stellen wir uns vor, wir ständen so am Ufer und hätten noch nie zuvor einen Ozean gesehen. Gibt es eine Möglichkeit, mehr über dieses Phänomen Seewasser herauszufinden? Auch wir sollten nicht nur dem Gesehenen trauen. Wir könnten das Rauschen der Wellen, die sich am Ufer brechen, benutzen, um etwas über die Flüssigkeitsmenge in einer Welle oder über ihre Höhe zu erfahren. Auf diese Weise können wir folgern, dass eine Welle aus mehr besteht als bloß aus dem Schaum ihres Kammes.

Das Universum gleicht in mancher Hinsicht dem dunklen Ozean. Ein großer Teil der Materie ist dunkel. Der Stoff, der dafür verantwortlich ist, dass Galaxien und Galaxienhaufen zusammengehalten werden, besteht aus Materie, die wir nicht sehen können. Wieso wissen wir dann, dass sie existiert? Und wenn sie existiert, woraus besteht sie?

Schon in den dreißiger Jahren fingen Astronomen an, sich mit diesem kosmischen Geheimnis zu beschäftigen, und trotzdem ist die Sache immer noch ungeklärt. In den zurückliegenden Jahren und Jahrzehnten tauchte eine Reihe von „Verdächtigen" auf, die als Kandidaten für dunkle Materie galten. Die Identifizierung dieser Verdächtigen erforderte eine ganze Menge detektivischer Arbeit. Ich werde im Folgenden die Geschichte dreier solcher Untersuchungen erzählen, die mit den Eigenschaften des Universums eng verknüpft und bei der Diskussion seiner Schönheit von Bedeutung sind.

Geist über Materie

Die erste Geschichte hängt mit dem radioaktiven Betazerfall zusammen. Der Betazerfall ist ein Prozess, bei dem ein Atomkern seine Zusammensetzung ändert, um eine größere Stabilität zu erreichen: Der Kern zerfällt und geht von einem instabilen Zustand in einen stabileren Zustand über. Während dieses Prozesses sendet der Atomkern ein Elektron aus. Schon dies erschien zunächst vielen rätselhaft, weil es starke Argumente dafür gab, dass in einem Atomkern keine Elektronen existieren können. Man konnte dieses Problem aber lösen, indem man erkannte, dass der Betazerfall die spontane Umwandlung eines Neutrons in ein Proton und ein Elektron darstellt, wobei das Elektron sofort nach seiner Entstehung den Atomkern verlässt. Es trat jedoch eine sehr viel ernstere Schwierigkeit auf: Der Betazerfall verletzte augenscheinlich die Erhaltungssätze des Impulses, des Drehimpulses und der Energie. Bei einigen Versuchen war es gelungen, die Richtung des emittierten Elektrons und des zurückgestoßenen Atomkerns zu beobachten. Da der zerfallende Atomkern sich anfangs in einer Ruheposition befand und damit den Impuls null hatte, erfordert der Impulserhaltungssatz, dass das Elektron und der Kern in genau entgegengesetzte Richtungen wegfliegen, so dass die Summe Ihrer Impulse wieder genau gleich null ist. Dies wurde jedoch fast nie beobachtet. Die Vermutung, dass die fehlende Energie durch Kollisionen des emittierten Elektrons mit den Elektronen, die den Atomkern umgeben, verloren geht, wurde 1927 ebenfalls experimentell widerlegt. Nun sind aber Erhaltungssätze, die das Resultat von Symmetrien – das Hauptingredienz der Schönheit! – darstellen, jedem Physiker zu sehr ans Herz gewachsen, als dass eine Verletzung eines solchen Erhaltungssatzes leichtgenommen wird. Damit diese weiter gültig blieben, postulierte der theoretische Physiker Wolfgang Pauli im Jahre 1930, dass bei einem Betazerfall ein weiteres Teilchen ausgesandt wird, das bislang seiner Entdeckung entging. Dieses schwer fassbare Teilchen sollte eine sehr kleine oder sogar verschwindend kleine Masse haben und außerdem keine elektrische Ladung, damit es bei den Experimenten unentdeckt entkommen konnte. Später wurde es von dem Physiker Enrico Fermi *Neutrino* getauft – auf italienisch bedeutet dies „das kleine Neutrale". Und es sollte so viel überschüssige Energie, Impuls und Drehimpuls wegtragen, dass diese Größen beim Betazerfall erhalten bleiben konnten. Erste Experimente, die in den Jahren 1936 bis 1939 durchgeführt wurden, um die Existenz des kleinen Neutralen indirekt nachzuweisen, gaben nur einen schwachen Hinweis auf seine Existenz. Der direkte Beweis gelang 1956, als Fred Reines und Clyde Cowan den Neutrinofluss in der Nähe eines Uranmeilers belegen konnten. Heute wissen wir, dass Neutrinos in drei unterschiedlichen Arten vorkommen können, die drei Teilchenfamilien entsprechen. Eine Art ist mit dem Elektron verwandt, eine andere mit einem Teilchen namens Myon, eine dritte mit einem Teilchen namens Tauon. Die Moral von dieser Geschichte ist, dass man nicht vor kühnen

Folgerungen wie der Existenz unsichtbarer Teilchen zurückschrecken sollte, wenn physikalische Erhaltungssätze auf dem Spiel stehen.

Diese Geschichte beschrieb die Entdeckung eines bisher unbekannten Teilchens aufgrund der scheinbaren Verletzung von Erhaltungssätzen. Die folgende steht dagegen im direkten Bezug zur Symmetrie.

Teilchenbeschleuniger sind riesige Maschinen, in denen Elementarteilchen durch elektrische und magnetische Felder auf sehr hohe Energien beschleunigt werden. Diese Teilchen werden dann so umgelenkt, dass sie mit anderen zusammenstoßen. Man nutzt die beobachteten Ergebnisse dieser Kollisionen, um die Natur der elementaren Wechselwirkungen, die bei ihnen eine Rolle spielen, zu untersuchen. In den späten fünfziger Jahren begannen Experimente mit Teilchenbeschleunigern, die Existenz vieler vorher unbekannter Teilchen zu enthüllen. Sie konnten offenkundig in Familien mit ähnlichen Eigenschaften eingeordnet werden. So gehören das wohl bekannte Proton und das Neutron eindeutig zu einer Familie von acht Teilchen, die allesamt gleiche Spin-Drehimpulse und ähnliche Massen aufweisen. Da viele der besser bekannten Teilchen zu solchen Familien mit acht Mitgliedern gehören, bezeichnete der Teilchenphysiker Murray Gell-Mann dieses Klassifikationsschema als den „achtfachen Weg", eine Bezeichnung, die er dem Buddhismus entlehnte.

Um in den Zoo der neuen Teilchen mehr Ordnung zu bringen, begannen die Physiker, nach *Symmetrien* zu suchen, die eine deutliche Zuordnung zu Familien gestatten würden. Welche Art von Symmetrien sind das? Die, denen wir bislang begegnet sind, die Symmetrien unter Rotation und Translation, haben mit unserem sich verändernden Standort im Raum zu tun. Die jetzt zu behandelnde Symmetrie ist jedoch mit der Identität der einzelnen Teilchen verbunden. Eine bemerkenswerte Symmetrie, die selten erwähnt wird, drückt sich in der Tatsache aus, dass alle Elektronen im Universum völlig identisch sind. Physiker suchen aber nach umfassenderen Symmetrien. Teilchen, die von den Naturgesetzen nicht unterschieden werden, gehören der gleichen Familie an. Die Quantenmechanik erlaubt uns weiterhin, ein Teilchen aus einer Familie durch eine beliebige Mixtur anderer Teilchen derselben Familie auszutauschen. Dies mag bizarr klingen, doch in der Quantenmechanik ist es möglich, dass ein Teilchen sich in einem Zustand befindet, in dem es weder ein bestimmtes Teilchen noch irgendein anderes ist, sondern stattdessen eine Mischung aus beiden. Die mathematische Theorie, die sich mit allen möglichen Symmetrien und Klassifikationsschemata befasst, wird übrigens *Gruppentheorie* genannt.

1960 fanden die Teilchenphysiker Murray Gell-Mann und Yuval Ne'eman unabhängig voneinander heraus, dass die meisten bekannten

Teilchen in die Struktur eines bestimmten Klassifikationsschemas eingepasst werden können. Ihre Theorie machte eine sehr klare Vorhersage: Es gibt eine Gruppe mit neun bekannten Teilchen, und theoretisch muss es ein zehntes Mitglied dieser Gruppe geben. Das unbekannte, aber theoretisch vorhergesagte Teilchen bekam auch einen Namen: *Omega minus*. Es gelang Gell-Mann abzuschätzen, welche Masse dieses Teilchen haben sollte. Das Omega-minus-Teilchen wurde schließlich 1964 in einem Experiment des Brookhaven National Laboratory auf Long Island, New York, nachgewiesen, und es hatte die von Gell-Mann vorhergesagte Masse!

Diese zweite Geschichte offenbart uns unterschiedliche Umstände, unter denen die Existenz vorher unbekannter Teilchen vorhergesagt werden kann. Diese Teilchen müssen aufgrund einer Symmetrieeigenschaft der Naturkräfte existieren. Die dritte und letzte Geschichte ist viel einfacher: Sie handelt von Materie, deren Existenz durch ihre Schwerkraft abgeleitet wurde.

1781 entdeckte der englische Astronom William Herschel den Planeten Uranus. Er war zunächst über das Erscheinungsbild dieses Objektes verwundert, nannte ihn einen „seltsamen, nebelhaften Stern oder vielleicht einen Kometen". Kurz darauf folgerte er jedoch, dass das Objekt sich zu langsam am Himmel fortbewegte, um ein Komet zu sein, und stellte damit seine Eigenschaft als Planet des Sonnensystems fest. Übrigens hatte er ursprünglich die Absicht, den Planeten „Georgium Sidus" (Georgsgestirn, nach dem englischen König Georg III) zu benennen. Schließlich wurde jedoch ein Vorschlag des Berliner Astronomen Johann Elert Bode aufgenommen, und der Planet wurde nach Saturns mythologischem Vater benannt. Astronomen, die die Bahn des Uranus kartierten, fanden bald kleine Differenzen zwischen den vorausberechneten und den beobachteten Orten am Himmel. Kurz gesagt gelang es ihnen nicht, unter Zugrundelegung einer einfachen elliptischen Bahn die Beobachtungen zu beschreiben. Die Unterschiede wurden im Laufe des nächsten halben Jahrhunderts immer deutlicher.

Neben der Gravitationsanziehung der Sonne, die die Bahn eines Planeten hauptsächlich bestimmt, verursachen auch die Gravitationskräfte der anderen Planeten kleine Effekte, die die Wissenschaftler berechnen können. Im September 1845 konnte der englische Astronom John C. Adams beweisen, dass die Abweichungen in der Bahn des Uranus nicht bloß von den Gravitationskräften der anderen bekannten Planeten herrühren konnten, sondern dass es einen weiteren, bislang nicht entdeckten Planeten im Sonnensystem geben müsse. Es gelang Adams, die Masse dieses Planeten und seine erwartete Position am Himmel zu berechnen. Es gelang ihm jedoch nicht, englische Astronomen davon zu überzeugen, nach diesem Planeten zu suchen. Im Juni 1846 erzielte der französische Mathematiker Urbain Leverrier unabhängig von Adams die gleichen Ergebnisse. Dies veranlasste die englischen Astronomen dann doch, im Sommer 1846 nach dem Planeten zu suchen – leider erfolglos. Leverrier hatte jedoch seine Ergebnisse auch nach Berlin geschickt, und prompt wurde der neue Planet dort im September 1846 von Johann Galle entdeckt.

Diese letzte Geschichte zeigt, wie man die Anwesenheit unsichtbarer Materie durch Bahnen ableiten kann, indem man einfach die bekannten Effekte der Schwerkraft verwendet. Wir werden bald sehen, wie man ähnliche Techniken verwendet, um riesige Mengen dunkler Materie im Universum nachzuweisen. Zuvor möchte ich jedoch dem Leser etwas von der Begeisterung vermitteln, die ich empfinde, wenn ich mit solchen theoretischen Vorhersagen wie der Existenz des Omega-minus-Teilchens konfrontiert bin. Meine Freude ist eine doppelte, denn die Geschichte dieses Teilchens ist nicht nur ein exemplarischer Fall einer theoretischen Vorhersage, die durch das Experiment bestätigt wurde – davon gab es viele. Sie ist darüber hinaus eine bemerkenswerte Leistung des menschlichen Geistes, die nur möglich wurde, weil er von der Symmetrie geleitet wurde, weil er durch den intuitiven Glauben an eine fundamentale Schönheit der Naturgesetze ans Ziel gelangte. Yuval Ne'eman, einer der beiden Physiker, die die Existenz des Omega-minus-Teilchens vorhersagten, war lange Jahre in der israelischen Armee, bevor er Teilchenphysiker wurde. Er erzählte mir einst halb im Spaß, dass seine Überzeugung von der Existenz dieses Teilchens so stark war, dass er erwogen hatte, zur Armee zurückzukehren, wenn die experimentelle Suche fehlgeschlagen wäre.

Die Kräfte der Dunkelheit

In den dreißiger Jahren machte der in der Schweiz geborene amerikanische Astronom Fritz Zwicky grundlegende Ergebnisse seiner Forschungen über Galaxienhaufen bekannt. Seine wichtigste These war, dass der Großteil der Materie dunkel und völlig unsichtbar sei.

Zwickys Logik war überraschend einfach. Er argumentierte, dass in Galaxienhaufen die Gravitationskraft die Tendenz der Galaxien, aufgrund ihrer eigenen Bewegungen auseinander zu fliegen, genau kompensiert. Wenn die Gravitation stärker wäre, würden die Galaxien allesamt zum Mittelpunkt des Haufens kollabieren, und wenn sie schwächer wäre, würde sich der Haufen verflüchtigen. Zwicky folgerte daraus, dass er durch die Messung der Geschwindigkeiten von vielen

Galaxien in einem Haufen mit Hilfe des Doppler-Effekts die erforderliche Gravitationskraft und damit die Masse ermitteln könnte und fand heraus, dass die erforderliche Masse bei weitem die sichtbare Masse übertraf. Zwickys Ergebnisse wurden von der Mehrzahl seiner Kollegen mit erheblicher Skepsis aufgenommen, aber die weitere Entwicklung zeigte, dass er Recht hatte.

Alle astronomischen Objekte emittieren Strahlung bei einer Vielzahl von Wellenlängen. Nur ein kleiner Teil dieser Strahlung ist für das menschliche Auge sichtbar. Der größte Teil wird in Form von ultravioletter, infraroter, Röntgen- oder Radiostrahlung abgestrahlt, die mit Teleskopen vom Erdboden aus (wie die Radiostrahlung) oder im Weltraum (Satellitenteleskope für Ultraviolett-, Infrarot- und Röntgenstrahlung) nachgewiesen werden kann. Beobachtungen in diesen Wellenlängenbereichen eröffnen uns völlig neue Fenster ins Universum. Um die Bedeutung solcher Beobachtungen zu erkennen, wollen wir uns vorstellen, dass wir von allen Farben des Regenbogens nur die blaue sehen könnten. Alles, was rot, gelb oder grün ist, würde uns als völlig dunkel erscheinen. Unser Wahrnehmungsvermögen der Welt wäre, gelinde gesagt, unvollständig. In meinem Lieblingsbild, Vermeers faszinierendem *Mädchen mit dem Perlenohrring*, würden wir nur den kristallblauen Turban auf dem Kopf des Mädchens sehen. Picassos melancholische Gemälde seiner blauen Periode (zwischen 1900 und 1904) würden uns zwar recht deutlich erscheinen, aber viele der in weniger herber Stimmung gemalten Bilder der rosa Periode (zwischen 1904 und 1905) würden fast völlig unsichtbar sein. Natürlich würden diese Maler ganz anders gemalt haben, wenn auch sie nur die blaue Farbe hätten sehen können, aber das ist nicht unser Thema.

Beobachtungen mit Radioteleskopen bei einer Wellenlänge von 21 Zentimetern lieferten Karten der äußeren Bereiche scheibenförmiger Galaxien. Die Radiobeobachtungen zeigten insbesondere das Vorhandensein von Gaswolken bei Entfernungen von den Galaxienzentren, die bei weitem die Ausdehnung des leuchtenden (sichtbaren) Teils übersteigen. Diese Wolken umkreisen die Zentren in der gleichen Weise, wie die Erde die Sonne umkreist. Mit Hilfe des Doppler-Effekts konnten die Geschwindigkeiten der Wolken in ihren Bahnen bestimmt werden. Dabei gab es eine große Überraschung. Wir wollen annehmen, dass der leuchtende Teil der Galaxie den Großteil ihrer Masse darstellt; dann würde man erwarten, dass eine Wolke sich umso langsamer bewegen würde, je weiter sie von der leuchtenden Region entfernt ist. Auch die Bewegung eines Satelliten ist umso langsamer, je höher seine Bahn über der Erdoberfläche verläuft, und ebenso bewegt sich Neptun viel langsamer um die Sonne als Venus, weil er weiter von der Sonne entfernt ist. Doch die Beobachtungen der Galaxien ergaben, dass Wolken, die sehr weit vom Zentrum entfernt sind, mit der gleichen raschen Bewegung um das Zentrum laufen wie Wolken, die nur ein Fünftel so weit entfernt sind. Diese Beobachtungen bestätigten frühere Ergebnisse des Astronomen Horace Babcock von der Universität von Kalifornien in Berkeley und besonders der Astronomin Vera Rubin von der Carnegie Institution in Washington, D.C., die gefunden hatten, dass weit außen liegende Sterne, die sich am Rand der sichtbaren Scheibe befinden, sich genauso schnell bewegen wie Sterne im Innern der Scheibe. Dies war ein wohl verdienter Erfolg für die junge Vera Rubin, die die in den fünfziger und sechziger Jahren herrschenden Vorurteile gegen Frauen in der Wissenschaft überwinden musste.

Es gibt nur zwei Möglichkeiten, die großen Geschwindigkeiten dieser Wolken zu erklären. Wir müssen entweder annehmen, dass das Newtonsche Gravitationsgesetz unter den Bedingungen, wie sie in den Außenbereichen der Galaxien herrschen, seine Gültigkeit verliert, oder dass die hohen Geschwindigkeiten auf die Gravitationsanziehung unsichtbarer Materie zurückzuführen ist. Wenn Galaxien nur aus dem Stoff bestehen würden, den wir sehen können, würden sie nicht eine genügend große Gravitationsanziehung hervorrufen, um diese schnellen Wolken in ihrer Umlaufbahn zu halten. Mein Freund Mordehai Milgrom, ein israelischer Astrophysiker, hat vorgeschlagen, dass die erste Erklärung richtig ist. Milgrom argumentierte, dass das allgemeine Gravitationsgesetz geändert werden muss, wenn die Schwerkraft schwächer ist als ein bestimmter kritischer Wert. Trotz einiger interessanter Aspekte hat Milgroms Vermutung nur wenige Anhänger gefunden, insbesondere, weil sie nie zu einer vollständigen „Theorie" entwickelt worden ist. Die meisten Astronomen haben deshalb zwangsläufig die zweite Möglichkeit akzeptiert: Galaxien müssen riesige Mengen dunkler Materie enthalten, die sich weit über die sichtbare Scheibe hinaus erstreckt und einen kugelförmigen dunklen Halo bildet. Dieser dunkle Halo muss mindestens zehnmal so groß sein wie die sichtbare Scheibe, und er muss etwa zehnmal mehr Materie enthalten als die sichtbare Materie der Scheibe. Diese Folgerung ist durch kürzliche Beobachtungen der Geschwindigkeit von Leo I, einer Satellitengalaxie der Milchstraße, bestätigt worden. Dennis Zaritsky, ein Astronom an der Lick-Sternwarte in Kalifornien, hat herausgefunden, dass die Geschwindigkeiten von etwa einem Dutzend kleiner Galaxien, die die Milchstraße umkreisen (Leo I eingeschlossen), einen Hinweis auf eine Masse von mehr als dem Zehnfachen der sichtbaren Masse liefern. Die leuchtende Materie ist, um auf unser eingangs dargestelltes Bild zurückzukommen, etwa dem weißen Schaum auf den Kämmen mächtiger dunkler Wellen vergleichbar oder den leuchtenden Kerzen auf einem dunklen Weihnachtsbaum.

Die dunkle Materie ist aber nicht auf einige Galaxien beschränkt. Astronomen wiederholten Zwickys Untersuchungen mit modernen Teleskopen und untersuchten große Galaxienhaufen – Ansammlungen von ein paar tausend Galaxien mit einem Durchmesser von ein paar Millionen Lichtjahren. Wie erwähnt, kann man aus den Geschwindigkeiten der Galaxien die Gesamtmasse berechnen, die nötig ist, damit der Galaxienhaufen nicht kollabiert oder seine Mitglieder sich nicht in den Weiten des Alls zerstreuen. Im Gleichgewicht ist die Gravitationskraft der Materie im Haufen, die von seiner Masse abhängt, exakt gleich der Kraft, die ihn in alle Richtungen zerstreuen will. Auf diese Weise bestätigten moderne Untersuchungen Zwickys ursprüngliche Entdeckung und legten den Schluss nahe, dass *mehr als 90 Prozent der Materie in Galaxienhaufen aus dunkler Materie bestehen.*

Das gleiche Bild ergibt sich auf den größten Skalen, auf denen Massendichten gemessen worden sind – denen der Galaxien-Superhaufen. Superhaufen sind Ansammlungen von Galaxienhaufen mit Durchmessern von ein paar Dutzend Millionen Lichtjahren. Auch hier stellt die leuchtende Materie nur einen kleinen Prozentsatz der Gesamtmasse dar.

Es gibt deshalb wohl keine andere Möglichkeit als anzunehmen, *dass der größte Teil der Materie im Universum aus dunkler Materie gebildet wird.*

Als ich ein kleines Kind war, nahm mich meine Großmutter einmal zu einer Vorstellung in einen kleinen Zirkus mit. Dort machte besonders eine Vorführung einen unvergesslichen Eindruck auf mich: Zuerst war die Arena in völlige Dunkelheit getaucht. Dann wurde ein kleiner Projektor eingeschaltet, der zwei Hände in weißen Handschuhen beleuchtete, die frei in der Luft zu schweben schienen. Die Hände vollführten eine Reihe von Gesten und stellten die Formen verschiedener Tiere dar. Ich war absolut verzaubert. Als die Vorführung zu Ende war, gingen alle Lichter an, und ich konnte endlich sehen, wie alles von sich gegangen war. Ein ganz in Schwarz gekleideter Mann mit einer schwarzen Gesichtsmaske stand vor einem schwarzen Vorhang. Die Beleuchtung während der Vorführung hatte nur seine gleißenden weißen Handschuhe erkennen lassen.

Die leuchtenden Teile der Galaxien, die wir sehen können, können mit diesen weißen Handschuhen verglichen werden; sie werden gesteuert von dem dominierenden gravitativen Einfluss der dunklen Materie um sie herum. Es bleibt jedoch die wichtigste Frage: Woraus besteht diese dunkle Materie?

Exotika

In fast jeder Gesellschaft gibt es Menschen, die zwei Arten von sozioökonomischen Extremen angehören, und die Vertreter beider Arten haben Probleme, wenngleich von sehr unterschiedlicher Art. Einerseits gibt es diejenigen, die so arm sind, dass sie wirklich ums Überleben kämpfen müssen, und auf der anderen Seite finden sich diejenigen, die so reich sind, dass sie einen Expertenstab einstellen müssen, der ihnen hilft, ihr Geld richtig zu investieren.

Mit der dunklen Materie geht es den Astronomen wie den Reichen mit dem Geld: Sie haben so viel davon, dass Experten versuchen, das Problem in den Griff zu bekommen. Es ist nicht so, dass die Astronomen keine Vorstellung haben, woraus die dunkle Materie bestehen könnte. Das Problem ist, dass es zu viele Kandidaten für sie gibt, aus denen man auswählen muss.

Wir können uns drei Arten von dunkler Materie vorstellen, und diese Arten folgen genau den Beispielen, die ich zu Beginn dieses Kapitels vorstellte. Sie kann erstens aus gewöhnlicher, aber nicht leuchtender Materie bestehen, aus Planeten oder ganz kleinen Sternen, die es aufgrund ihrer geringen Masse nicht schaffen, selbst zu leuchten, oder aus kollabierten dunklen Überresten massereicher Sterne wie Schwarzen Löchern. Zweitens können Neutrinos die dunkle Materie bilden. Eine dritte Möglichkeit wäre ein exotisches Elementarteilchen, das in großen Mengen existiert und ein Überbleibsel aus dem sehr frühen Universum ist.

Auf der Skala einzelner Galaxien ist die einfachste Option: Die dunkle Materie sind im Prinzip diejenigen Sterne, die kein eigenes Licht aussenden. Es gibt seltsamerweise zwei Arten solcher Sterne: entweder sehr massearme Sterne oder die Überreste von sehr massereichen Sternen. Sterne wie unsere Sonne leuchten, weil in ihrem Zentrum Kernreaktionen Energie erzeugen. In Sternen mit Massen, die weniger als acht Prozent der Sonnenmasse betragen, erreicht die Temperatur im Zentrum nie so hohe Werte, dass Kernreaktionen gezündet werden könnten. Solch kleine Sterne, die man *Braune Zwerge* getauft hat, werden nie zu richtigen Sternen, sie bleiben zu schwache Objekte. Normale Planeten sind noch kleiner, und auch sie erzeugen, wenn überhaupt, sehr wenig eigenes Licht. Sie sind im Sonnensystem nur deshalb hell, weil sie das Sonnenlicht reflektieren.

Obwohl Braune Zwerge keine Kernenergie erzeugen, geben sie doch geringe Mengen von Strahlung ab. Da sie sich langsam zusammenziehen, wird gravitative Energie freigesetzt. Diese Objekte sind relativ kühl, deshalb wird der größte Teil dieser Strahlung niedriger Energie im Infraroten freigesetzt. Obwohl gegenwärtig ein paar

Dutzend Braune Zwerge und etwa fünfzig extrasolare Planeten entdeckt worden sind, wobei alle diese Entdeckungen in den letzten paar Jahren gemacht wurden, ist es bei weitem nicht klar, ob es genug von diesen Zwergen gibt, um für die Gesamtmenge der dunklen Materie in den Halos von Galaxien verantwortlich zu sein. Es ist im Prinzip möglich, dass Braune Zwerge in großer Zahl gebildet wurden, als die Galaxien aus den ursprünglichen Gaswolken entstanden, und bis heute in den dunklen Halos der Galaxien umherirren. Armeen Brauner Zwerge könnten deshalb die Galaxien gravitativ zusammenhalten. Einige neuere Beobachtungen lassen jedoch an dieser Möglichkeit zweifeln. Sie beruhen auf den so genannten *gravitativen Mikrolinsen-Ereignissen* – der Krümmung von Lichtstrahlen durch die Schwerkraft.

Wenn beispielsweise ein Brauner Zwerg im Halo der Milchstraße unseren Sehstrahl zu einem weit entfernten Stern kreuzt, wirkt die Schwerkraft dieses Braunen Zwerges wie eine Linse, die die Lichtstrahlen des entfernten Sternes verbiegt. Dies war eine der Vorhersagen von Einsteins Allgemeiner Relativitätstheorie, und sie wurde während einer Sonnenfinsternis im Jahre 1919 auf spektakuläre Weise bestätigt. Die „Linse" verstärkt jedoch kurzzeitig auch die Helligkeit des entfernten Sterns. Objekte im Halo der Milchstraße, wie Braune Zwerge oder Schwarze Löcher, die solche Linsen-Ereignisse hervorrufen können, bezeichnet man fantasievoll als MACHOs, *massereiche kompakte Halo-Objekte.*

Wenn der gesamte Halo aus Braunen Zwergen bestehen würde, sollten Billionen dieser Objekte existieren. Es gibt somit eine gewisse Wahrscheinlichkeit, dass dann und wann einer von ihnen den Sehstrahl zu einem entfernten Stern kreuzt und eine kurzzeitige Aufhellung des Sterns verursacht – ein Mikrolinsen-Ereignis, das einige Tage oder Wochen dauern kann. Da die Krümmung des Lichts umso stärker ist, je massereicher der MACHO ist, erzeugen massereichere MACHOs länger andauernde Aufhellungen. Die Dauer der Ereignisse kann deshalb verwendet werden, um die Massen der unsichtbaren MACHOs zu ermitteln. Der Gedankengang, der 1986 zuerst von dem Astrophysiker Bohdan Paczynski von der Universität Princeton vorgetragen wurde, ist der folgende: Wenn man die Helligkeit vieler Sterne in den beiden Galaxien, die der Milchstraße am nächsten sind, in der großen und der kleinen Magellanschen Wolke, ständig aufzeichnet, kann man hoffen, Mikrolinsen-Ereignisse zu entdecken. Die Zahl dieser Ereignisse und die für die MACHOs abgeleiteten Massen können verwendet werden, um Grenzwerte für die Gesamtmenge dunkler Materie festzulegen, die in Form von MACHOs vorliegt. Dieses Monitor-Experiment ist jedoch aus zwei Gründen schwierig: Mikrolinsen-Ereignisse sind erstens so selten, dass man Millionen von Sternen überwachen müsste. Zweitens ist es nötig, eine Methode zu finden, Aufhellungen durch diese Ereignisse von den zeitweiligen Aufhellungen zu unterscheiden, die viele veränderliche Sterne auf ganz natürliche Weise zeigen. Trotz dieser Schwierigkeiten machten sich in den neunziger Jahren einige Arbeitsgruppen in den Vereinigten Staaten, in Frankreich und Polen an die heroische Aufgabe, MACHOs zu entdecken. Das größte dieser Experimente, das von Charles Alcock vom Lawrence Livermore National Laboratory geleitet wird, war darauf angelegt, etwa zehn Millionen Sterne in der großen und der kleinen Magellanschen Wolke zu überwachen, wobei jeder Stern jeden zweiten Tag beobachtet wurde. Als dieses Buch geschrieben wurde, waren nicht weniger als 16 Mikrolinsen-Ereignisse in Richtung der großen und der kleinen Magellanschen Wolke registriert worden, und dies verursachte anfangs eine große Begeisterung: Es schien, als ob das Geheimnis gelöst worden wäre. Eine sorgfältige Analyse jedoch, die hauptsächlich von Kailash Sahu, einem jungen Kollegen am Space Telescope Science Institute durchgeführt wurde, ergab, dass mindestens zwei und vielleicht sogar die Mehrzahl der beobachteten Ereignisse durch normale Sterne in den Magellanschen Wolken selbst verursacht worden sind – und nicht durch MACHOs im Halo der Milchstraße. Sterne in den Magellanschen Wolken hatten einfach die Sichtlinie zu den überwachten Sternen gekreuzt. Obwohl eine sichere Schlussfolgerung erst nach weiteren Beobachtungen getroffen werden kann, scheint es, als ob Braune Zwerge doch nicht den Hauptbestandteil der dunklen Materie des Halos darstellen.

Neben ihnen gibt es jedoch noch andere nicht leuchtende Sterne, die Kandidaten für dunkle Materie sein können. Dies sind die Überreste massereicher Sterne – die Schwarzen Löcher. Ihre Schwerkraft ist so riesig, dass Licht ihnen nicht entkommen kann. Die isolierten Objekte sind deshalb völlig dunkel. Es gibt aber gute Gründe, warum auch diese geheimnisvollen Materieklumpen keine gültige Lösung für das Problem der dunklen Materie in Halos darstellen können. Massereiche Sterne, die Vorgänger Schwarzer Löcher, besitzen während ihres Lebens starke Sternwinde, und sie beenden ihr Leben in gigantischen Explosionen, den so genannten Supernovaexplosionen. Die Winde und die Auswürfe dieser Explosionen verunreinigen das interstellare Medium, das Gas und der Staub im Raum zwischen den Sternen, mit chemischen Elementen wie Sauerstoff, Neon und Silizium, die Erzeugnisse von Kernprozessen. Wenn Schwarze Löcher die gesamte dunkle Materie im Halo der Milchstraße liefern müssten, würden die Häufigkeiten dieser Elemente die heute beobachteten Werte bei weitem übertreffen. Wenn die Massen dieser hypothetischen

Schwarzen Löcher die Masse der Sonne nicht um den Faktor 10 übersteigen, deutet die Tatsache, dass bisher keine derartigen Objekte in Mikrolinsen-Experimenten entdeckt worden sind, darauf hin, dass es einfach nicht genug Masse in Form von Schwarzen Löchern gibt, um sie zu einer dominierenden Komponente der dunklen Materie zu machen. Folglich gibt es nur eine Möglichkeit dafür, dass Schwarze Löcher eine entscheidende Rolle in dunklen Halos spielen: Sie müssten sich aus Sternen entwickeln, die Hunderte Male massereicher als die Sonne sind. In solchen Fällen erwartet man keine Supernovaexplosion. Vielmehr kann das Loch die meisten erzeugten Elemente der Kernprozesse verschlucken, und hinterlässt keinen verräterischen Hinweis auf das Vorhandensein eines massereichen Vorgängers. Solch massereiche Sterne sind jedoch noch nie beobachtet worden; deshalb ist ihre schiere Existenz, ganz zu schweigen von dem Vorhandensein ihrer Überreste, den massereichen Schwarzen Löchern, beim heutigen Stand der Dinge sehr spekulativ.

Obwohl auf der galaktischen Skala ein großer Teil der dunklen Materie noch gewöhnliche oder baryonische Materie sein kann, die hauptsächlich aus Protonen, Neutronen und daraus zusammengesetzten Atomkernen besteht, gibt es Hinweise darauf, dass auf größeren Skalen, auf den Skalen von Haufen und Superhaufen, zusätzliche Formen dunkler Materie absolut erforderlich sind. Woraus könnte diese dunkle Materie bestehen?

Eine Möglichkeit stellen die Neutrinos dar. Ursprünglich glaubten die Forscher, dass Neutrinos keine Masse besitzen und deshalb nicht imstande seien, gravitative Effekte hervorzurufen. Neuere Theorien in der Teilchenphysik lassen jedoch die Möglichkeit offen, dass Neutrinos, besonders die Neutrinos der Myon- und Tauon-Familie, eine kleine Masse besitzen. Für jedes heute existierende Proton könnten nach den Erwartungen der Wissenschaft Hunderte von Millionen Neutrinos aus den Zeiten des Urknalls übrig geblieben sein. Selbst wenn die Masse des Neutrinos nur ein Zehntausendstel der Masse eines Elektrons beträgt, kann die in allen Neutrinos vorhandene Gesamtmasse ohne weiteres für die gesamte dunkle Materie aufkommen.

Der Nachweis von Neutrinos ist extrem schwierig. Sie besitzen keine elektrische Ladung, und deshalb geben sie keine elektromagnetische Strahlung ab. Ihre Wechselwirkung mit gewöhnlicher Materie ist extrem schwach. Jede Sekunde wird jeder Quadratzentimeter unseres Körpers mit einigen zehn Milliarden dieser Miniteilchen von der Sonne bombardiert, und wir spüren nichts davon! Auf diesem Fakt beruht der etwas skurrile Scherz über die „Neutrinotheorie des Todes". Wenn man ausrechnet, wie lange es dauert, bis ein Neutrino mit einem Atom in einem menschlichen Körper wechselwirkt, kommt man auf eine Zeit von etwa 70 Jahren; die Neutrinotheorie des Todes besagt dann: „Genau das ist das Neutrino, das Dich umbringt!" Um etwa Neutrinos von der Sonne nachzuweisen, sind riesige Detektoren gebaut worden. Da eine Wechselwirkung mit anderen Elementarteilchen vermieden werden soll, werden diese Detektoren tief im Erdboden errichtet: Einer befindet sich in einer Salzmine in Japan, ein anderer in einer Goldmine in Süd-Dakota, ein dritter in einer Zinkmine in Ohio, ein vierter unter dem Gran-Sasso-Gebirge in Zentralitalien. Die Tiefe stellt sicher, dass die meisten Teilchen der kosmischen Strahlung die Erdkruste nicht durchdringen und den Detektor erreichen können. Das älteste dieser Experimente, das von dem Physiker Ray Davis Jr. durchgeführt wird, läuft seit mehr als 25 Jahren. Die Anordnung besteht aus einem Tank mit fast 400 000 Litern Reinigungsflüssigkeit (Tetrachlorethylen), der sich 1,5 Kilometer tief in der Homestake-Goldmine von Lead, Süd-Dakota, befindet. Der Astrophysiker John Bahcall vom Institute for Advanced Study in Princeton hat vermutlich mehr als jeder andere die potenzielle Wichtigkeit solcher Experimente für Elementarteilchentheorien im Allgemeinen und die Kosmologie im Besonderen hervorgehoben.

Im Juni 1998 kündigte ein japanisch-amerikanisches Forscherteam unter der Leitung von Y. Totsuka und Y. Fukuda von der Universität Tokio nach einem zweijährigen Experiment Ergebnisse an, die im Einklang damit stehen, dass Neutrinos eine kleine Masse haben. Dieses gigantische Experiment namens Super-Kamiokande besteht aus einem 12 Stockwerke hohen Tank, der mit 50 000 Tonnen reinstem Wasser gefüllt ist. Neutrinos werden erzeugt, wenn hochenergetische, geladene Teilchen – kosmische Strahlung – in die Erdatmosphäre eindringen und Atome auseinander brechen. Milliarden solcher Neutrinos durchdringen jede Sekunde den Detektor, aber nur dann und wann wechselwirkt eines von ihnen mit einem Proton oder Neutron im Wasser und erzeugt einen Lichtblitz. Lichtempfindliche Zellen, die die Wände des Wassertanks bedecken, zeichnen jedes dieser Ereignisse auf. Das Experiment kann leider nicht die Neutrinomasse bestimmen, sondern nur herausfinden, welchen minimalen Wert sie besitzt. Dieser Wert liegt bei einem Hunderttausendstel der Masse des Elektrons. Weitere Experimente, die die Eigenschaften der Neutrinos erforschen sollen, werden gegenwärtig in Kanada, Italien (drei Experimente), Japan (zwei), Russland und den USA vorbereitet.

Es gibt jedoch einige indirekte Hinweise darauf, dass Neutrinos selbst dann, wenn sie eine Masse besitzen, nicht den überwiegenden Teil der dunklen Materie ausmachen. Diese Hinweise haben mit der Bildung von Strukturen im Universum zu tun.

Ich habe schon darauf hingewiesen, dass wir Strukturen im Universum auf verschiedenen Skalen beobachten: Es gibt Galaxien (auf einer Skala von Zehntausenden von Lichtjahren), Galaxienhaufen (auf einer Skala von ein paar Millionen Lichtjahren) und Superhaufen (auf einer Skala von einigen zehn Millionen Lichtjahren). Jeder, der einmal einen Straßenmaler bei der Arbeit beobachtet hat, weiß, dass es im Prinzip zwei Möglichkeiten gibt, wie Strukturen gebildet werden können. Einige der Künstler beginnen bei einem Portrait damit, die Details des Gesichts, ein Auge oder einen Mund, in allen Einzelheiten zu zeichnen, und verbinden später all die verschiedenen Elemente zu einem vollständigen Portrait. Andere beginnen mit einer sehr groben Skizze des gesamten Gesichts und brechen es erst später in verschiedene Einzelheiten auf, wobei die kleinen Details zuletzt erscheinen.

Zwei solche Möglichkeiten existieren auch für die Herausbildung von Strukturen im Universum. Die Struktur könnte sich hierarchisch gebildet haben („von unten nach oben"): Die Materie kondensierte zuerst auf subgalaktischen Skalen, die später zusammenstürzten, um Galaxien zu bilden, die dann ihrerseits Galaxienhaufen und schließlich Superhaufen bildeten. Alternativ könnten sich die Superhaufen zuerst gebildet haben, vielleicht in Form riesiger kosmischer Pfannkuchen, also abgeplatteter Gebilde, wobei die kleineren Skalen durch aufeinander folgende Fragmentationen entstanden („von oben nach unten"). Diese beiden Möglichkeiten entsprechen zwei Arten dunkler Materie, die ganz unterschiedliche Eigenschaften haben.

Wenn die dunkle Materie heiß ist, wenn also die Teilchen, aus denen sie besteht, sich im frühen Universum mit hohen Geschwindigkeiten bewegten, kann sie nicht die kleinen Strukturen zuerst bilden („von unten nach oben"). Jedes Muster auf kleinen Skalen wird in diesem Fall rasch durch die ungerichteten Bewegungen beseitigt. Heiße dunkle Materie führt deshalb unvermeidlich zu einem Szenarium „von oben nach unten". Andererseits bildet kalte dunkle Materie, in der sich die Teilchen langsam bewegen wie in einem kalten Gas, die kosmischen Strukturen auf hierarchische Art und Weise. Wegen ihrer kleinen Masse sind Neutrinos durch hohe, ungerichtete Geschwindigkeiten im frühen Universum charakterisiert, und sie sind deshalb Kandidaten für die heiße dunkle Materie. Computersimulationen, die die Bildung von Strukturen im Universum nachahmen, zeigen Ergebnisse, die viel besser mit den Beobachtungen übereinstimmen, wenn kalte dunkle Materie zugrunde gelegt wird. Beobachtungen zeigen insbesondere, dass Galaxien in der Frühzeit existierten, als das Universum nur ein Zehntel des heutigen Alters hatte, wohingegen viele große Galaxienhaufen und Superhaufen noch nicht existierten. Galaxienhaufen bildeten sich vermutlich erst in den letzten sieben Milliarden Jahren und Superhaufen erst „kürzlich". Diese Beobachtungen stimmen gut mit der Tatsache überein, dass kalte dunkle Materie die Struktur in einer hierarchischen Art und Weise aufbaut, wobei sich die größten Haufen und Superhaufen zuletzt bilden. Andererseits entstehen in Simulationen mit heißer dunkler Materie Galaxien zu einer unakzeptierbar späten Zeit in der Entwicklung des Universums.

Folglich scheint es so zu sein, dass Neutrinos nicht den dominierenden Bestandteil dunkler Materie darstellen, obwohl sie gewiss einen Bruchteil dazu beitragen. Die Frage reduziert sich deshalb darauf, was noch zur dunklen Materie beitragen könnte. Da alle anderen bekannten Möglichkeiten schon ausgeschlossen worden sind, scheint alles auf die unvermeidbare Folgerung hinauszulaufen: *Die Masse des Universums wird durch nichtbaryonische dunkle Materie beherrscht.*

Wir wissen, dass die Teilchen, aus denen diese dunkle Materie besteht, nur sehr schwach mit der Materie wechselwirken; andernfalls hätten wir sie schon entdeckt. Diese Teilchen können, wie die Neutrinos, mit der gewöhnlichen Materie nur durch die Gravitation und die schwache Kernkraft wechselwirken. Sie müssen außerdem ziemlich schwer sein (mindestens das 50- bis 500fache der Masse des Protons) oder in einem extrem kalten Zustand erzeugt worden sein, damit sie sich langsam bewegen und damit als kalte dunkle Materie angesehen werden können. Teilchen der ersten Art nennt man WIMPs (*weakly interacting massive particles, auf deutsch: schwach wechselwirkende massereiche Teilchen*). Doch was können wir uns unter WIMPs vorstellen? Zu Anfang des Kapitels beschrieb ich die Geschichte des Omega-minus-Teilchens, dessen Existenz in den frühen sechziger Jahren nur aufgrund von Symmetrieeigenschaften vorhergesagt worden war. In den siebziger Jahren wurden umfassendere Symmetrien als Teil des Fortschritts in der Vereinheitlichung der Naturkräfte diskutiert. Elementarteilchen zerfallen aufgrund ihres quantenmechanischen Drehimpulses allgemein in zwei Klassen. Teilchen wie das Elektron haben einen Spin mit einem halbzahligen Wert (also 1/2, 3/2 usw.), und man bezeichnet sie als *Fermionen*. Teilchen wie das Photon haben einen ganzzahligen Spin (0, 1, 2 usw.), und man nennt sie *Bosonen*. Generell besteht die gewöhnliche Materie, wie Elektronen und Protonen, aus Fermionen, während Bosonen die Träger der Naturkräfte sind, wie das Photon und das Graviton.

Die in den sechziger Jahren vorgeschlagenen Symmetrien lieferten Klassifikationsschemata, in denen sich die Fermionen und die Bosonen separat einordnen ließen. Ein Jahrzehnt später wurden ehrgeizigere Theorien entwickelt, die die beiden Gruppen miteinander verknüpften. Diese Theorien sind als Supersymmetrie-Theorien (SUSY) bekannt geworden. Supersymmetrie erfordert die Existenz noch nicht entdeckter Teilchen. Einige von ihnen, die in dem sehr frühen, hochenergetischen Universum in großen Mengen entstanden sein könnten, könnten bis zum heutigen Tag überlebt haben. In Supersymmetrie-Theorien haben die bekannten Teilchen mit ganzzahligem Spin „nahe Verwandte", die einen halbzahligen Drehimpuls besitzen. Folgt man diesen Theorien, muss es doppelt so viele Elementarteilchen geben, wie wir bislang entdeckt haben, da jedes Teilchen einen „Superpartner" besitzen muss. All diese Partnerteilchen haben vermutlich die elektrische Ladung null, damit sie nur schwach mit gewöhnlicher Materie wechselwirken, und sind vermutlich sehr massereich. Diese Teilchen sind also die perfekten Kandidaten für die von uns gesuchten WIMPs. Die meisten sind extrem instabil und zerfallen fast augenblicklich, aber die führenden WIMP-Kandidaten sind stabil. Diese masseärmsten stabilen SUSY-Teilchen werden *Neutralinos* genannt. Die Theorie besagt, dass im frühen Universum riesige Mengen von Neutralinos entstanden sind.

Allerdings wissen wir noch nicht, ob solche Teilchen wirklich existieren. Bis heute ist kein Neutralino oder irgendein anderes WIMP experimentell nachgewiesen worden. Im Februar 2001 berichteten Forscher „über Ergebnisse der Messung des magnetischen Moments des Myons", die nicht im Widerspruch mit der Existenz von supersymmetrischen Teilchen stehen. Experimente, die ausgelegt sind, Neutralinos nachzuweisen, sind in der Entwicklung. Einige von ihnen verwenden mächtige Teilchenbeschleuniger, um Neutralinos direkt zu erzeugen. Andere benutzen empfindliche unterirdische Detektoren, die nach seltenen Lichtblitzen suchen. Solche Signale müssten auftreten, wenn Neutralinos aus dem Halo der Milchstraße mit gewöhnlicher Materie der Erde wechselwirken. In den kommenden Jahren wird der Large Hadron Collider, der von der Europäischen Organisation für Kernforschung (CERN) in Genf gebaut wird, den Energiebereich erreichen, der notwendig ist, um die Vorhersagen der Supersymmetrie-Theorien zu testen.

Wie erwähnt, können Teilchen der kalten dunklen Materie auch kleine Massen besitzen, wenn sie in einem extrem kalten Zustand entstehen. Ein Beispiel für ein solches exotisches Teilchen ist das Axion, dessen Existenz von den Teilchenphysikern Steven Weinberg und Frank Wilczek vorhergesagt wurde. Axionen sollten, im Gegensatz zu den Neutralinos, extrem massearm sein (etwa ein Billionstel der Masse eines Elektrons). Axionen sollten durch ein starkes Magnetfeld in Strahlung im Mikrowellenbereich umgewandelt werden können. Die erste experimentelle Suche nach Axionen konnte kein Teilchen mit den vorhergesagten Eigenschaften nachweisen. Während ich dieses Buch schreibe, erreicht ein Experiment in Livermore, bei dem viele Institutionen der Vereinigten Staaten zusammenarbeiten, eine kritische Phase bei seiner Suche nach Axionen. Schlüssige Ergebnisse werden für die nächsten fünf Jahre erwartet.

Im Oktober 1998 kündigte eine Forschergruppe im Gran-Sasso-Laboratorium unter dem Appenin in Italien die Entdeckung eines möglichen WIMP-Kandidaten an. Das DAMA-Team (DAMA steht für dark matter, dunkle Materie) hatte die gesammelten Daten von zwei Jahren ausgewertet und fand mehr niederenergetische Lichtblitze im Sommer als im Winter. Genau das sollte bei WIMPs beobachtet werden: Im Sommer bewegt sich die Erde um die Sonne in der gleichen Richtung wie die Sonne um das Zentrum der Milchstraße. Die beiden Bewegungen addieren sich, und die Erde bewegt sich schneller durch den vermuteten Halo aus WIMPs als im Winter. Viele Wissenschaftler betrachten dieses Resultat jedoch noch mit Skepsis, da noch nicht alle möglichen Fehlerquellen identifiziert worden sind.

Wohin führt uns dies alles? Die meisten Astrophysiker sind überzeugt, dass mindestens 90 Prozent der Masse im Universum von dunkler Materie gebildet wird. Woraus sie besteht, darüber gehen die Meinungen schon auseinander. Einige Forscher, wie der Kosmologe Joseph Silk in Berkeley, bevorzugen vermutlich noch die Ansicht, dass die gesamte dunkle Materie baryonisch ist und in Form von MACHOs vorliegt. Andere weisen darauf hin, dass Baryonen allein wahrscheinlich nicht genügend dunkle Materie in Galaxienhaufen liefern können, und bevorzugen kalte dunkle Materie in Form exotischer Teilchen wie der Neutralinos. Es ist zu hoffen, dass Experimente, die nach Neutralinos und Axions suchen, uns bald sagen können, ob solche Teilchen existieren. Doch vor Überraschungen ist man nie gefeit, wie diejenigen, die nach Protonzerfällen suchen, erfahren haben. Die „einfachste Form" einer GUT-Theorie sagt voraus, dass Protonen in etwa 10^{30} Jahren in ein Positron und ein Pi-null-Teilchen zerfallen sollen. Die vorliegenden Ergebnisse von drei Experimenten zeigen bereits, dass Protonen genau dies nicht wollen – noch nicht einmal in 10^{33} Jahren. Dies ist ein Hinweis darauf, dass die Theorie der großen Vereinheitlichung mit Sicherheit von dem ursprünglichen „minimalen" Modell verschieden ist. Ähnliche Komplikationen könnten auch die Entdeckung von Neutralinos in die fernere Zukunft schieben. Ein totaler Fehlschlag bei der Enthüllung der dunklen Materie in jedweder Form könnte die Physiker sogar veranlassen, Vorschläge eines modifizierten Gravitationsgesetzes ernsthaft in Erwägung zu ziehen. Einige bislang allerdings sehr spekulative Versuche sind in dieser Richtung schon angestellt worden. Diese Modelle basieren auf der Vorstellung, dass das sichtbare Universum auf einer Art von Membran beruht, die in einem Raum höherer Dimension schwebt. Wenn diese Spekulationen sich als richtig erweisen, hieße das immerhin, dass unsere Vorstellungen von der Schwerkraft, der ganz alltäglichen Kraft, die uns am Boden hält, völlig unzulänglich sind. Wenn nun der Leser den Eindruck gewinnt, dass wohl noch einige Zeit vergehen wird, bevor wir den Fall der fehlenden Materie als gelöst ansehen können, so ist dieser Eindruck durchaus zutreffend.

Was sind die Folgerungen dieser Erörterungen der dunklen Materie für unser Thema, für die Schönheit einer physikalischen Theorie des Universums? Können wir mit den Worten des Sängers Paul Simon ausrufen: „Hello darkness, my old friend?" Einerseits würde die Entdeckung von exotischen Teilchen der dunklen Materie einen bemerkenswerten Erfolg für die Vorhersagen der unterliegenden Symmetrie darstellen. Falls diese Teilchen dann auch noch die Hauptbestandteile der Materie im Universum darstellten, würde diese Tatsache den Anwendungsbereich des kopernikanischen Prinzips stark vergrößern. Nicht nur unser Ort im Universum wäre nichts Besonderes, auch der Stoff, aus dem wir bestehen, die gewöhnliche baryonische Materie, stellte nur einen kleinen Prozentsatz der Materie im Universum dar. Von einem globalen Gesichtspunkt aus sollte man zwar die Materie, aus der wir bestehen, „exotisch" nennen, aber dies macht uns immer noch nicht zu etwas Besonderem, da die gesamte Materie, die wir sehen, aus der gleichen Art besteht. Andererseits gibt es einen Aspekt der dunklen Materie, der, oberflächlich betrachtet, vom Standpunkt der Schönheit etwas beunruhigend erscheint. Wenn bespielsweise ein nicht vernachlässigbarer Teil dieser Materie auf galaktischen Skalen von MACHOs geliefert wird und nur der Rest aus exotischer kalter dunkler Materie wie den WIMPs besteht, scheint dies ein Schlag ins Gesicht des Reduktionismus zu sein. Warum sollte es zwei Arten von dunkler Materie geben? Sollte dies ein erster Riss in dem ansonsten makellosen Bild der Schönheit sein, das ich bislang gezeichnet habe?

Doch die ästhetischen Prinzipien werden im Allgemeinen auf die wichtigsten Aspekte der Theorie und ihre hervorstechenden Gedanken angewandt und nicht auf die mehr am Rande liegenden Einzelheiten. Es gibt offenbar nichts besonders Grundlegendes über die einzelnen Bestandteile der dunklen Materie zu sagen – wie das nächste Kapitel aber zeigen wird, gibt es etwas Fundamentales in der Gesamtmasse der dunklen Materie.

Die Identifizierung der wirklich wichtigen Dinge ist nicht immer einfach. Die Geschichte der Wissenschaft ist voll von Konzepten, die zu bestimmten Zeiten als absolut grundlegend angesehen wurden, und die später, als man ein tieferes Verständnis vom Wirken der Natur gewonnen hatte, von ihrem Sockel gestoßen wurden.

Für Plato waren Erde, Feuer, Luft und Wasser grundlegende Elemente; für Kopernikus waren die Planetenbahnen „himmlische Kreise". Viele der Elementarteilchen, die in den frühen Tagen der Teilchenphysik als „elementar" angesehen wurden, entpuppten sich später bloß als Zustände höherer Energie von einfacheren Teilchen. Selbst die Protonen und Neutronen, die man lange Zeit als fundamentale Bausteine der Materie bewertet hatte, erwiesen sich als Teilchen, die aus noch fundamentaleren Teilchen zusammengesetzt sind – den Quarks.

So kann es leicht passieren, und es ist in der Tat in der Vergangenheit geschehen, dass ästhetische Prinzipien auf die falschen Dinge angewandt wurden oder nur auf eine Untermenge der relevanten Dinge. Ein Beispiel für den ersten Fall ist das Gesetz von Titius-Bode, ein Beispiel für den zweiten sind Einsteins Versuche, Elektromagnetismus und Gravitation zu vereinheitlichen.

Das Gesetz von Titius-Bode war ein Versuch zweier Astronomen des 18. Jahrhunderts, Harmonie und Regelmäßigkeit in der Struktur des Sonnensystems nachzuweisen. 1766 entwickelte der deutsche Astronom Johann Titius eine einfache mathematische Formel, die mit relativer Genauigkeit die Halbmesser der Bahnen der damals bekannten Planeten Merkur, Venus, Erde, Mars, Jupiter und Saturn beschrieb. Diese Formel wurde 1772 von Johann Elert Bode veröffentlicht und in weiten Kreisen bekannt gemacht.

Die Bahn des 1781 entdeckten Uranus wich unglücklicherweise schon etwas von dem berechneten Wert ab, und bei der Vorhersage der Bahn des Neptun versagte die Formel völlig. Heutzutage betrachten nur wenige Astronomen dieses „Gesetz" als mehr denn eine mathematische Kuriosität, obwohl immer noch die Möglichkeit besteht, dass sich in ihm eine Information über die Entstehung des Sonnensystems verbirgt. Mein Argument lautet in diesem Fall, dass nichts besonders Grundlegendes in Planetenbahnen zu finden ist und deshalb nicht die Notwendigkeit besteht, dass es eine schöne vereinheitlichte Theorie geben muss, die ihre Abstände erklärt.

Einsteins Versuche der Vereinheitlichung der Naturkräfte beschränkten sich fälschlicherweise nur auf die gravitative und elektromagnetische Wechselwirkung und berücksichtigten nicht die starke und schwache Wechselwirkung. Einstein übersah sie, weil er sich mit den beiden anderen besser auskannte und er deshalb in seinem Geist den ersteren eine grundlegendere Rolle zumaß.

Kommen wir auf unsere Frage zurück, ob die Existenz verschiedener Arten von dunkler Materie als Verletzung des Reduktionismus anzusehen ist. Die beiden ausgeführten Beispiele machen klar, dass solch eine Folgerung wohl voreilig ist. Wir müssen erst das Fundamentale der dunklen Materie richtig einschätzen. Zu diesem Zweck werden wir nun sehen, welche Rolle sie bei der Aufgabe einnimmt, das endgültige Schicksal des Universums zu bestimmen.

5
Flach ist schön

Wenn wir Tragödien von Shakespeare lesen, wissen wir immer, wann die Geschichte zu Ende ist. Diese Theaterstücke hinterlassen solch einen starken Eindruck von Abgeschlossenheit, dass wir kaum Neugier auf die Zukunft der Personen verspüren – was zum Teil auch daran liegt, dass alle Hauptdarsteller am Ende tot sind. Wenn wir aber die Entwicklung des Universums diskutieren, sind wir, wie bei unserem eigenen Leben, mindestens genauso sehr an der Zukunft wie an der Vergangenheit interessiert. Bislang haben wir uns nur mit der Vergangenheit beschäftigt. Dabei habe ich einige Beispiele dafür gegeben, wie die grundlegenden Elemente der Schönheit – Symmetrie, Einfachheit, das kopernikanische Prinzip – in die Theorie des frühen Universums und seine Entwicklung eingesponnen sind. Diese Theorie hat mit großem Erfolg die Struktur des Universums, so wie wir sie heute beobachten, erklären können. Nun stellt sich aber die Frage: *Wie entwickelt sich das Universum in Zukunft?* Wir werden bald sehen, dass wohl noch nie in der Geschichte der Physik ästhetische Argumente eine größere Rolle gespielt haben als bei dem Versuch, diese Frage zu beantworten.

Für das künftige Schicksal des Universums stellt die Schwerkraft den wichtigsten Faktor dar. Sie kann im Prinzip den gegenwärtigen Zustand der Expansion umkehren und zu einem allgemeinen Kollaps des Universums führen. Isaac Newton hat bekanntlich die Theorie der universellen Schwerkraft entwickelt. Doch oft wird verkannt, dass ihm dabei auch die erste Vereinheitlichung der Kräfte gelang. Er fand, dass die gleiche Kraft, die auf der Erde einen Apfel vom Baum fallen lässt, auch den Mond in seiner Bahn um die Erde und die Planeten in ihren Bahnen um die Sonne hält. Newton war damit der Erste, der die ästhetischen Prinzipien der Symmetrie und des Reduktionismus benutzte, um eine universelle Theorie zu entwickeln. Auf ebendiese Art werden diese Prinzipien auch in den modernen Elementarteilchentheorien verwendet. Wir wollen uns den Gedankengang vor Augen führen, der zu dieser bemerkenswerten Theorie der Gravitation geführt hat.

Isaac Newton kam 1661 nach Cambridge. In dieser Zeit kehrte England nach einer streng puritanischen Periode wieder zu einem weltlicheren Leben zurück. Während seiner Jahre am Trinity College musste sich Newton seinen Unterricht finanzieren, indem er zeitweilig als Diener wohlhabenderer Studenten fungierte. Trotz seiner zahlreichen Pflichten, die sogar das Leeren von Nachttöpfen einschlossen, fand er Zeit, ganze Notizbücher mit Beobachtungen von Naturereignissen zu füllen. So machte er sich schon damals Gedanken über die Eigenschaften des Lichts. Schlafmangel führte 1664 zu einem Zustand völliger Erschöpfung. Trotzdem gelang es ihm, den Grad des Bakkalaureus der philosophischen Fakultät zu erwerben. Er wollte gerade mit seinen Studien für den Master beginnen, als in Cambridge Nachrichten vom Ausbruch der Pest in London eingingen und seine Pläne über den Haufen warfen. Pro Woche fielen mehr als 10 000 Menschen in der dicht besiedelten und unhygienischen Stadt der Krankheit zum Opfer. Kurz bevor die Universität von Cambridge offiziell die Tore schloss, kehrte Newton 1665 in sein heimatliches Woolsthorpe in Lincolnshire zurück. Und es war dieses kleine Dorf, das zum Schauplatz für ein Ereignis wurde, das die Naturwissenschaft revolutionierte. In seinen 1752 erschienenen *Memoirs of Sir Isaac Newton's Life* beschreibt William Stukeley, wie Newton ihm die berühmte Geschichte mit dem Apfel erzählte:

Nach dem Essen [am 15. April 1726] gingen wir, da das Wetter warm war, in den Garten und tranken Tee im Schatten einiger Apfelbäume, nur er [Newton] und ich. Neben anderen Dingen erzählte er mir, dass er sich gerade in die gleiche Umgebung zurückversetzt fühle wie damals, als ihm erstmals der Gedanke der Gravitation in den Sinn kam. Der Anlass war der Fall eines Apfels, als er in Betrachtungen versunken dasaß. Warum, dachte er bei sich, fällt ein Apfel eigentlich immer senkrecht auf den Boden? Warum fällt er nicht zur Seite oder nach oben, sondern immer zum Zentrum der Erde hin? Der Grund war offenbar, dass die Erde ihn anzieht. Der Materie musste eine anziehende Kraft innewohnen, und die Summe der anziehenden Kraft musste im Zentrum der Erde liegen, nicht auf irgendeiner Seite. Deshalb fällt dieser Apfel senkrecht nach unten oder zum Zentrum der Erde hin. Wenn Materie Materie anzieht, muss es im Verhältnis ihrer Menge sein. Deshalb zieht der Apfel die Erde an, so wie die Erde den Apfel anzieht. Und es gibt eine Kraft, die wir hier Schwerkraft nennen, die sich durch das ganze Universum erstreckt.

Es wäre allerdings ein Irrtum zu glauben, dass Newton die Schwerkraft „entdeckt" hat. In einer satirischen Fernsehsendung, die ich vor vielen Jahren sah, machte man sich über „wissenschaftliche" Sendungen lustig und stichelte: „Newton entdeckte die Schwerkraft im Jahre 1665, aber in Wirklichkeit gab es sie schon 400 Jahre vor ihm!" Das ist banal. Natürlich hat man schon vor Newtons Zeit Äpfel zu Boden fallen sehen, und die Ursache ihres Falls wurde korrekterweise schon damals einer geheimnisvollen Kraft zugeschrieben, die ihren Ursprung in der Erde hat und die man *Schwere* nannte. Newtons großer „vereinheitlichender" Beitrag bestand denn auch darin zu zeigen, dass die Schwerkraft, die bis dahin als besondere Eigenschaft der Erde angesehen worden war, eine *universelle* Eigenschaft der Materie ist. Er verwandelte eine seltsame Erscheinung in eine schöne Theorie.

Lassen Sie uns Newtons ursprünglichen Gedankengang noch ein wenig verfolgen. Ein Apfel fällt nicht nur von einem kleinen Apfelbäumchen, sondern gewiss auch von einem 20 Meter hohen Baum. Er würde sicherlich auch von der höchsten Bergspitze und vermutlich von noch größeren Höhen fallen. Doch kann man sich vorstellen, dass der Apfel eine umso schwächere Anziehung spürt, je weiter er von der Erde entfernt ist? Gibt es eine Entfernung, bei der die Anziehung aufhört? Der nächstliegende Himmelskörper ist der Mond, der etwa 384 000 Kilometer entfernt ist. Würde ein Apfel, der vom Mond aus geworfen würde, auch auf die Erde fallen? Vielleicht hat ja der Mond eine eigene Anziehungskraft, und da der Apfel sich so viel näher beim Mond befindet, würde er wahrscheinlich auf die Oberfläche des Erdtrabanten fallen. Doch halt! Drängt sich da nicht ein weiterer Gedanke auf? Nicht nur Äpfel fallen zu Boden, weil sie von der Erde angezogen werden. Was für den Apfel gilt, gilt für alle materiellen Körper, für große und kleine. Und der Mond ist ein großer Körper, also liegt der Gedanke nahe, dass die Erde auch auf ihn eine Anziehungskraft ausübt. Er ist zwar knapp 400 000 Kilometer entfernt, aber er ist zweifellos ein großer Körper, und vielleicht steht die Materiemenge irgendwie in Beziehung zu der Anziehungskraft. Wenn die Erde aber den Mond anzieht, wieso fällt er uns nicht auf die Köpfe? Nun, prinzipiell ist die Frage sehr berechtigt, doch es gibt einen Hinderungsgrund: Der Mond befindet sich nicht in Ruhe, sondern er bewegt sich mit großer Geschwindigkeit, weil er einmal im Monat die Erde umkreist. Wenn die Erde nicht vorhanden wäre, würde der Mond in einer geradlinigen Bahn laufen. Doch wegen ihrer Anziehungskraft wird die Mondbahn ständig gekrümmt, und diese Bahn ist vermutlich eine Ellipse, so wie es Kepler für die Planetenbahnen herausgefunden hat. Der einzige Grund, warum der Mond nicht auf die Erde fällt, ist also die Tatsache, dass er sich bewegt.

Es ist anzunehmen, dass auch Isaac Newton sich dieses deduktiven Gedankengangs bediente und zudem die Keplerschen Entdeckungen über die Bewegungen der Planeten um die Sonne anwandte. So gelang es ihm, sein universelles Gesetz der Schwerkraft abzuleiten. Er berechnete die Anziehungskraft, die die Erde auf den Mond ausübt, und verglich sie mit derjenigen, die von der Erde auf einen Apfel ausgeht: „Ich berechnete die Kraft, die nötig ist, den Mond in seiner Bahn zu halten, und verglich sie mit der Kraft der Schwere auf der Erdoberfläche. Ich fand sie in recht guter Übereinstimmung." Dies ist wahrlich ein wunderbares Beispiel für angewandten Reduktionismus und seine experimentelle Prüfung.

Wenn wir nun zur zukünftigen Entwicklung des Universums zurückkommen, müssen wir genau die gleichen Gesetze anwenden. Betrachten wir beispielsweise, was geschieht, wenn ein Gegenstand auf der Erde in die Luft geworfen wird. Wenn wir einen Apfel nach oben werfen, wird er eine maximale Höhe erreichen, für einen Augenblick zur Ruhe kommen und dann wieder nach unten fallen. Die Ursache ist natürlich die Schwerkraft. In diesem Fall ist sie ausreichend, den sich bewegenden Apfel bis zu dem Punkt abzubremsen, an dem er seine Geschwindigkeit umkehrt. Heute sind uns jedoch auch Bilder von Raketen vertraut, die die Erde zu einer Reise ohne Wiederkehr verlassen. Da stellt sich die Frage, worin der Unterschied besteht. Die Antwort ist nicht schwer: Raketen erreichen ganz einfach so hohe Geschwindigkeiten, dass ihre kinetische Energie (oder Bewegungsenergie) die Energie der Schwerkraft (die potenzielle Energie) übersteigt. In solch einem Fall ist die Schwerkraft der Erde nicht in der Lage, die Bewegung zum Stillstand zu bringen.

Beim Universum ist die Situation im Prinzip ähnlich. Wenn die kinetische Energie, die in der Expansion des Universums steckt, *kleiner* als die gravitative Energie der gesamten Masse im Universum ist, wird die Expansion zum Stillstand kommen. Das Universum wird anfangen, sich zusammenzuziehen, und schließlich in einem großen Kollaps enden. Die letzten Stadien dieses Kollapses werden wie ein rückwärts laufender Film des Urknalls aussehen. Wenn jedoch die kinetische Energie *größer* als die gravitative ist, wird die Expansion für alle Zeiten weitergehen, wobei die Geschwindigkeit der Expansion niemals auf null zurückgeht. Die Galaxien werden irgendwann all ihren Gasinhalt, der zur Entstehung neuer Sterne verwendet wird, erschöpft haben, und die alten Sterne werden verblassen und sterben. Das Universum wird immer weiter abkühlen. Schließlich werden selbst die Protonen zerfallen, und das Universum wird in einem Kältetod enden. Doch es gibt noch eine dritte Möglichkeit: Wenn die kinetische Energie *genau gleich* der potenziellen Energie ist, wird die Expansion für alle Zeiten weitergehen, allerdings wird die Expansionsgeschwindigkeit mit fortschreitender Zeit sich immer mehr dem Wert null nähern. Das Universum befände sich im Grenzbereich zwischen dem Schicksal eines heißen Infernos und dem großen Kältetod. Die Frage ist also: Welches der drei Szenarien steht unserem Universum bevor?

Grundsätzlich gilt: Je höher die Massendichte ist, umso größer ist die Gravitationsenergie. Nehmen wir als Beispiel einen Neutronenstern. Dies ist ein sehr dichter Stern, der aus dem kollabierenden Kern eines sehr massereichen Sterns entstanden ist. Neutronensterne haben Massen, die derjenigen der Sonne vergleichbar sind, aber einen Durchmesser, der nur etwa ein Siebzigtausendstel des Sonnendurchmessers beträgt. Infolgedessen ist die Schwerkraft nahe der Oberfläche eines Neutronensterns etwa fünf Milliarden mal stärker als an der Sonnenoberfläche.

Für einen ganz bestimmten Wert der Massendichte im Universum ist die Gravitationsenergie *genau gleich* der kinetischen Energie. Dieser Wert, der die ewige Expansion von dem kollabierenden Universum trennt, wird die *kritische* Dichte genannt. Wenn die Dichte des Universums größer als die kritische Dichte ist, wird die Gravitation vorherrschen – die Expansion wird zum Stillstand kommen, und es wird eine Kontraktion eintreten. Wenn andererseits die Dichte kleiner als die kritische Dichte ist, wird das Universum für alle Zeiten expandieren. Üblicherweise bezeichnen die Wissenschaftler das Verhältnis der tatsächlichen Dichte zu der kritischen Dichte mit dem großen griechischen Buchstaben Omega (Ω). Ist das Schicksal des Universums die Kontraktion und schließlich der finale Kollaps, entspricht dies einem Wert von Omega, der größer als eins ist. Expandiert das Universum bis in alle Ewigkeit, ist Omega kleiner als eins. Wenn die tatsächliche Dichte genau gleich der kritischen Dichte ist, ist Omega natürlich exakt gleich eins. In diesem Fall, wir haben es schon erwähnt, wird das Universum ebenfalls für alle Zeiten expandieren, aber mit einer Geschwindigkeit, die sich immer mehr dem Wert null nähert.

Um also die Frage nach dem endgültigen Schicksal des Universums zu beantworten, müssen wir den *heutigen Wert* von Omega bestimmen. Mit anderen Worten müssen wir ermitteln, ob die Massendichte im Universum größer, kleiner oder gleich dem kritischen Wert ist. Dies zumindest glaubten die Wissenschaftler bis vor einigen Jahren. Wir werden noch sehen, dass unser Vorhaben tatsächlich ein klein bisschen komplizierter geworden ist.

Sei's drum! Wenn wir einen Augenblick einhalten, stellen wir fest, dass wir uns in einer recht glücklichen Situation befinden: Wir können durch Beobachtungen den Wert einer bestimmten Größe ermitteln, und dieser eine Wert versetzt uns in die Lage, das Schicksal des Universums als Ganzes zu erkennen. In diesem Sinn ist das Universum recht einfach – wie es unsere Forderung nach Schönheit verlangt. Bei Shakespeare (*König Heinrich IV.*, 2. Teil, 3. Akt, 1. Szene) ruft König Heinrich IV. aus: „O Himmel, könnte man im Buch des Schicksals doch lesen..." Die Bestimmung des Wertes von Omega scheint fast eine Erfüllung dieses Wunsches zu sein!

Feuer oder Eis?

Wie groß ist also der Wert der kritischen Dichte, und ist die Dichte im Universum größer oder kleiner als dieser kritische Wert? Die kritische Dichte beträgt kurz gesagt etwa fünf Atome pro Kubikmeter. Dies ist etwa 10^{26}-mal weniger als die Dichte der Luft und etwa 100 Milliarden mal so dünn wie ein extrem gutes Vakuum im Labor. Deshalb mag es auf den ersten Blick so scheinen, als ob es selbstverständlich sei, dass die Dichte im Universum diesen Wert übersteigt. Wenn wir aber die riesige Ausdehnung der praktisch leeren Räume zwischen den Galaxien in unsere Überlegung einbeziehen, fällt unsere Antwort wesentlich weniger klar aus. Dies wird schnell verständlich: Wenn wir all die leuchtende Materie in den Galaxien gleichförmig im Universum verteilen könnten, wäre die mittlere Dichte im Universum immer noch etwa 100-mal *kleiner* als die kritische Dichte, was einen Wert von weniger als 0,01 für Omega ergeben würde. Wenn die leuchtende Materie also die gesamte Materie darstellen würde, die im Universum existiert, bestände kein Zweifel daran, dass das Universum für alle Zeiten expandieren würde. Wir erinnern uns aber an Kapitel 4, in dem beschrieben wurde, dass das Universum riesige Mengen dunkler Materie enthält, die sogar die vorherrschende Quelle der Gravitation darstellen. Deshalb könnte im Prinzip Omega auch einen Wert haben, der größer als eins ist. Wie kann man also vorgehen, um den wahren Wert von Omega oder der Massendichte im Universum zu bestimmen?

Die angewandten Methoden lassen sich mit denen vergleichen, die Hannibal, der große Feldherr der Karthager, anwandte, um vor der Schlacht mit den Römern bei Cannae im Jahre 216 v. Chr. deren Stärke zu ermitteln. Es wird berichtet, dass er die Größe der römischen Armee recht genau aus Berichten über Lebensmittelverkäufe an diese Armee bestimmen konnte. Ebenso werden Versuche durchgeführt, um die kosmische Massendichte indirekt zu bestimmen. Sie beruhen auf den beobachtbaren Effekten, die diese Dichte hervorrufen kann, insbesondere durch ihre gravitative Anziehung.

Es gibt verschiedene unabhängige Methoden, die zur Bestimmung von Omega verwendet werden, und ich will nur einige von ihnen beschreiben. Eine solche Methode wurde schon im vierten Kapitel erwähnt. Aus den Geschwindigkeiten der Gaswolken um die Zentren einzelner Galaxien und den Geschwindigkeiten von Galaxien in Galaxienhaufen und Galaxiensuperhaufen haben die Astronomen abgeleitet, dass die dunkle Materie die leuchtende Materie um einen Faktor 10 oder mehr übertrifft. *Der Wert von Omega, abgeleitet aus der Dynamik in Haufen und Superhaufen, liegt etwa zwischen 0,2 und 0,3.*

Haben wir damit das Inventar der dunklen Materie vollständig erfasst? Nicht unbedingt. Zumindest theoretisch kann es noch riesige Mengen dunkler Materie geben, die im intergalaktischen Raum zwischen den Galaxienhaufen verteilt sind. Das Vorhandensein solcher Materie würde sich im Allgemeinen nicht in den Bewegungen von Galaxien in Haufen widerspiegeln – und ganz sicher nicht in den Bewegungen von Wolken innerhalb von Galaxien. Wie kann man solche Materie entdecken oder zumindest auf ihre Existenz schließen? Eine Möglichkeit stellen die großräumigen Bewegungen dar. Denn ungeachtet der Tatsache, dass das Universum auf den größten Skalen homogen und isotrop ist, ist dies auf kleineren Skalen ganz offenkundig nicht der Fall, wie schon das bloße Vorhandensein von Galaxien, Galaxienhaufen und Galaxiensuperhaufen beweist. Auf einer Skala von 10 bis einigen 100 Millionen Lichtjahren „fällt" die Milchstraße in Richtung des Virgo-Galaxienhaufens, weil von dort eine größere Gravitationsanziehung ausgeht. Der Virgo-Haufen wird jedoch selbst in Richtung noch größerer Massenkonzentrationen gezogen. Wenn man koordinierte, „strömende" Bewegungen einer großen Menge von Galaxien auf Skalen von ein paar 100 Millionen Lichtjahren findet, kann man auf das Vorhandensein dichter Regionen im Universum schließen und in einigen Fällen die damit verknüpfte Masse bestimmen. Diese Art der Messung von Galaxiengeschwindigkeiten führte zur Entdeckung des *Großen Attraktors* – einer großen, unsichtbaren Massenkonzentration, in deren Richtung die Milchstraße, zusammen mit ein paar 100 weiteren Nachbargalaxien gezogen wird. Der Name „Großer Attraktor" stammt von dem Astronomen Alan Dressler von den Carnegie Observatories, der mit Sandra Faber, Donald Lyden-Bell und vier anderen Astronomen diese koordinierte Bewegung entdeckte (eine nette Beschreibung dieser Entdeckung findet sich in Dresslers Buch *Reise zum Großen Attraktor. Die Erforschung der Galaxien*, Reinbek 1996). Es ist augenblicklich nicht ganz klar, welchen Wert Omega erreichen würde, wenn solche Großen Attraktoren in die Rechnung einbezogen würden, aber der Wert könnte gewiss etwas höher als 0,2 sein, vielleicht 0,3 bis 0,4.

Da jede astronomische Messung einige Unsicherheiten einschließt und da die meisten Methoden der Bestimmung von Omega indirekter Natur sind, ist es wichtig, andere Methoden bei der Hand zu haben, um die Ergebnisse vergleichen zu können.

Ein hervorragender Schlüssel zur Bestimmung der Menge gewöhnlicher, baryonischer Materie liegt in der kosmischen Häufigkeit einiger sehr einfacher chemischer Elemente. Besonders nützlich ist in dieser Hinsicht das schwere Isotop des Wasserstoffs, das Deuterium. Verschiedene Isotope einer bestimmten Atomsorte tragen die gleiche Zahl von Protonen in ihrem Kern, aber eine unterschiedliche Anzahl von Neutronen. Wasserstoff hat beispielsweise nur ein Proton im Kern, während Deuterium, manchmal auch als schwerer Wasserstoff bezeichnet, ein Proton und ein Neutron besitzt. Die Nützlichkeit des Deuteriums beruht auf seiner extremen Zerbrechlichkeit. Bei hohen Dichten und bei Temperaturen von etwa einer Million Kelvin, das ist weniger als ein Zehntel der Temperatur im Mittelpunkt der Sonne, erleidet das Deuterium so viele Kollisionen, dass es zerstört und in Helium umgewandelt wird. Aus diesem Grunde weisen entwickelte Sterne kein Deuterium auf – es ist kurz nach ihrer Entstehung zu Helium geworden.

Deuterium bildete sich in den ersten drei Minuten nach dem Urknall durch die Wechselwirkung freier Protonen und freier Neutronen. Seit dieser Zeit nimmt die Deuteriumhäufigkeit im Universum immer weiter ab, da Deuterium im Innern der Sterne zerstört wird. Warum ist die Deuteriumhäufigkeit so wichtig? Nun, sie hängt von der Dichte der gewöhnlichen Materie (der Baryonendichte) ab. Wenn sie zu groß ist, wird praktisch das ganze Deuterium im frühen Universum zerstört und in Helium umgewandelt. Ist andererseits die Baryonendichte zu niedrig, wird Deuterium in zu großen Mengen produziert. Bestimmungen der Deuteriumhäufigkeit setzen deshalb Grenzen für die Dichte gewöhnlicher Materie in jeder Form. Die Deuteriumhäufigkeit dient als eine Art „Baryometer", wie es die Kosmologen Dave Schramm und Mike Turner genannt haben, als ein Messinstrument für die Dichte der baryonischen Materie.

Es gibt im Prinzip zwei Methoden, die Deuteriumhäufigkeit im frühen Universum zu ermitteln. Um die erste zu verdeutlichen, stellen wir uns einen abgeschlossenen Raum vor, in dem sich einige Personen aufhalten. Nun stellen wir uns die Frage, wie viel Sauerstoff sich *anfänglich* im Raum befand. Die einfachste Möglichkeit wäre natürlich, den Sauerstoff zu einem möglichst frühen Zeitpunkt zu messen, denn dann würde man noch einen recht „unverbrauchten" Wert erhalten. Wenn wir aber gezwungen sind, die erste Messung erst vorzunehmen, nachdem das Experiment schon einige Zeit gelaufen ist, ist dennoch nicht alles verloren. Wir können in diesem Fall zwei Messungen durchführen, die eine bestimmte Zeit auseinander liegen. Aus dem Unterschied zwischen den beiden Messungen können wir die Rate bestimmen, mit der Sauerstoff verbraucht wird, und mit der Kenntnis, wann das Experiment begonnen hat, können wir den ursprünglichen Gehalt an Sauerstoff ableiten. Gleiche Methoden sind bei der Bestimmung der Deuteriumhäufigkeit angewandt worden. Man findet Deuterium in interstellaren Wolken, die kühl und dünn genug sind, damit es nicht zerstört wird, und an Orten wie der Atmosphäre des

Planeten Jupiter. Wichtig ist hierbei, dass die Deuteriumhäufigkeit des Jupiter die Häufigkeit im interstellaren Gas zu der Zeit anzeigt, zu der das Sonnensystem entstand, also vor etwa 4,6 Milliarden Jahren. Die heute beobachteten lokalen interstellaren Gaswolken stellen Material dar, von dem ein Bruchteil sich schon einmal im Innern heißer Sterne befunden hat, die während der Existenz unserer Milchstraße lebten und starben. Ein Vergleich der beiden Häufigkeiten liefert deshalb eine Abschätzung für die *Vernichtungsrate* des Deuteriums im Laufe der letzten 4,6 Milliarden Jahre. Wenn diese Rate bekannt ist, können wir berechnen, wie viel Deuterium in den ersten drei Minuten der Existenz unseres Universums gebildet wurde.

Eine andere Methode, die noch besser ist, weil sie analog zu unserem ersten Versuch der Sauerstoffmessung ist, wurde 1998 von den Astronomen David Tytler (San Diego) und Scott Burles (Chicago) angewandt. Sie bestimmten nämlich die Deuteriumhäufigkeit in einigen sehr entfernten Wolken, die nahezu ursprüngliches Material darstellen, so wie es im Universum existierte, als es nur etwa ein Fünftel des heutigen Alters hatte. So konnten sie also die Deuteriumhäufigkeit, wie sie im Urknall entstand, mit recht großer Genauigkeit bestimmen. Sie deutet auf eine Dichte der gewöhnlichen Materie hin, die etwa fünf Prozent der kritischen Dichte beträgt, und man kann aufgrund der Messfehler völlig ausschließen, dass sie mehr als zehn Prozent der kritischen Dichte ausmacht. Wenn also die gesamte Materie im Universum, einschließlich der dunklen Materie, nur aus gewöhnlicher baryonischer Materie besteht, also nicht aus exotischen Teilchen, sollte Omega den Wert 0,1 nicht überschreiten und würde mit großer Wahrscheinlichkeit den Wert 0,05 besitzen.

Die Untersuchung der Deuteriumhäufigkeit liefert nur die Dichte der *baryonischen* Materie. Es gibt aber andere Methoden, mit deren Hilfe die Materiedichte unter Einschluss der exotischen Materie herauszufinden ist. Eine solche Methode besteht darin, alte Galaxienhaufen „auf die Waage zu legen". Findet man weit entfernte, sehr alte Galaxienhaufen, die sehr massereich sind, ist dies, so paradox es klingen mag, ein starker Hinweis darauf, dass die Dichte im Universum ziemlich niedrig ist. Um dies zu verstehen, betrachten wir das folgende Beispiel aus dem alltäglichen Leben: Stellen wir uns vor, dass wir zu Weihnachten gerne Geschenke verteilen. Wir entwickeln also eine Strategie, diese Verteilung möglichst effektiv zu gestalten. Wenn wir glauben, dass sich unsere ökonomische Lage im Ablauf eines Jahres nicht sehr ändert, können wir die Geschenke das ganze Jahr über kaufen und zum Weihnachtsfest verteilen. Wenn wir aber Gründe haben anzunehmen, dass sich unsere ökonomische Lage im Laufe des Jahres verschlechtert, könnte es ein guter Gedanke sein, die Geschenke möglichst früh zu kaufen, solange wir noch dazu in der Lage sind. Das Universum verhält sich in gewisser Weise ähnlich, wenn es die Massen von Galaxienhaufen aufbaut.

Wenn das Universum dicht ist und Omega folglich einen Wert von eins oder mehr hat, können Galaxienhaufen *ständig* an Masse zunehmen, denn es gibt immer genügend davon in der Nachbarschaft, die die Haufen aufsammeln können. Deshalb erwartet man in einem solchen Fall nicht, dass es tief in der Vergangenheit schon sehr massereiche Haufen gab – so massereiche Haufen, wie man sie heute findet. Wenn andererseits die Dichte im Vergleich zu dem frühen, relativ dichten Universum heute vergleichsweise niedrig ist, wird die darauffolgende Wachstumsrate von Galaxienhaufen beträchtlich *abgebremst*. In einem solchen Fall sollten einige Galaxienhaufen, die so massereich sind wie die heutigen, schon relativ früh existiert haben.

Kürzliche Beobachtungen, insbesondere eine Untersuchung meiner jungen Kollegen Megan Donahue, Mark Voit und von Mitarbeitern meines Instituts, haben ergeben, dass ein paar weit entfernte Galaxienhaufen überraschend massereich sind. Einer von ihnen, der den unattraktiven Namen MS1054-0321 trägt, hat den Spitznamen „der 900-Pfund-Gorilla" erhalten, weil er mindestens so massereich wie heutige Haufen ist und so viel wiegt wie einige 1000 Milchstraßen. Dieser Haufen entstand, als das Universum nur halb so alt war wie heute. Die Massen der Galaxienhaufen können beispielsweise bestimmt werden, indem man durch Röntgenbeobachtungen die Temperatur des heißen Gases misst, das den Raum zwischen den Galaxien ausfüllt. Je heißer das Gas ist, umso massereicher muss der Haufen sein, damit seine Anziehungskraft das Gas daran hindern kann, in den Weltraum zu entweichen wie Dampf aus einem heißen Kessel. Aus den Massen, die aus einer Auswahl solcher entfernter Haufen abgeleitet wurden, ergab sich, dass Omega einen Wert von 0,3 bis 0,4 nicht überschreiten kann.

Wir sehen also, dass eine Reihe unterschiedlicher Methoden Werte von Omega liefern, die zwischen 0,3 und 0,4 liegen. Viele Kosmologen überraschte dies; sie hatten andere Erwartungen. Das Universum schien in gewissem Sinn ein Schwächling zu sein. Ich möchte jetzt diese Erwartungen beschreiben, weil sie ein sehr gutes Beispiel für die grundlegende Rolle der Ästhetik in physikalischen Theorien darstellen.

Regiert die Schönheit?

Eine der wichtigsten Anforderungen an eine physikalische Theorie ist ihre Fähigkeit, Vorhersagen zu machen, die durch Experimente oder

Beobachtungen getestet werden können. Nur so ist sicherzustellen, dass Fortschritte hin zu einer endgültigen, schönen Theorie gemacht werden. Dieser Prozess hat eine gewisse Ähnlichkeit mit der natürlichen Auslese bei der Entwicklung des Lebens auf der Erde. Durch eine Serie von Fehlern und Sackgassen gelangen physikalische Theorien letztendlich durch eine Kombination von experimentellen Tests und theoretischen Entwicklungen in die richtige Richtung. Die Theorien basieren teilweise auf diesen experimentellen Tests, teilweise auf Fortschritten in der Mathematik, und schließlich auch auf ästhetischer Intuition.

Die Situation in Bezug auf den Wert von Omega ist recht einzigartig, denn noch bevor eine Theorie existierte, die den Wert von Omega vorhersagte, entwickelten die Kosmologen eine Erwartungshaltung, die allein auf ästhetischen Argumenten beruhte.

Um diese Haltung zu verstehen, betrachten wir einen Seiltänzer, der sehr genau auf einem Bein balanciert. Dies entspricht zwar einem Gleichgewichtszustand, der im Prinzip unendlich lange dauern kann, es handelt sich jedoch um ein sehr instabiles Gleichgewicht: Der kleinste Stoß würde zu einer katastrophalen Abweichung vom Gleichgewicht und zu einem folgenschweren Sturz führen. Wenn der Wert von Omega gleich 1,0 ist, stellt dies für Omega ebenfalls einen instabilen Gleichgewichtszustand dar. Wenn also zu irgendeiner Zeit in der Vergangenheit Omega exakt gleich 1,0 war, *würde es zwar für alle Zeiten gleich 1,0 bleiben*. Wenn jedoch Omega zu irgendeinem Zeitpunkt nach dem Urknall nur ein klein wenig von 1,0 abweicht, würde diese Abweichung sich im Lauf der Zeit extrem rasch vergrößern. Wenn Omega beispielsweise irgendwann 0,5 betrüge, würde die rasche Expansion und die Verdünnung der Materie dazu führen, dass die Schwerkraft einen aussichtslosen Kampf austrägt, und ihre Wirkung würde immer mehr abnehmen. Wenn das Universum seine Größe verdoppelt hätte, wäre der Wert von Omega schon auf 0,25 gesunken.

Ein Universum, das mit einem Wert von Omega beginnt, der kleiner als eins ist, wird also rasch expandieren, und damit würde sich der Wert von Omega beträchtlich verringern. In solch einem Universum wird Omega fast immer beinahe null betragen.

Wie wir gesehen haben, deuten mehrere Methoden der Ermittlung von Omega auf einen heutigen Wert von 0,3 bis 0,4. Aber das heutige Universum ist sehr alt – genau gesagt, 14 Milliarden Jahre alt. Nehmen wir an, dass es mit einem Wert von Omega begann, der nicht genau gleich 1,0 war, sondern etwas kleiner. Wir können uns fragen, wie nahe bei 1,0 dieser Wert gelegen haben muss, wenn, sagen wir, das Universum eine Sekunde alt war, um den heutigen Wert von 0,3 bis 0,4 zu erreichen. Diese Frage können wir wieder mit unserem Seiltänzer verdeutlichen: In welch perfektem Gleichgewicht muss er gewesen sein, damit er heute noch immer auf dem Seil zu finden ist und nicht in dem Sicherheitsnetz darunter? Nun, der Wert von Omega konnte sich von 1,0 nicht sehr unterschieden haben – er muss 0,999999999999999 gewesen sein. Damit folglich Omega im frühen Universum nicht ganz gleich 1,0 war und sich trotzdem im Einklang mit einem heutigen Wert von 0,3 bis 0,4 befindet, muss das frühe Universum unglaublich *fein abgestimmt* gewesen sein. Die kinetische Energie der Expansion musste mit einer fantastischen Präzision der Anziehung beinahe, aber nicht ganz entsprochen haben. Ein Universum, das mit einem Wert von Omega begonnen hätte, der sich von 1,0 unterscheidet, wäre sehr rasch expandiert, wenn Omega ursprünglich kleiner als 1,0 gewesen wäre. Es hätte dann irgendwann einen Punkt erreicht, an dem die Gravitationsanziehung hätte völlig vernachlässigt werden können. Omega hätte sich dann dem Wert null genähert. Wenn Omega andererseits anfangs größer als 1,0 gewesen wäre, wäre das Universum rasch wieder kollabiert. Wir finden aber, dass die Abweichung von Omega vom Wert 1,0 sehr bescheiden ist. Omega ist 0,3 oder 0,4, anstatt null oder unendlich – die sehr viel wahrscheinlicheren Werte bei einer raschen Expansion oder einem bald folgenden Kollaps. Damit verhält sich das Universum wie der Seiltänzer, der noch immer auf dem Seil balanciert.

Dass wir in der Lage sind, das Universum sozusagen als Seiltänzer und Omega bei einem Wert so nahe bei 1,0 zu beobachten, bedeutet, dass wir in einer sehr speziellen Zeit leben. Doch ich möchte keine „notwendige Feinabstimmung" oder eine „anthropozentrische" Zeit als Grund hierfür einführen. Beide Möglichkeiten würden meine verallgemeinerte Definition des kopernikanischen Prinzips stark verletzen – sie sind deshalb extrem hässlich. Viel eleganter ist es anzunehmen, *dass Omega in Wirklichkeit exakt gleich 1,0 ist* und dass der Wert von 0,3 oder 0,4, der sich aus verschiedenen Untersuchungsmethoden ergeben hat, nur unser Unvermögen belegt, all die vorhandene dunkle Materie nachzuweisen. Im nächsten Kapitel werden wir eine leicht geänderte Fassung dieser Schlussfolgerung kennen lernen, die auf neueren Erkenntnissen beruht.

Wie wir sehr bald sehen werden, existiert inzwischen eine Theorie, die vorhersagt, dass Omega exakt gleich eins sein muss. Doch selbst bevor diese Theorie existierte, besaßen die Physiker eine starke Vorliebe für diesen Wert, und zwar einfach aus einem ästhetischen Grund. So ist diese Geschichte ein gutes Beispiel für den von vielen Physikern geteilten starken Glauben, dass umfassende Theorien des Universums schön sein *müssen*. Die Gesetze der Physik schreiben absolut nicht vor, dass beispielsweise eine Feinabstimmung oder eine

Verletzung des kopernikanischen Prinzips *verboten sind*. Die meisten Physiker empfinden dennoch, dass solche Hilfskonstruktionen nicht zulässig sind. Mein guter Freund und Kollege, der Kosmologe David Schramm von der Universität von Chicago, drückte dies in einem gemeinsam mit Katherine Freese verfassten Artikel 1984 so aus: „Gemäß dem Prinzip der Einfachheit glauben wir, dass ein nicht baryonisches Universum mit Omega größer als 0,15 die Bedingung erfüllen sollte, dass Omega gleich 1 ist." Tragischerweise wurden Davids brillante Karriere und sein Streben nach Schönheit durch einen Absturz seines Privatflugzeuges 1997 jäh beendet.

In der Geschichte der Wissenschaft hat es immer wieder Situationen gegeben, in denen einzelne Personen oder die gesamte wissenschaftliche Gemeinschaft von Vorurteilen beeinflusst waren. Ein gutes Beispiel hierfür ist die Vorherrschaft des geozentrischen Modells des Sonnensystems, das für fast dreizehn Jahrhunderte die intellektuelle Grundlage aller Weltmodelle lieferte. Wir sprechen noch heute von der „kopernikanischen Revolution", wenn wir die Ablösung von diesem Weltmodell ausdrücken wollen, weil es so lange und so tief in den Köpfen der Forscher verwurzelt war. Ähnliches ist selbst den besten Köpfen der Wissenschaft widerfahren. Einstein fühlte sich extrem unwohl, weil die Quantenmechanik eine der grundlegenden Eigenschaften der klassischen Physik bedrohte – die Kausalität. Denn in der klassischen Physik kann die Entwicklung eines physikalischen Systems und selbst des gesamten Kosmos mit völliger Sicherheit und Präzision vorhergesagt werden. Doch die Quantenmechanik änderte diese Sicht der Dinge grundlegend, indem sie erklärte, dass für bestimmte Ereignisse nur Wahrscheinlichkeiten angegeben werden können. Einsteins Vorurteil war, dass es eine genaue 1:1-Beziehung zwischen einer physikalischen Theorie und der Realität, die diese Theorie beschreibt, geben sollte. Die Quantenmechanik bestritt diese Notwendigkeit. Infolgedessen akzeptierte Einstein sie nie wirklich, wie sein berühmter Ausspruch zeigt: „Ich kann niemals glauben, dass Gott würfelt."

Viele dieser Vorurteile beziehen sich auf bestimmte Modelle, bestimmte Theorien oder auf die Natur bestimmter Objekte. Das Vorurteil, dass kosmologische Modelle schön sein sollen, ist in dieser Tradition recht einzigartig, da es sich auf eine grundlegende Eigenschaft bezieht, die ein beliebiges Modell haben sollte. Da dieses Vorurteil nicht wirklich einer bestimmten Erkenntnis entsprungen ist, sondern eher auf einer Intuition beruht, die sich aus Erfahrung speist, kann man es in gewisser Weise eher der Religion als der Wissenschaft zurechnen. Aber anders als in der Religion wird der ultimative Test der Gültigkeit auf präzisen Beobachtungen und Experimenten beruhen.

Es wird die Schwerkraft sein, die das Schicksal des Universums maßgeblich bestimmen wird. Und zwei Personen spielen in der Wissenschaftsgeschichte eine überragende Rolle, wenn von der Schwerkraft die Rede ist: Newton und Einstein.

Einstein

Das Auktionszimmer von Sotheby's ist zum Bersten gefüllt. In der ersten Reihe sitzt ein alter Mann mit buschigem Schnurrbart und zerzaustem grauen Haar.
AUKTIONATOR: Das nächste Objekt ist ein ungewöhnliches Stück aus dem 17. Jahrhundert. Es ist der Apfel, der auf Newtons Kopf fiel. Er ist auf wundersame Weise konserviert worden.
[*Der Auktionator ignoriert die überraschte Reaktion der Zuschauer und fährt fort.*]
AUKTIONATOR: Ich schlage vor, wir beginnen die Versteigerung bei 10 000 Dollar.
Vorhang. Der Vorhang geht eine Zeit später wieder auf. Die Szene hat gewechselt, das Auktionszimmer ist leer und spärlich beleuchtet. Nur der grauhaarige Mann sitzt immer noch in der ersten Reihe. Er hält nun einen seltsam aussehenden Apfel in seiner Hand und betrachtet ihn genau. Er bemerkt eine Anzahl von kleinen Flecken auf der Oberfläche des Apfels und nimmt eine Lupe aus seiner Westentasche, um sie genauer zu betrachten. Man kann hören, wie sein Atem vor Überraschung für einen Augenblick aussetzt, als er die Flecken durch sein Glas betrachtet.
ALTER MANN [*zu sich selbst*]: Seltsam, diese Flecken sehen nicht alle gleich aus. Einige sind wie kleine Ellipsen, andere wie Spinnen, andere bilden Formen wie Wasser, das von Rasensprengern verspritzt wird.
[*Er konzentriert sich auf einen der elliptischen Flecken und seine Umgebung. Plötzlich lässt er den Apfel fallen und ist sichtlich erschüttert.*]
ALTER MANN [erstaunt]: Guter Gott, sie bewegen sich!
[*Er nimmt den Apfel mit einigem Zögern wieder in die Hand und fährt fort, die Gegend um einen Fleck genau zu betrachten.*]
ALTER MANN: [*zu sich selbst*]: Es ist offenkundig, dass sich alle Flecken von dem einen, den ich betrachte, langsam entfernen.
[*Er beschließt, einen anderen Fleck zu untersuchen.*]
ALTER MANN: Auch von diesem Fleck bewegen sich alle anderen weg.
[*Er schaut sich noch ein paar andere an.*]
ALTER MANN: Das gilt ja für alle Flecken! Jeder bewegt sich von allen anderen weg.
[*Nach einer kurzen Pause.*]

ALTER MANN: Ich traue meinen Augen nicht: Der Apfel expandiert.
[*Man kann in der Tat sehen, wie der Apfel langsam größer wird. Der alte Mann nimmt ein Blatt Papier aus seiner Tasche und beginnt wie wild zu schreiben.*]

ALTER MANN [*rezitiert laut, was er schreibt*]: In der Tat bewegen sich die Flecken gar nicht auf der Haut des Apfels, sie scheinen sich nur einer vom anderen zu entfernen, weil der Apfel expandiert. Wenn ich ein zweidimensionales Wesen wäre, das auf einem dieser Flecken leben würde, würde es mir scheinen, als ob sich alle anderen Flecken von mir entfernten. Das ist sehr interessant.
[*Der Apfel hat jetzt die Ausmaße einer großen Wassermelone erreicht. Die Flecken werden seltsamerweise nicht größer, nur die Entfernungen zwischen ihnen werden größer. Der alte Mann scheint einige Messungen mit seinen Fingern anzustellen.*]

ALTER MANN [*murmelt vor sich hin*]: Nehmen wir an, ich wähle diesen Fleck aus. [*Er zeigt auf einen der Flecke.*] Ich kann einen anderen Fleck sehen, der einen Zentimeter von ihm entfernt ist, und noch einen anderen, der zwei Zentimeter entfernt ist. Nun warte ich ein wenig, bis die Haut des Apfels weiter expandiert ist.
[*Er setzt sich hin und betrachtet den expandierenden Apfel.*]

ALTER MANN [*steht auf und stellt Messungen an*]: Jetzt ist der Fleck, der zuerst einen Zentimeter von meinem [*er betont „meinem"*] Fleck entfernt ist, zwei Zentimeter entfernt, und derjenige, der ursprünglich eine Distanz von zwei Zentimetern hatte, ist nun vier Zentimeter weit weg. Das ist richtig, denn alle Entfernungen haben sich aufgrund der Expansion verdoppelt.
[*Er setzt sich wieder hin und ist offenbar in Gedanken versunken.*]

ALTER MANN [*steht auf, als ob er zu einer Folgerung gelangt sei*]: Aber das bedeutet, dass ich von meinem [*er betont „meinem"*] Fleck aus den weiter entfernten Fleck sich mit der doppelten Geschwindigkeit entfernen sehe wie den näheren, da er sich zwei Zentimeter weit wegbewegt hat, während der nähere sich in der gleichen Zeit nur einen Zentimeter weit bewegt hat. [*Er schweigt eine Minute lang.*] Vielleicht sind meine ursprünglichen Gleichungen am Ende doch richtig!
[*Der Apfel ist nun so groß geworden, dass der alte Mann immer mehr zur Wand zurückweichen muss. Als er schließlich erkennt, dass kaum noch Platz für ihn im Zimmer ist, entkommt er durch die Tür.*]

Die Natur macht keine Schnitzer

Die ganze Diskussion um das Schicksal des Universums hat sich bisher auf den Wert von Omega oder auf die Materiedichte konzentriert. Bis 1998 glaubten die meisten Astronomen, dass eine Bestimmung dieses einen Parameters den endgültigen Wert für die Dichte liefern würde. Das Leben ist aber niemals so einfach, wie wir es gerne hätten. Also existiert zu der Beschreibung, wie wir sie dargestellt haben, ein Zusatz. Diese Komplikation haben wir einer Arbeit zu verdanken, die Einstein 1917 geschrieben hat.

Bei Einsteins erstem Versuch, die Allgemeine Relativitätstheorie auf das gesamte Universum anzuwenden, tauchte plötzlich ein Problem auf. Denn damals herrschte die Annahme vor, dass das Universum statisch sei – dass es ewig sei und weder expandiert noch kontrahiert. Doch die Feldgleichungen der Gravitation ließen keine statische Lösung zu. Dies ist leicht zu verstehen: Wenn Galaxien gleichförmig im Raum verteilt sind, werden sie offenkundig unter ihrer gegenseitigen Gravitationsanziehung zusammenstürzen. Da Einstein auch der Überzeugung war, dass das Universum statisch sei, suchte er nach Wegen, „sein Universum" vor dem Kollaps zu bewahren. Er hatte nämlich wegen des Ersten Weltkrieges noch nicht erfahren, dass der Astronom Vesto Slipher schon Anzeichen dafür gefunden hatte, dass das Universum expandiert. Die Suche war erfolgreich, denn es gelang ihm, eine zusätzliche Größe in seine Gleichungen einzubauen, eine Art von abstoßender Kraft, die besonders wichtig für Objekte ist, die sich in großen Entfernungen von anderen Objekten befinden. Anders als die Schwerkraft, die bei einer Verdopplung der Entfernung zwischen zwei Teilchen auf ein Viertel ihrer Stärke abnimmt, wird die abstoßende Kraft doppelt so stark. Diese „kosmische Abstoßungskraft" gestaltete Einstein in einer solchen Art und Weise, dass sie das gesamte Universum gegen einen Gravitationskollaps stabilisierte, während ihre Wirkung bei Entfernungen, die kleiner als das Sonnensystem sind, völlig vernachlässigbar ist. Der Ausdruck für diese Kraft umfasste eine Größe, der man einen willkürlichen Wert zuordnen konnte. Sie ist unter dem Namen *kosmologische Konstante* in die Wissenschaft eingegangen und wird mit dem griechischen Großbuchstaben Lambda (Λ) bezeichnet. Einstein erfand sich auf diese Weise eine „Antischwerkraft", die verhinderte, dass das gesamte Universum unter seinem eigenen Gewicht zusammenstürzte. Man muss sich nur zu helfen wissen!

Als jedoch klar wurde, dass das Universum gar nicht statisch ist und die Expansion von Edwin Hubble zweifelsfrei festgestellt worden war, begann der geniale Physiker, die Einführung dieser kosmologischen Konstante zu bereuen. 1931 verwarf er sie endgültig und nannte sie „die größte Eselei meines Lebens". In der wissenschaftlichen Arbeit, die er mit Willem de Sitter schrieb, fand er allerdings eine gemäßigtere Formulierung: „Es scheint jetzt, dass im dynamischen Fall dieser Effekt ohne die Einführung von Lambda erzielt werden kann."

Nun ist es so, dass bei wirklich großen Menschen selbst die „Eseleien" äußerst interessant sind. Denn wir müssen hier anmerken, dass in Einsteins Theorie im Prinzip nichts die Einführung einer kosmologischen Konstante *verbietet*. Wir wissen ja bereits, dass Einfachheit eine wesentliche Zutat einer schönen Theorie darstellt – freilich Einfachheit des *zentralen Gedankens* und nicht die Zahl der Glieder in den Gleichungen. Einsteins Allgemeine Relativitätstheorie beruht auf einer *Symmetrie*, die besagt, dass die Naturgesetze gleich bleiben und gleich aussehen, gleichgültig, ob wir uns in einem Labor, in einer sich beschleunigenden Rakete oder auf einem Karussell befinden. Wir benutzen die gleichen Gesetze auf der Oberfläche unserer rotierenden Erde, die wir auch auf der Oberfläche eines in sich zusammenstürzenden Sterns verwenden würden. Wichtig ist bei diesem „Schnitzer" also nur, dass die Hinzufügung der kosmologischen Konstante nicht die grundlegende Symmetrie der Allgemeinen Relativitätstheorie verletzt.

Nachdem Einstein 1931 seine Konstante verworfen hatte und sie jahrzehntelang von Kosmologen ignoriert worden war, begann sie eines Tages wieder in der physikalischen Literatur zu kursieren. 1967 zeigte der große russische Kosmologe Yakov B. Zeldovich Folgendes: Wenn man eine Energiedichte mit der kosmologischen Konstante identifiziert, hat diese Energie die gleichen Effekte wie eine bizarre Form der Energie, die mit dem leeren Raum verknüpft ist (von dieser wird noch die Rede sein). Auch danach erschienen hin und wieder theoretische Arbeiten, die die Konstante benutzten, bis 1995 die Kosmologen Lawrence Krauss von der Case Western Reserve University und Mike Turner von der Universität von Chicago einen Artikel mit dem programmatischen Titel „Die kosmologische Konstante kommt zurück" schrieben. Diese Arbeit war durch einige Beobachtungen motiviert wurden, die nahe legten, dass das Universum jünger ist als die ältesten Sterne. Wie das?

Die Argumentation ist einfach: Wenn das Universum mit konstanter Geschwindigkeit expandiert, wenn sich die Expansion also weder verlangsamt noch beschleunigt, können wir die seit dem Urknall verstrichene Zeit leicht berechnen. Wir dividieren einfach die Entfernung zu einer beliebigen Galaxie durch ihre heutige Fluchtgeschwindigkeit. Das Hubblesche Gesetz besagt, dass die Geschwindigkeit der kosmischen Expansion proportional zur Entfernung ist, und liefert damit die Gewissheit, dass wir das gleiche Ergebnis für jede beliebige Galaxie erhalten würden, die wir auswählen. Wenn sich aber die Expansion des Universums beträchtlich verlangsamen würde

(z. B. wenn der Wert von Omega 1,0 betragen würde), wäre die kosmische Expansion in der Vergangenheit schneller als heute gewesen und die mittlere Expansionsgeschwindigkeit höher (um genau zu sein, um 50 Prozent höher). Das bedeutet aber, dass das Universum jünger ist und, anders formuliert, eine kürzere Zeit seit dem Urknall verstrichen ist. Möglicherweise ist es sogar unbequem jung, wenn man sein Alter mit dem ermittelten Alter von Sternen vergleicht. Insbesondere einige Sternansammlungen, die man Kugelhaufen nennt, scheinen älter zu sein als das Universum, wenn man voraussetzt, dass sich die Expansion verlangsamt hat. Und jetzt kommt der Trick: Wenn aber andererseits die Expansion in der Vergangenheit langsamer gewesen ist als heute, denn genau das bewirkt eine abstoßende kosmologische Konstante, und sich die Expansion des Universums beschleunigt, würde das Universum wieder ein größeres Alter haben. Krauss und Turner führten also die kosmologische Konstante wieder ein, um das Universum älter zu machen. Sie konnten so das unschöne Problem vermeiden, dass die „Mutter" jünger als ihre „Kinder" ist.

Wie die folgende Episode zeigt, beschäftigen sich mit der Frage nach dem Alter des Universums mehr Zeitgenossen, als man gemeinhin glaubt. 1996 organisierte ich eine Konferenz am Space Telescope Science Institute, bei der eben diese Frage diskutiert werden sollte. Einer der Vortragenden war Nial Tanvir, ein junger Astronom von der Universität von Cambridge. Er erzählte, was ihm auf dem Weg zur Tagung am Londoner Flughafen Heathrow passiert war. Ein Sicherheitsbeamter mit langem schwarzen Haar und Sonnenbrille hielt Nial an, und es entspann sich der folgende Dialog:

SICHERHEITSBEAMTER: „Wo reisen Sie hin?"
NIAL TANVIR: „Zu einer wissenschaftlichen Tagung in Baltimore."
SICHERHEITSBEAMTER: „Was ist das Thema dieser Tagung?"
NIAL TANVIR: „Was geht Sie das an?"
SICHERHEITSBEAMTER: „Ich habe Sie nach dem Thema gefragt!"
NIAL TANVIR: „Also gut, wenn Sie es unbedingt wissen wollen. Wir werden das Alter des Universums bestimmen."
SICHERHEITSBEAMTER: „Und denken Sie, dass Sie Erfolg haben werden?"
NIAL TANVIR: „Wir werden der Antwort zumindest näher kommen, als Sie sich vorstellen können."
SICHERHEITSBEAMTER: „Aber gibt es da nicht das Problem mit dem Alter der Kugelhaufen?!"

Bei ihrer Wiedergeburt erschien die kosmologische Konstante in einer neuen Gestalt – als Vakuumenergie. Um dieses Konzept zu verstehen, muss man etwas tiefer in die faszinierende Welt der

Quantenmechanik eintauchen, denn dort geht es im Vakuum, also im leeren Raum, sehr lebhaft zu. Das Quantenvakuum ist nämlich mitnichten ein leerer Raum, sondern voll von virtuellen Teilchen oder Feldern, die beständig erscheinen und wieder verschwinden. Wir haben schon erwähnt, dass die Quantenmechanik nur *Wahrscheinlichkeiten* vorhersagt. Selbst wenn wir ein Experiment durchführen und alle möglichen Größen zu einem bestimmten Zeitpunkt bestimmen, können wir die unterschiedlichen Ergebnisse zu späteren Zeiten nie exakt angeben. Außerdem stellt Werner Heisenbergs Unschärfeprinzip fest, dass es völlig unmöglich ist, gleichzeitig und mit absoluter Genauigkeit sowohl den Ort wie den Impuls eines Teilchens zu messen. Jede Bemühung, die Präzision in der Messung der einen Größe zu erhöhen, führt zu einer Verschlechterung in der Messung der anderen Größe. In gleicher Weise lässt es die Quantenmechanik zu, dass für genügend kurze Zeiträume die Energie nicht genau erhalten wird. Die virtuellen Teilchen, die durch das Vakuum geistern, verdanken ihre flüchtige Existenz der Wahrscheinlichkeitsnatur der Quantenmechanik. Für kurze Zeitintervalle kann die Energie vom Vakuum ausgeborgt werden, damit Teilchen-Antiteilchen-Paare oder ihre entsprechenden quantenmechanischen Wellen auftauchen. Diese Paare zerstrahlen innerhalb von 10^{-21} Sekunden und verschwinden wieder im Nichts. In jedem Augenblick sprudelt das Vakuum in Form von solchen virtuellen Teilchen. Diese Fülle ist keineswegs nur eine theoretische Spekulation; ihre Realität ist durch Experimente bestätigt worden.

1947 zeigte Willis Lamb, ein Physiker von der Columbia University, im Experiment, dass sich zwei Zustände des Wasserstoffatoms mit vermeintlich gleicher Energie in Wirklichkeit um einen winzigen Betrag unterscheiden. Dieser Effekt, auch *Lamb-Shift* genannt, wurde schließlich durch die Einsicht erklärt, dass die Energieverschiebung einen Beitrag von virtuellen Photonen und Elektron-Positron-Paaren einschließt.

Auch ein anderes Experiment gibt Hinweise auf die Existenz dieser virtuellen Teilchen. Zwei parallele Metallplatten werden in einem sehr kleinen Abstand, nämlich dem zehnfachen Durchmesser eines Atoms, voneinander gehalten. Im Raum außerhalb der Platten können virtuelle Teilchenpaare, die man sich auch als quantenmechanische Wellen vorstellen kann, vieler Wellenlängen existieren. Zwischen den Platten können jedoch nur virtuelle Paare erscheinen, deren Wellenlänge genau in den Zwischenraum hineinpasst. Folglich gibt es mehr Teilchen oder Wellen außerhalb der Platten als zwischen ihnen. Dieses Ungleichgewicht presst die Platten mit einer messbaren Kraft zusammen, die etwa einem Zehntausendstel des Luftdrucks auf der Erde entspricht. Hendrick Casimir hatte 1948 in den Philips-Laboratorien in Eindhoven dieses Experiment durchgeführt; Fachleute sprechen seither vom Casimir-Effekt.

Doch damit nicht genug. Das Bild wird durch die Tatsache, dass in der Quantenmechanik zwischen einem wahren Vakuum und einem falschen Vakuum unterschieden wird, weiter kompliziert. Das wahre Vakuum wird als der Zustand der *kleinstmöglichen Energiedichte* definiert. In diesem Zustand können die fluktuierenden virtuellen Felder, die man sich als Wellen vorstellen kann, alle möglichen Wellenlängen aufweisen, und sie können sich in alle möglichen Richtungen bewegen. Infolgedessen tendieren diese Felder dazu, sich aufzuheben, wenn man sie über lange Zeiträume mittelt. Ebenso können Sie sich den Mittelpunkt eines belebten Marktplatzes vorstellen. Wenn Sie über längere Zeit hinweg beobachten, wohin die Menschen laufen, werden Sie keine bevorzugte Richtung ausmachen können. Im falschen Vakuum jedoch ist der Mittelwert über die Felder nicht gleich null: Deshalb befindet sich das falsche Vakuum in einem höheren Energiezustand als das wahre Vakuum. Wir werden dem falschen Vakuum später noch begegnen.

Kommen wir wieder zur kosmologischen Konstante zurück! Wir erinnern uns, dass ihr Effekt darin besteht, bei großen Entfernungen eine abstoßende Kraft zu erzeugen. Die Existenz einer kosmologischen Konstante kann als der Effekt dieser Vakuumenergie aufgefasst werden. All diese fluktuierenden Vakuumfelder besitzen eine Energie, die mit ihnen verknüpft ist. Das Vakuum hat darüber hinaus die seltsame Eigenschaft, einen negativen Druck zu besitzen, wogegen ein „normales" Gas einen positiven Druck besitzt. Und dies führt zu wichtigen Folgerungen für die Schwerkraft. In Newtons Theorie der Gravitation ist die Anziehungskraft proportional zur Massendichte. Wenn wir die Tatsache berücksichtigen, dass Einstein zufolge Masse und Energie äquivalent sind, können wir sagen, dass die Schwerkraft proportional zur *Energiedichte* ist. In Einsteins Allgemeiner Relativitätstheorie trägt neben der Energiedichte zusätzlich der *Druck* zur Schwerkraft bei: Die Schwerkraft ist proportional zur Summe von Energiedichte und dem Dreifachen des Druckes. Da der Druck des Vakuums negativ ist, ist die Schwerkraft, die er erzeugt, eine *abstoßende* Kraft. Das Vakuum verhält sich also wie eine kosmologische Konstante, denn es wirkt wie eine *Antischwerkraft*. Dies kann ziemlich dramatische Konsequenzen haben. Da das Universum expandiert und seine Materie zu immer kleineren Dichten hin verdünnt wird, nimmt die Gravitationsanziehung ab. Die durch das Vakuum verursachte kosmische Abstoßung kann schließlich die Oberhand gewinnen und sogar bewirken, dass die Expansion sich beschleunigt, was das Gegenteil einer normalen Abbremsung wäre, wie man sie bei der Einwirkung der Schwerkraft erwarten würde. Es ist deshalb äußerst wichtig zu verstehen, wie viel diese Energiedichte zum Wert von Omega beiträgt. Anders gesagt, wir möchten gern den Wert und das Vorzeichen der kosmologischen Konstante Lambda wissen.

Unglücklicherweise sind alle theoretischen Versuche in dieser Richtung bislang kläglich gescheitert. Die ersten Abschätzungen beruhen auf einem einfachen Satz von Annahmen und lieferten einen unendlich großen Wert. Dies ist an sich nicht besonders überraschend. Die Geschichte der Quantenelektrodynamik – die Quantentheorie, die Elektronen, Positronen und den Elektromagnetismus beschreibt – litt zwei Jahrzehnte lang, in den dreißiger und vierziger Jahren, unter solchen unendlichen Werten. Da die Theorie verlangte, dass eine unendlich große Zahl von Beiträgen virtueller Photonen mit unendlich großer Energie aufsummiert wurde, führte dies zu katastrophal großen Summen. Erst als die Physiker gelernt hatten, diese Unendlichkeiten korrekt zu behandeln, indem man die Masse und die Ladung des Elektrons so definierte, dass sie im Einklang mit Laborwerten standen, fanden sie heraus, dass all diese Summen sich in Wirklichkeit gegenseitig aufhoben. Trotz der eindrucksvollen Erfolge der Quantenelektrodynamik war einer ihrer Begründer, der Physiker Paul Dirac, niemals völlig von ihrer Richtigkeit überzeugt. Er betrachtete die Unendlichkeiten, selbst wenn sie sich schließlich gegenseitig aufhoben, als Formfehler in der Schönheit der Theorie.

Die nächste Abschätzung der Vakuumenergiedichte, die um 1980 durchgeführt wurde, ergab noch immer eine riesige Zahl. Der „natürliche" Wert dieser Dichte ist etwa von der gleichen Größenordnung wie die Energiedichte des Universums in der so genannten Planck-Ära, als es 10^{-43} Sekunden alt war. In diesem Fall werden Quanteneffekte auf Skalen, die kleiner als das Universum sind (10^{-33} cm), vernachlässigt, und die beherrschende Theorie ist die der Quantengravitation. Der resultierende Beitrag zur Energiedichte beträgt jedoch immer noch etwa 10^{123}. Das kann einfach nicht richtig sein, es würde bedeuten, dass wir uns wie Vampire niemals im Spiegel sehen könnten. Denn bei einer solch großen kosmologischen Konstante würde der Raum zwischen uns und dem Spiegel so schnell expandieren, dass das Licht nicht in der Lage wäre, von uns zum Spiegel oder vom Spiegel zurück in unsere Augen zu gelangen, mehr noch, wir wären wohl nicht fähig, überhaupt irgend etwas zu sehen! Viele Stringtheorien und die Supersymmetrie liefern eine ganze Reihe von Werten für die Vakuumenergiedichte. Die meisten von ihnen sind aber immer noch unglaublich groß (10^{55} für eine Supersymmetrie-Theorie von 1984). Natürlich wissen wir schon im Voraus, dass all diese großen

Zahlen falsch sind, noch bevor wir detaillierte Beobachtungen der Expansion anstellen, um den Wert auf diese Art zu bestimmen. Denn wir können keine merklichen Effekte einer solchen kosmischen Abstoßung auf die Bahnen der Planeten oder die Bewegungen von Wolken innerhalb von Galaxien finden, und das bedeutet, dass der Beitrag dieser Vakuumenergie (oder der kosmologischen Konstante) sich auf irgendeine Weise völlig aufhebt oder zumindest sehr beträchtlich unterdrückt wird.

Wen wundert es da, dass die meisten Kosmologen die Einführung der kosmologischen Konstante nur als unerwünschte Komplikation ansahen. Deshalb kamen vor 1998 die meisten Abschätzungen des Wertes für diese Konstante auf den praktischen Wert null. Niemand wusste mit Sicherheit, dass der Wert null sein muss, aber die einfachen Abschätzungen ergaben so unvernünftig große Werte, dass die Physiker das Gefühl hatten, nur der Wert null sei akzeptabel. Der Kosmologe Jim Peebles aus Princeton befand 1998, dass kosmologische Modelle mit einer kosmologischen Konstante den ästhetischen Test nicht bestanden, und sein Kollege Rocky Kolb von der Universität Chicago fand solche Modelle schlicht „unaussprechlich hässlich". Wir werden im sechsten Kapitel nochmals auf diese Frage zu sprechen kommen.

Für diese „Ästheten" spricht, dass es sehr viel schwieriger ist, das endgültige Schicksal des Universums vorherzusagen, wenn die kosmologische Konstante Lambda nicht gleich null ist. Wenn beispielsweise Omega den Wert 0,2 hat und es keine Konstante gibt, wird das Universum ganz sicher für alle Zeiten expandieren, weil die Schwerkraft nicht stark genug ist, um die Expansion zu stoppen. Wenn andererseits Omega den Wert 0,2 und Lambda einen endlichen Wert hat, der negativ ist, was einer anziehenden Kraft entspricht, wird die Expansion ganz sicher zum Stillstand kommen, und das Universum wird kollabieren – wie klein auch immer der Betrag der kosmologischen Konstante ist, solange er nur negativ ist. Wenn das Universum nämlich expandiert und sich die Materie immer mehr verdünnt, nimmt die Schwerkraft ab, Omega strebt gegen null. Wenn die kosmologische Konstante Lambda nicht null ist, wird ihr Effekt in jedem Fall schließlich die Oberhand gewinnen: Wenn sie negativ und also anziehend ist, wird sie das Universum irgendwann zum Einsturz bringen.

Henry Wheeler Shaw, der unter dem Pseudonym Josh Billings schrieb, dachte, dass die Natur, anders als die Menschen, niemals Schnitzer begeht. Er hat dies so formuliert: „Die Natur macht niemals Schnitzer; wenn sie eine Verrücktheit begeht, meint sie es auch so." Dem wäre nichts anzufügen.

Euklid

Isaac Newton, einer der Giganten der Naturwissenschaft, formulierte das Gesetz der allgemeinen Gravitation. Dieses Gesetz konnte mit äußerst großem Erfolg die Bewegungen der Planeten und die von Körpern auf der Erde erklären. Es gab jedoch keinen Hinweis darauf, wie die Gravitationskraft die riesigen Entfernungen im Universum zurücklegt. Ein anderer Riese der Wissenschaft musste dieses Werk zum Abschluss bringen. Es war Albert Einstein.

Eine der wichtigsten Ideen von Einsteins *Spezieller Relativitätstheorie* ist, dass Raum und Zeit unlösbar miteinander verknüpft sind. Die uns vertrauten drei Raumdimensionen verbinden sich mit der einen Zeitdimension, um eine untrennbare Einheit, die Raumzeit zu bilden. Während es für uns schon schwierig ist, sich einen vierdimensionalen Raum vorzustellen, kann man in der Mathematik Räume beliebig hoher Dimension konstruieren. Die Raumzeit ist ein solcher vierdimensionaler Raum, der die „Richtungen" Länge, Breite, Tiefe und Zeit besitzt. Während wir die anderen drei Dimensionen sehen können, bleibt unserem Auge die Zeitrichtung verborgen, was wiederum der Grund dafür ist, dass so mancher Betrachter sich dieses Konzept nicht richtig vorstellen kann. Wenn wir einen Apfel anschauen, sehen wir, dass er eine bestimmte Höhe, Breite und Tiefe besitzt. Wenn wir die Zeitdimension sehen könnten, bekämen wir die gesamte Geschichte dieses Apfels von der Blüte am Baum bis zur Ernte zu sehen. Einsteins Spezielle Relativitätstheorie war so formuliert, dass sie sich mit Maxwells Theorie der Elektrizität und des Magnetismus im Einklang befand. Einstein selbst fand es aber schwieriger, auch die Effekte der Schwerkraft einzubauen. Er verbrachte die Jahre zwischen 1907 und 1915 damit, seine Theorie der Gravitation zu entwickeln, die heute von vielen als die schönste physikalische Theorie angesehen wird. Diese *Allgemeine Relativitätstheorie* wurde 1915–1916 in einer Reihe von Arbeiten veröffentlicht.

Der zentrale Gedanke ist sehr einfach: Die Schwerkraft ist keine geheimnisvolle Kraft, die quer durch den Raum wirkt. Stattdessen verbiegt Masse die Raumzeit in ihrer Umgebung, und zwar etwa so, wie eine schwere Kegelkugel auf einer Schaumgummimatte diese nach unten drückt. Würden wir einige kleine Kugeln auf dieser Matte rollen lassen, könnten wir sehen, wie der Eindruck der schweren Kegelkugel ihre Wege verbiegt. Auf die gleiche Weise bewegen sich nach Einstein die Planeten in gekrümmten Bahnen – nicht weil sie die Schwerkraft der Sonne spüren, sondern weil sie den natürlichsten Bahnen in der durch die Sonne erzeugten gekrümmten Raumzeit folgen.

Eine geometrische Eigenschaft des Raumes kann also als Kraft empfunden werden. Um dies zu demonstrieren, folgen wir zwei Wanderern, die von zwei unterschiedlichen Punkten des Erdäquators aus genau nach Norden gehen. Offenkundig werden sie sich am Nordpol treffen. Wenn diese Wanderer nicht wissen, dass sie auf einer kugelförmig gekrümmten Oberfläche reisen, würden sie vielleicht glauben, dass eine Kraft sie sich gegenseitig anziehen lässt, da sie ihren Marsch entlang parallel verlaufender Linien begannen, aber dennoch am gleichen Punkt ankamen.

Wie kam Einstein auf solch einen revolutionären Gedanken wie den der *gekrümmten Raumzeit*, die er an die Stelle der Gravitationskraft setzte? Er verband zwei Gedankengänge miteinander. Den ersten bezeichnete er später als „den glücklichsten Gedanken meines Lebens", er wurde unter dem Namen *Äquivalenzprinzip* bekannt. Einstein erkannte, dass die Schwerkraft, die proportional zur Masse eines Objekts ist, an der sie angreift, einer anderen Kraft sehr ähnlich ist. Es handelt sich dabei um die Trägheitskraft oder kurz Trägheit. Wir sind mit der Trägheit wohl vertraut, wenn wir eine Beschleunigung erfahren. Wenn wir beispielsweise in einem Bus stehen, der plötzlich losfährt, fühlen wir eine Kraft, die uns nach hinten drückt. Wenn der Bus abbremst, fühlen wir eine Kraft, die uns nach vorn drückt, und das ist der Grund, warum wir immer Sicherheitsgurte verwenden sollten. Die Zentrifugalkraft, die uns auf einem Karussell nach außen drückt, ist ebenfalls eine Trägheitskraft. Die Trägheit ist proportional zu der Masse des Körpers, auf die sie einwirkt, und das, so dachte Einstein, ist ein Hinweis darauf, dass Schwerkraft und Trägheit das Gleiche sein könnten. Stellen wir uns vor, dass wir in einem Fahrstuhl auf einer Waage stehen, und irgend jemand schneidet das Seil des Aufzugs durch. Dann fallen sowohl wir wie auch der Aufzug im freien Fall mit einer Beschleunigung von 9,8 Metern pro Sekunde, und die Anzeige der Waage zeigt das Gewicht null an. Ein anderes Beispiel: Für die Astronauten im Space Shuttle wird die Erdanziehung durch die Zentrifugalkraft präzise ausgeglichen, und deshalb schweben sie. Sie sind „schwerelos" und spüren weder die Schwerkraft noch die Zentrifugalkraft. Einsteins Folgerung aus all diesen Betrachtungen war so einfach wie genial: *Die Wirkungen der Gravitation und der Beschleunigung sind exakt äquivalent.* Deshalb ist es unmöglich, lokal zwischen einer Schwerkraft und einer Beschleunigung zu unterscheiden. Im Innern des fallenden Fahrstuhls ist es unmöglich zu entscheiden, ob man schwerelos ist, weil der Fahrstuhl nach unten beschleunigt wird oder weil jemand die Schwerkraft abgeschaltet hat.

Der nächste Schritt führte vom Äquivalenzprinzip zur Krümmung der Raumzeit. Was kann man sich unter einer „gekrümmten

Raumzeit" vorstellen? Wir wollen uns dieser Frage nähern, indem wir die Regeln der Geometrie betrachten. Die Geometrie, die uns am vertrautesten erscheint, wurde größtenteils von dem griechischen Mathematiker Euklid entwickelt. Sein dreizehnbändiges Werk *Die Elemente* erschien um 300 v. Chr. In dieser *euklidischen Geometrie*, die für die flache Ebene entwickelt wurde, ist die kürzeste Verbindung zwischen zwei Punkten eine gerade Linie, parallele Linien kreuzen sich nie, und die Winkelsumme in einem Dreieck beträgt 180 Grad. Es existieren aber auch andere mögliche Geometrien, die in sich genauso logisch sind und auf einer ähnlichen Gruppe von Axiomen beruhen. Auf der gekrümmten Erdoberfläche ist die kürzeste Verbindung zwischen zwei Punkten der Abschnitt eines Großkreises. Dies ist ein Kreis, der sein Zentrum im Erdmittelpunkt hat und die beiden Punkte miteinander verbindet. Linienflüge von Europa nach den Vereinigten Staaten folgen zumeist Großkreisen und nicht Breitenkreisen, die nicht auf den Erdmittelpunkt zentriert sind. Im 19. Jahrhundert entwickelte der deutsche Mathematiker Georg Friedrich Bernhard Riemann (1826–1866) eine Geometrie für gekrümmte Oberflächen, die unter dem Namen *Riemannsche Geometrie* bekannt ist. Auf einer Kugel ist die kürzeste Verbindung zwischen zwei Punkten ein Großkreis, Linien, die an einem Punkt parallel sind (wie zwei Längengrade am Äquator), schneiden sich an den Polen, und die Summe der Winkel in einem Dreieck beträgt mehr als 180 Grad.

Wir kennen noch eine weitere Geometrie, die Lobatschewskijsche Geometrie, benannt nach dem im 19. Jahrhundert lebenden russischen Mathematiker Nikolai Iwanowitsch Lobatschewskij (1792–1856). Diese wird auch sattelförmige Geometrie genannt, weil sie auf Oberflächen in Sattelform angewendet werden kann. In dieser Geometrie ist die kürzeste Verbindung zwischen zwei Punkten ein Kurvenstück, das man als Hyperbel bezeichnet. Linien, die in einem Punkt parallel sind, divergieren schließlich voneinander, und die Winkelsumme in einem Dreieck ist kleiner als 180 Grad. Der holländische Graphiker M. C. Escher schuf einige Werke, die ausgezeichnete Darstellungen Lobatschewskijscher Flächen sind. In seinen Holzschnittserien *Circle Limit I* bis *Circle Limit IV* füllt er die ganze Fläche eines Kreises mit identischen Formen (Fische, Fledermäuse, Kreuze). Die Formen erscheinen kleiner und zusammengedrängter, je mehr man sich der kreisförmigen Grenze nähert.

Einstein verbrachte die Jahre zwischen 1907 und 1915 mit der Suche nach einem mathematisch-logischen Gerüst, in dem er seine Vorstellungen der Gravitation beschreiben konnte. Schließlich fand er durch das Äquivalenzprinzip die Antwort. Danach rührt das „Gewicht" entweder von einem Gravitationsfeld oder von einer Beschleunigung her. „Gewichtslosigkeit" resultiert aus einem freien Fall im Gravitationsfeld oder aus einer Reise bei konstanter Geschwindigkeit, weit entfernt von irgendwelchen Massen. Einstein überlegte sich, dass Gewichtslosigkeit immer mit der Bewegung entlang des Pfades, der einer geraden Linie in der Raumzeit am nächsten kommt, verknüpft ist. Wenn man andererseits „Gewicht" spürt, sagte er sich, befindet man sich nicht auf der geraden Linie. So ist etwa die Erde in ihrer Bewegung um die Sonne gewichtslos, da die Schwerkraft der Sonne genau durch die Zentrifugalkraft ausgeglichen wird, und die Form ihrer Bahn enthüllt uns die Geometrie der Raumzeit. Gemäß der Allgemeinen Relativitätstheorie fühlt die Erde keine Kraft, sondern folgt bloß einer Bahn durch die gekrümmte Raumzeit, die einer geraden Bahn am nächsten kommt.

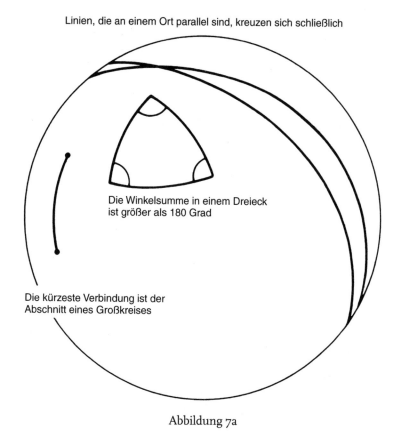

Abbildung 7a

Um diese Ideen ausführen zu können, war eine mathematische Theorie gekrümmter Räume notwendig. Riemann und Lobatschewskij hatten genau solche Theorien entwickelt – und Einstein nutzte sie. Damit war die Allgemeine Relativitätstheorie geboren. Fast von Anfang an gewann die Einfachheit und Symmetrie der Theorie viele Bewunderer unter den größten Physikern der Zeit. Ernest Rutherford, der Entdecker des Atomkerns, und Max Born, einer der Ersten, der die Wahrscheinlichkeitsnatur der Quantenmechanik erkannte, verglichen sie mit einem Kunstwerk.

Der nächste Schritt war, die Allgemeine Relativitätstheorie auf das gesamte Universum anzuwenden. Wegen des kosmologischen Prinzips der Homogenität und Isotropie auf großen Skalen muss die Krümmung des Universums überall gleich sein. Wir wissen ja, dass Einstein das Universum ursprünglich für statisch hielt, und dies brachte ihn zu der kosmologischen Konstante. Die wahrhaft dynamische Natur des Universums zeigte sich aber erst in der Arbeit des russischen Kosmologen Alexander Friedmann. Friedmann führte in Petrograd ein sehr schwieriges Leben, doch das hinderte ihn nicht, sich selbst die Relativitätstheorie beizubringen und wenig später nachzuweisen, dass das Universum entweder expandieren oder kontrahieren muss. Leider hielt Einstein Friedmanns Entdeckung zuerst für bedeutungslos, und Friedmanns früher Tod im Jahr 1925 verhinderte, dass er den Triumph seines kosmologischen Modells erleben konnte. Die Arbeiten von Friedmann, dem Belgier Georges Lemaître, dem US-Amerikaner Howard P. Robertson und dem Engländer Arthur G. Walker zeigten schließlich, dass es nur drei mögliche Geometrien geben kann, das Universum als Ganzes zu beschreiben. Wenn die kosmologische Konstante null ist, entsprechen diese Geometrien den verschiedenen Werten von Omega.

Das Universum kann erstens *geschlossen* sein. Dieses Modell setzt voraus, dass Omega größer als eins ist. Die Massendichte ist genügend hoch, sodass die Gravitation die Expansion zum Stillstand bringt und das Universum wieder kollabieren wird. Ein solches Modell einer Raumzeit entspricht einer sphärischen oder Riemannschen Geometrie. Die Massendichte bewirkt, dass sich der Raum „in sich selbst zurückkrümmt", und erzeugt so etwas wie die zweidimensionale Oberfläche eines kugelförmigen Luftballons. Ginge man in einem solchen Universum entlang einer „geraden Linie", die ja, wie gesehen, in Wirklichkeit ein Großkreis ist (siehe Abb. 7a), käme man letztlich wieder zum Ausgangspunkt zurück.

Das Universum kann zweitens *offen* sein. Dies entspricht einem Wert von Omega, der kleiner als eins ist. Die Gravitation ist zu schwach, um die Expansion anzuhalten, und das Universum wird für

132 | *Flach ist schön*

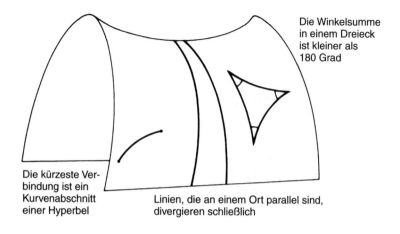

Abbildung 7b

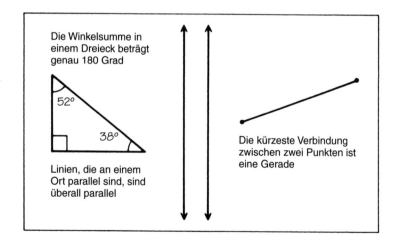

Abbildung 7c

alle Zeiten expandieren. Während in einem geschlossenen Universum sich der Raum in sich zurückkrümmt und ein endliches Volumen umfasst, krümmt sich in einem offenen Universum der Raum „von sich weg" (wie in Abbildung 7b) und erzeugt damit einen offenen Raum. Die Geometrie eines offenen Universums kann näherungsweise durch eine Satteloberfläche beschrieben werden.

Drittens ist ein Universum möglich, in dem Omega genau eins ist. Die mittlere Dichte ist genau gleich der kritischen Dichte. Wie wir gesehen haben, liegt ein solches Universum genau an der Grenzlinie zwischen ewiger Expansion und Kollaps: Es expandiert zwar für alle Zeiten, aber die Expansionsgeschwindigkeit nähert sich immer mehr dem Wert null. Geometrisch gesprochen ist in diesem Fall der Raum *flach* und unendlich ausgedehnt (Abbildung 7c). Seine Geometrie entspricht genau der euklidischen Geometrie, die wir aus der Schule kennen.

Ohne die kosmologische Konstante entspricht jede dieser drei Geometrien exakt einem der beschriebenen „Schicksale" des Universums. Wenn jedoch die kosmologische Konstante nicht gleich null ist, können wir Omega auf eine andere Art definieren. Erinnern wir uns, dass Omega der Bruchteil der kritischen Dichte ist, der den Beitrag aller Arten von Materie darstellt – der sichtbaren und der dunklen Materie. Wir können aber auch fragen, welchen Bruchteil der kritischen Dichte alle Formen von Materie und Energie beitragen, einschließlich der Vakuumenergie. Ich werde diese neue Größe als „Omega (gesamt)" bezeichnen. Omega (gesamt) ist einfach die Summe von Omega (Materie) und Omega (Vakuum). Ein Omega (gesamt), das den Wert eins hat, entspricht wiederum einer flachen (euklidischen) Geometrie und ein Omega (gesamt), das kleiner als eins ist, einer offenen Geometrie. Ein Omega (gesamt), das größer als eins ist, gleicht einer geschlossenen Geometrie.

Wie wir im nächsten Kapitel sehen werden, gibt es gute Gründe für die Annahme, dass die Geometrie unseres Universums eine flache Geometrie ist. Dies lassen auch unsere alltäglichen Erfahrungen vermuten. Das Blatt Papier, auf dem ich gerade schreibe, ist flach, genauso wie die Schreibtischoberfläche, auf der das Papier liegt, und der Boden, auf dem der Schreibtisch steht. Wir sind überall von flachen Oberflächen umgeben: Wände, Decken, Tischoberflächen, Fenster, Türen. Die Geometrie, die wir in der Schule gelernt haben, beschreibt sehr gut die Flachheit der physikalischen Welt unserer unmittelbaren Umgebung. Doch wie wir gesehen haben, ist diese flache Geometrie nicht die einzig logische. Wenn aber das gesamte Universum wirklich flach ist, beschreibt die von Euklid entwickelte geometrische Theorie nicht nur die Struktur des beschränkten Raumes um uns herum, sondern auch die Struktur des gesamten Universums.

Als Euklid seine Geometrie entwarf, handelte er nicht nur als Mathematiker, sondern in der Tat auch als Experimentalphysiker. Denn Einsteins Allgemeine Relativitätstheorie hat uns gelehrt, dass wir den Raum um uns gekrümmt sehen würden und nicht flach, wenn nur das Schwerefeld der Erde sehr viel stärker wäre. Dann würden Lichtstrahlen nicht auf geraden Linien, sondern entlang gekrümmter Pfade laufen. Euklids Geometrie spiegelt deshalb auch seine Beobachtungen in Form von alltäglichen Erfahrungen wider, die er im schwachen Gravitationsfeld der Erde gemacht hat. Wenn die Schwerkraft der Erde wesentlich stärker wäre, hätte seine Geometrie mit großer Wahrscheinlichkeit eine andere Form angenommen.

6
Wenn Inflation nützlich ist

Maimonides (Moses ben Maimon, 1135–1204), der einflussreichste jüdische Gelehrte des Mittelalters, zieht in seinem großen philosophischen Werk *Moreh Nebukim* (Führer der Unschlüssigen) eine Parallele zwischen den Menschen und dem Universum:
„Wie die Organe des menschlichen Körpers sind alle einzelnen Dinge des Universums eng miteinander verknüpft, um ein vereintes Ganzes zu bilden. Der Mensch besteht aus Körper und Geist, und all seine Verhaltensweisen sind entweder Formen der Bewegung, was die Tätigkeit seines Körpers darstellt, oder Formen des Wissens, was die Tätigkeit seines Geistes ist. Das Universum besteht aus Ausdehnung und Gedanken, und alle Arten des Verhaltens von Dingen im Universum sind entweder Formen der Bewegung, was die Tätigkeit der Ausdehnung darstellt, oder Formen des Intellekts oder des Verständnisses, was die Tätigkeit des Gedankens darstellt."

Wenn wir Maimonides' Sprachgebrauch verwenden würden, müssten wir das, was wir bisher beschrieben haben, mehr mit der „Ausdehnung" des Universums in Verbindung bringen. Es ist nun die Zeit gekommen, sich dem „Gedanken" zuzuwenden.

Das Standardmodell des Urknalls hat drei wichtige Konsequenzen oder Vorhersagen, die alle auf spektakuläre Weise durch Beobachtungen bestätigt worden sind. Nach diesem Modell müssen sich alle fernen Galaxien voneinander entfernen, und zwar mit einer Geschwindigkeit, die proportional zur Entfernung zwischen ihnen ist. Genau dies ist von Edwin Hubble zum ersten Mal beobachtet worden. Das Modell sagt ferner voraus, dass das Universum durch ein in hohem Maße gleichförmiges Bad elektromagnetischer Strahlung erwärmt wird. Von diesem in der Vergangenheit äußerst heißen Bad ist heute nur noch ein kühler Überrest übrig geblieben. Die Entdeckung der kosmischen Hintergrundstrahlung durch Arno Penzias und Robert Wilson und die Bestimmung ihrer Eigenschaften durch den COBE-Satelliten bestätigten eindeutig die Vorhersagen des Urknallmodells. Schließlich entsprechen auch die Häufigkeiten der leichten Elemente, wie Helium, Deuterium und Lithium, den Annahmen des Modells. Diese Atomkerne entstanden aus der Verschmelzung der Elementarteilchen Protonen und Neutronen in den ersten paar Minuten nach dem Urknall.

All diese eindrucksvollen Erfolge beziehen sich auf das Verhalten des Universums von dem Zeitpunkt an, als es etwa eine Sekunde alt war, bis zur heutigen Zeit. Vor etwa 20 Jahren erkannten die

Astrophysiker jedoch auch, dass das Standardmodell einige ernsthafte Probleme aufweist, insbesondere, was die frühe Kindheit des Universums betrifft. Diese Probleme sind direkt mit dem Ursprung verknüpft. Alle Versuche, sie zu lösen, berühren Fragen nach dem Ursprung der Materie selbst und nach der beobachteten kosmischen Expansion. Wir wollen uns auf drei dieser Probleme konzentrieren, die für unsere Diskussion der Schönheit des Universums die wesentlichen darstellen. Es handelt sich um das *Horizontproblem*, das *Gleichförmigkeitsproblem* und das Problem der *Flachheit*.

Der expandierende Horizont von Flachland

Das erste Problem steht in Verbindung mit der fantastischen großräumigen Gleichförmigkeit des beobachtbaren Universums. In welche Richtung wir auch sehen, wir beobachten, wie die Expansion in gleicher Weise fortschreitet. Unter der Voraussetzung, dass das Universum aus einem „Chaos", einem stürmischen, ungleichförmigen Zustand, hervorgegangen ist, ist dies eine wahrhaft erstaunliche Tatsache. Erinnern wir uns, dass selbst die Planetarischen Nebel, die von ganz normalen kugelförmigen Sternen ausgestoßen wurden, fast nie kugelsymmetrisch sind. Wie wir im dritten Kapitel gesehen haben, betragen die Schwankungen in der kosmischen Mikrowellenhintergrundstrahlung in unterschiedlichen Richtungen nur ein tausendstel Prozent!

Gleichförmigkeit in einem System erfordert zuallererst eine Wechselwirkung oder Kommunikation zwischen den einzelnen Teilen dieses Systems. Wenn beispielsweise ein Supermarkt beschließt, in einer Sonderangebotsaktion die Preise herabzusetzen, vergeht eine gewisse Zeit, bis die anderen Supermärkte in der Nachbarschaft davon erfahren und ebenfalls die Preise reduzieren, sodass wieder ein gleichförmiges Preisniveau erreicht wird.

Physikalische Systeme neigen dazu, sich in einen gleichförmigen Zustand zu begeben. Dieses Verhalten ist auch als das zweite Gesetz der Thermodynamik bekannt. Ein Beispiel dafür ist die Wärme, die in einem kalten Raum den Öffnungen eines Heizlüfters entweicht – sie wird sich schließlich verteilen und den gesamten Raum gleichmäßig aufwärmen. Die Schaffung von Gleichförmigkeit erfordert aber eine Ausbreitung von Nachrichten, und das braucht Zeit. Die Information, dass eine Ecke des Raumes kälter als die andere ist, muss erst durch die Luftmoleküle „mitgeteilt" werden, und die entsprechenden physikalischen Prozesse, in diesem Falle Kollisionen zwischen schnellen (heißen) und langsamen (kalten) Molekülen, müssen in Gang gesetzt werden, damit es zu einem Temperaturausgleich kommt. Wenn wir die Temperatur an verschiedenen Stellen des Raumes messen, bevor diese Prozesse genügend Zeit gehabt haben, werden wir feststellen, dass die Temperaturverteilung nicht gleichförmig ist.

Einsteins Spezieller Relativitätstheorie zufolge ist die absolut schnellste Geschwindigkeit, mit der sich Masse, Energie oder Information ausbreiten können, die Lichtgeschwindigkeit – obwohl es manchmal so scheint, als ob sich Gerüchte noch schneller verbreiten könnten. Wenn wir die Entwicklung des Universums als Ganzes betrachten, gibt es zu jedem Augenblick seiner Existenz eine maximale Strecke, die ein Lichtsignal seit der Zeit des Urknalls gewandert sein kann. Diese Strecke bezeichnen die Wissenschaftler als *Horizontentfernung*. Wir sollten also erwarten, dass wir Gleichförmigkeit nur auf Skalen beobachten können, die kleiner als die Horizontentfernung sind, da es auf größeren Skalen noch nicht genügend Zeit für den Nachrichtenaustausch gegeben hat. Genau hier liegt das Problem. Wenn sich das Universum nämlich nach unserem Standardmodell entwickelt hat, finden wir, dass zwei Punkte in entgegengesetzten Richtungen am Himmel zu der Zeit, als die Hintergrundstrahlung abgestrahlt wurde, neunzigmal so weit wie die Horizontentfernung voneinander entfernt waren. Trotzdem stellen wir zu unserer Überraschung fest, dass die beiden Punkte mit einer Genauigkeit von einem tausendstel Prozent die gleiche Temperatur besitzen. Wie „wissen" aber zwei Punkte, die nie miteinander in Kontakt standen, wie sie ihre Temperaturen einander angleichen können, noch dazu mit dieser Genauigkeit? Kommen wir noch einmal zu unserem Beispiel mit den Supermärkten zurück: Wir wären sicherlich völlig verblüfft, wenn innerhalb einer zehntel Sekunde, nachdem ein Supermarkt seine Preise gesenkt hat, alle anderen Supermärkte in der Stadt ihre Preise entsprechend ändern würden. Vergleichbares geschieht aber im Universum.

Der physikalische Grund für dieses Nachrichtenproblem ist die Abbremsung der kosmischen Expansion durch die Schwerkraft. Als das Universum, sagen wir, tausendmal kleiner war, war es tatsächlich mehr als *zehntausendmal jünger*, und damit stand weniger Zeit für den Nachrichtenaustausch der einzelnen Teile zur Verfügung. Mit anderen Worten, im Standardmodell entwickelt sich das Universum zu schnell, und es gibt einfach nicht genügend Zeit, damit sich Gleichförmigkeit einstellen kann. Wie können wir erklären, dass das Universum über Distanzen, die viel größer als die Horizontlänge sind, so gleichförmig ist? Dieses Rätsel ist als *Horizontproblem* bekannt.

Wir sollten jedoch berücksichtigen, dass die Gleichförmigkeit nicht eine wirkliche Verletzung des Standardmodells darstellt. Wenn man *annimmt*, dass das Universum sich aus einem *gleichförmigen* Zustand entwickelte, wird es auch gleichförmig bleiben. Dies wird aber als eine extrem hässliche Lösung des Problems angesehen, da es nicht wirklich erklärt, warum das Universum gleichförmig ist. Diese Annahme beruht vielmehr wieder auf dem Prinzip der Feinabstimmung, indem sie besagt, dass das Universum heutzutage gleichförmig ist, weil es zu Anfang extrem gleichförmig war.

Tatsächlich ist das Problem noch weitaus größer. Selbst wenn man die Annahme einer anfänglichen Gleichförmigkeit auf den größten Skalen akzeptiert, benötigt das Standardmodell noch eine weitere, noch extremere Feinabstimmung. Denn wenn wir das Universum auf kleineren Skalen betrachten, erscheint es alles andere als gleichförmig, weil Strukturen wie Galaxien und Galaxienhaufen entstehen, die beträchtlich dichter sind als ihre Umgebung. Damit sich Galaxien und Galaxienhaufen bilden, muss wiederum eine bestimmte Klumpigkeit oder Inhomogenität angenommen werden. Das frühe Universum muss einige kleine Taschen von dichter Materie enthalten haben, die später anwuchsen und die Strukturen bildeten, die wir heute sehen. Wenn ein kleines Gebiet des Universums etwas dichter ist als seine Umgebung, wird dieses Gebiet ein klein wenig mehr durch die Schwerkraft abgebremst. Infolgedessen hinkt seine Expansion der seiner Umgebung hinterher, und als Ergebnis der verringerten Verdünnung wird es noch dichter als die Umgebung. Bei fortschreitender Expansion wächst dieser Effekt immer mehr an und bildet schließlich einzelne Galaxien. Der gleiche Prozess der gravitativen Anhäufung ist für die Entstehung von Galaxienhaufen und Superhaufen verantwortlich. Regionen, die ursprünglich ein wenig mehr mit Galaxien bevölkert waren, werden in der Folge immer dichter gepackt, da sie der mittleren Expansion hinterherhinken. Der gesamte Prozess ist deshalb ein perfektes Beispiel dafür, dass die Reichen immer reicher werden. Wie viel dieser Klumpigkeit ist nötig gewesen, um den Prozess zu beginnen – sagen wir, als das Universum 10^{-43} Sekunden alt war und sich die Schwerkraft von den anderen Naturkräften trennte? Die Antwort ist sehr unerfreulich. Wir müssen nämlich einerseits annehmen, dass der anfängliche Zustand extrem gleichförmig war, aber andererseits, dass er nicht zu gleichförmig war. Die Gleichförmigkeit muss sehr viel größer sein als diejenige eines normalen Gases im Zustand des thermischen Gleichgewichts. Die Inhomogenitäten, die in einem solchen Gas durch die bloße Tatsache hervorgerufen werden, dass seine Moleküle sich in Form einer Zufallsverteilung bewegen, bewirken eine viel gröbere Verteilung als die, die das frühe Universum geprägt hat. Das Standardmodell wird deshalb mit einer zusätzlichen Hässlichkeit konfrontiert: Es hat nämlich einen extrem fein abgestimmten Anfangszustand benötigt. Dies wird manchmal als das *Gleichförmigkeitsproblem* bezeichnet.

Ein drittes ernsthaftes Problem für das Standardmodell ist das *Flachheitsproblem*. Wir haben es bereits im fünften Kapitel beschrieben. Wenn die kosmologische Konstante gleich null ist, ist das Universum geschlossen, sofern die Energiedichte der Materie größer als ein bestimmter Wert und Omega größer als eins ist. In diesem Fall krümmt sich der Raum in sich selbst zurück und besitzt ein endliches Volumen, ohne eine Grenze aufzuweisen (wie die Oberfläche einer Kugel). In einem solchen Universum bringt die Gravitation die Expansion irgendwann zum Stillstand, und das Universum beginnt sich wieder zusammenzuziehen und kollabiert schließlich. In einem Universum mit einem Wert von Omega, der sehr viel größer als eins ist, würde der Kollaps so rasch erfolgen, dass sich in ihm nie Beobachter entwickeln könnten, die Zeugen des Kollapses werden könnten.

Wenn andererseits die Energiedichte geringer als die kritische Dichte und Omega also kleiner als eins ist, ist das Universum offen. Der Raum würde sich von sich selbst wegkrümmen, einer Sattelfläche vergleichbar. In diesem Fall wird das Universum ewig expandieren.

Wenn die Energiedichte exakt gleich der kritischen Dichte und Omega gleich eins ist, ist das Universum flach. In diesem Fall besitzt der Raum ein unendlich großes Volumen und wird durch die euklidische Geometrie beschrieben. Solch ein Universum expandiert für alle Zeiten, aber mit einer Geschwindigkeit, die in der fernen Zukunft den Wert null erreicht.

Wie wir schon gesehen haben, liefern verschiedene Methoden für die Bestimmung von Omega Werte im Bereich von 0,3 bis 0,4. Damit Omega heute, 14 Milliarden Jahre nach dem Urknall, solch einen Wert besitzt, muss er eine Sekunde nach dem Urknall mit unglaublicher Genauigkeit, nämlich bis zur 15. Dezimalstelle, ganz nahe bei eins gelegen haben. Wir erkennen unschwer, wie die Feinabstimmung wieder ihr hässliches Haupt erhebt. Die Tatsache, dass das Standardmodell nicht erklären kann, warum der Wert von Omega zu frühen Zeiten so nahe bei eins lag, wird als das *Flachheitsproblem* bezeichnet.

Trotz bemerkenswerter Erfolge besitzt das Standardmodell also einige sehr ernsthafte Mängel. Wichtig ist aber zu erkennen, dass keiner der beschriebenen Mängel eine wirkliche *Inkonsistenz* darstellt. Mit den geeigneten Annahmen über die fein abgestimmten Anfangsbedingungen können das Horizont-, das Gleichförmigkeits- und das Flachheitsproblem gelöst werden, ohne dass physikalische Gesetze verletzt werden. Doch, der Leser ahnt es schon, eine solche Lösung ist aus ästhetischen Gründen unannehmbar. Ein wahrhaft schönes Modell des Universums sollte erklären, warum die erforderlichen Bedingungen im Grunde genommen unvermeidlich sind. In der Renaissance stellte der Architekt Leon Battista Alberti fest: „Schönheit ist die Harmonie und der Zusammenklang aller Teile, die ein so fest gefügtes Ganzes bilden, dass nichts hinzugefügt, weggenommen oder verändert werden kann, ohne dass das Werk schlechter wird." Gleichzeitig sollte ein neues Modell all die bemerkenswerten Erfolge des Standardmodells bewahren: die Expansion, die kosmische Hintergrundstrahlung und die Häufigkeiten der leichten chemischen Elemente. Wir begegnen hier dem natürlichen Ausleseprozess, der physikalische Theorien zur Schönheit führt. Eine Theorie wie die des Urknalls kann sich in eine bestimmte Richtung weiterentwickeln, solange sie im Einklang mit allen zur Verfügung stehenden Informationen steht und die ästhetische Prüfung besteht. Wenn ein Problem auftritt, muss eine gewisse Neubewertung stattfinden. Manchmal führt dies zu kleinen Änderungen, manchmal zu großen, und manchmal wird auch eine ganz neue Richtung eingeschlagen. Hin und wieder hat ein Wissenschaftler eine brillante, ganz einfache und einsichtige Idee, und man fragt sich, warum man nicht selbst darauf gekommen ist.

1981 hatte der Teilchenphysiker Alan Guth, der jetzt am Massachusetts Institute of Technology arbeitet, eine solche Idee und schlug eine größere Änderung des Standard-Urknallmodells mit genau den erforderlichen besonderen Eigenschaften vor. Dieses revidierte Szenarium, das auf schon vorher geäußerten Gedanken von Alexei Starobinsky in der Sowjetunion, Katsuoko Sato in Japan und anderen aufbaute, die Guth gleichwohl nicht kannte, machte als *Modell des inflationären Universums* Karriere.

Eine kurze Inflationsperiode

Die Überschrift dieses Abschnitts könnte aus einer Rede des US-Notenbankpräsidenten Alan Greenspan stammen, sie beschreibt jedoch eines der außergewöhnlichsten Ereignisse in der Geschichte des Universums.

Das Modell des inflationären Universums geht davon aus, dass das Universum eine extrem kurze Periode unglaublich rascher Expansion – einer Inflation – erlebte, wobei es sich etwa um den Faktor 10^{50} in seiner Größe ausdehnte. Dies alles war jedoch schon vorbei, als das Universum ein Alter von nur 10^{-32} Sekunden erreicht hatte. Nach diesem Zeitpunkt stimmt das inflationäre Modell genau mit dem Standard-Urknallmodell überein und übernimmt damit dessen erfolgreiche Erklärungen.

Eine der attraktiven Eigenschaften des inflationären Modells besteht darin, dass es ein neues Element in die Kosmologie einführt, ein Element, das durch die Teilchenphysik inspiriert wurde. Es beweist damit einmal mehr, dass es wichtige vereinheitlichende Beziehungen zwischen der Welt der Elementarteilchen und dem Universum als Ganzem gibt. In der Quantentheorie werden Teilchen wie das Elektron durch Felder beschrieben, die Ähnlichkeit mit den uns vertrauteren elektromagnetischen oder Gravitationsfeldern aufweisen. Wie wir wissen, dienen die letzteren der Übertragung von Kräften – der elektromagnetischen Kraft und der Schwerkraft. Das inflationäre Modell führt ein weiteres Feld ein, das so genannte *Inflaton-Feld*. Wie wir bald sehen werden, ist dieses Feld ebenfalls für eine Kraft verantwortlich, eine abstoßende Kraft nämlich, die in der Lage ist, den Raum auseinander zu ziehen. Die mit diesem Inflaton-Feld verknüpfte Physik ist nicht die, die man auf dem Gymnasium lernt, sie ist in der Tat noch immer etwas spekulativ, liefert aber ein hervorragendes Beispiel für die wissenschaftlichen Bemühungen, den Ursprung des Universums zu verstehen.

Was hat es mit diesem mysteriösen Feld auf sich? Lassen Sie uns zunächst eine Analogie betrachten, nämlich eine Oberfläche, die die Form eines Hutes besitzt. Wir nehmen also eine Oberfläche wie diejenige in Abbildung 8 an, zusammen mit einer Kugel, die frei auf dieser Oberfläche herumrollen kann. Wir wollen zusätzlich annehmen, dass der „Hut" mit einem Oszillator verbunden ist, mit dessen Hilfe er in wechselnder Stärke geschüttelt werden kann. Wenn unser

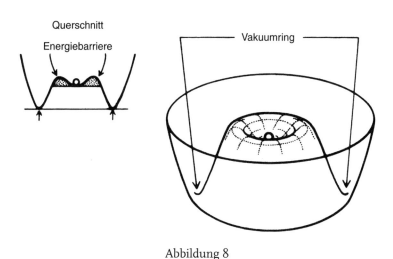

Abbildung 8

Hut sehr heftig hin- und hergeschüttelt wird, wird die Kugel ganz energisch in alle Richtungen gestoßen, sodass ihre Bewegung kaum durch das Vorhandensein der zentralen Erhebung beeinflusst wird. Berechneten wir, an welchem Ort sich die Kugel im langzeitigen Mittel aufhält, würden wir feststellen, dass er über dem Mittelpunkt der zentralen Erhebung liegt. Wenn andererseits der Hut nicht geschüttelt wird und wir die Kugel einfach blind hineinwerfen, wird er mit großer Wahrscheinlichkeit irgendwo in der tiefen Kuhle an dem Rand sein, der die zentrale Erhebung umgibt. Wenn schließlich die Kugel in der zentralen Kuhle liegt (wie in Abbildung 8) und die Vibrationen nicht sehr stark sind, wird sie in der Kuhle bleiben, weil sie nicht genügend Energie hat, über die Barriere zu rollen.

Die Vibrationen unserer hutförmigen Oberfläche sind vergleichbar mit der Temperatur des Universums: Hohe Temperaturen entsprechen starken Vibrationen. Die Höhe der Kugel über dem sie umgebenden Graben bestimmt die Werte der Felder, die man als Inflaton-Felder bezeichnet, oder ihre Energie – so wie die Höhe eines Balls über dem Boden die gravitative potenzielle Energie in Bezug auf den Boden anzeigt. Der tiefe Graben, der die zentrale Erhebung umgibt, entspricht dem *niedrigsten* möglichen Energiezustand und damit dem, was wir als physikalisches *Vakuum* bezeichnen. Wenn sich die Kugel in diesem Vakuumring befindet, entspricht das einer Temperatur im Universum, die verhältnismäßig niedrig ist. Das inflationäre Modell beschreibt nun eine bestimmte Folge von Ereignissen. Bevor das Universum 10^{-35} Sekunden alt war, lag seine Temperatur über 10^{28} Kelvin. Dies war die Zeit der Großen Vereinheitlichung, als die starke und die elektroschwache Wechselwirkung vereint waren. Diese hohe Temperatur entspricht einem heftig vibrierenden Hut. Bei einer solchen Temperatur hat der Hut mehr Ähnlichkeit mit einer einfachen Schüssel, also ohne die zentrale Erhebung. Das Universum expandierte und kühlte sich ab (die Vibrationen des Hutes nahmen ab), bis schließlich eine kritische Temperatur von 10^{28} Kelvin erreicht wurde, bei der ein so genannter Phasenübergang auftrat. Unter einem Phasenübergang können wir uns etwa die Verwandlung von Wasser in Eis vorstellen. Aus Laborexperimenten weiß man aber sehr wohl, dass ein sehr starker Kühlungseffekt eintreten kann, wenn ein Phasenübergang, verglichen mit der Zeit, die eine normale Flüssigkeit benötigt, um den Phasenübergang zu bewerkstelligen, sehr rasch erfolgt. So kann Wasser rasch um mehr als 20 Grad Celsius unter den Gefrierpunkt abgekühlt werden, bevor der Phasenübergang eintritt, der es in Eis verwandelt. In ähnlicher Weise wird bei der Herstellung von Gläsern das flüssige Glas sehr rasch auf eine Temperatur heruntergekühlt, die viel kleiner als der Erstarrungspunkt ist. Wenn wir zur Analogie mit unserem Hut zurückkehren, entspricht das extreme Herunterkühlen der Kugel, die in der zentralen Kuhle festhängt, statt in den tiefen ringförmigen Graben zu fallen. Die Temperatur fällt, die Hutform ändert sich, und die Vibrationen hören sehr rasch auf. Zu der Zeit, zu der der Graben voll ausgeprägt ist, sind die Vibrationen zu schwach geworden, um die Kugel über den Rand der zentralen Erhebung zu befördern, und sie bleibt in der Kuhle liegen. Dieser eigentümliche Zustand, der durch ein extremes Herunterkühlen erzeugt wird, wird als *falsches Vakuum* bezeichnet.

Diese Bezeichnung verdient einige Erklärungen. Das normale, „richtige" Vakuum wird als der Zustand der niedrigsten möglichen Energie definiert. In der Analogie mit dem Hut entspricht er dem ringförmigen Graben. Die zentrale Kuhle besitzt zwar eine niedrigere Energie als ihre Umgebung, ist aber offenkundig nicht der Zustand der niedrigstmöglichen Energie, da die Kugel auf ein niedrigeres Niveau rollen könnte – auf das des richtigen Vakuums. Um aber aus der Kuhle herauszukommen, muss die Kugel eine Barriere durchdringen (Abbildung 8), und dies ist in der klassischen Physik nicht möglich, falls die Kugel nicht die nötige Energie mitbringt, um sie zu überspringen. In der Quantenmechanik gibt es aber immer eine Möglichkeit, die Barriere zu „durchtunneln". Wegen ihrer Wahrscheinlichkeitsnatur lässt die Quantenmechanik mit einer bestimmten Wahrscheinlichkeit Prozesse zu, die von einem energetischen Standpunkt aus in der klassischen Physik „verboten" sind. Wenn genügend Zeit zur Verfügung steht, wird eine solche „Durch*tunnel*ung" oder Überschreitung der Barriere immer eintreten, so wie beständiges Schütteln eines Apfelbaumes schließlich einen Apfel herunterfallen lässt. Man versteht das Phänomen der Quantendurchtunnelung sehr gut, und es wird häufig in der Elektronik angewendet. Somit zerfällt für diese bestimmte Hutform oder Energieverteilung das falsche Vakuum aufgrund der Quantendurchtunnelung immer zum richtigen Vakuum.

Kehren wir zur Entwicklung des Universums zurück! Das Szenarium setzt sich folgendermaßen fort: Wenn die kritische Temperatur für den Phasenübergang erreicht ist, tritt die Überkühlung auf, und die Felder sind für eine kurze Zeit im Zustand eines falschen Vakuums gefangen (die Kugel ist in der Kuhle). Aus diesem Grunde ist der Phasenübergang (der Übergang zum richtigen Vakuum) für einen Augenblick verzögert. Durch Quantentunnelung in einem kleinen Gebiet des Weltraums entsteht nun eine Blase, in der der Phasenübergang aufgetreten ist. Ganz genauso bilden sich kleine Eisflächen in Wasser, das zu frieren beginnt, oder Bläschen in Wasser, das an einigen Stellen im Topf zu kochen anfängt. Schließlich werden große Teile des falschen Vakuums (aber vielleicht nicht alle Bereiche) in den

Phasenzustand eines richtigen Vakuums übergegangen sein (entsprechend der Kugel, die in den Graben fällt).

Doch jetzt kommt der wichtigste Punkt: Wir erinnern uns, dass das falsche Vakuum, im Gegensatz zu einem normalen Gas, die seltsame Eigenschaft eines großen, aber *negativen* Druckes besitzt. Dieses bizarre Verhalten wollen wir illustrieren, indem wir uns vorstellen, dass wir eine Blase mit *richtigem Vakuum* in einem großen Kasten haben, der mit *falschem Vakuum* erfüllt ist. Die Blase wird mit Sicherheit größer werden, da das wahre Vakuum sich in einem niedrigeren Energiezustand befindet als das falsche Vakuum und da Systeme danach streben, ihre Energie zu vermindern. Das bedeutet jedoch, dass der Druck des wahren Vakuums höher ist als der des falschen, weil die Expansion von einem höheren zu einem niedrigeren Druck erfolgt. Da der Druck des richtigen Vakuums null sein kann, muss der Druck des falschen Vakuums *negativ* sein.

Wie im Fall der kosmologischen Konstante hat dieser negative Druck wahrhaft bemerkenswerte Eigenschaften für die Gravitationskraft. Ich erwähnte schon, dass in der Theorie Newtons die einzige Quelle der Schwerkraft die Massendichte ist. In der Allgemeinen Relativitätstheorie ist die Gravitationskraft jedoch proportional zur Summe der Energie- oder Massendichte und dem Dreifachen des Druckes. Da im falschen Vakuum der Druck negativ und stärker ist als der Beitrag der Energiedichte, ist die daraus erwachsende Gravitationskraft eine abstoßende Kraft. Sie wirkt buchstäblich wie eine Antischwerkraft.

Die Expansion des Universums war in der Phase, die wir *Inflationsära* nennen, aus diesem Grunde beschleunigt. Alle 10^{-35} Sekunden verdoppelte das Universum seine Größe. Diese exponentielle Expansion dauerte an, bis das Universum ein Alter von 10^{-32} Sekunden erreicht hatte – also nur einen Bruchteil einer Sekunde. Aber während dieses winzigen Bruchteils vergrößerte das Universum seinen Durchmesser um den gigantischen Faktor von etwa 10^{50}. Zum besseren Verständnis: Wenn man bei eins beginnt, muss man diese Zahl 167-mal verdoppeln, um den Zahlenwert 10^{50} zu erreichen.

Nach dieser gigantischen Expansion trat endlich der Phasenübergang ein. Wie im Fall der latenten Wärme, die entweicht, wenn Wasser gefriert, wurde die Energie des falschen Vakuums in diesem Phasenübergang freigesetzt. Die latente Wärme heizte das gesamte expandierte Universum auf eine Temperatur von fast 10^{28} Kelvin auf. Von diesem Augenblick an, also ab 10^{-32} Sekunden nach dem Urknall, verschmilzt die Entwicklung im inflationären Modell des Universums mit der im Standardmodell. Die weitere Expansion und Abkühlung erfolgt auf die Art und Weise, wie sie dort beschrieben ist. Da die

Temperatur der Wiederaufheizung sehr nahe an der kritischen Temperatur des GUT-Phasenübergangs lag, wird der winzig kleine Überschuss von Materie über Antimaterie unmittelbar nach der Inflationsära erzeugt – und zwar, wie im dritten Kapitel beschrieben, durch CP-Verletzung.

Vielleicht meinen einige Leser nun, dass den vorangegangenen Beschreibungen nicht ganz leicht zu folgen war. Vielleicht halten einige „nicht ganz leicht" sogar für die Untertreibung des Jahres! Wie auch immer, wir wollen noch einmal alles kurz zusammenfassen: Nachdem das Universum also die kritische Temperatur von 10^{28} Kelvin erreichte, bei der ein Phasenübergang auftreten sollte, kam es zu einer Unterkühlung. Das Universum fand sich somit im Zustand eines falschen Vakuums gefangen. Der negative Druck dieses falschen Vakuums verursachte eine riesige Expansion, die einen winzigen Fleck um den Faktor 10^{50} aufblähte. Teile dieses falschen Vakuums zerfielen schließlich durch den Prozess der Quantentunnelung und heizten den gesamten aufgeblähten Bereich auf. Von dieser Zeit an nahm das Universum wieder seine gemächlichere Expansion auf, wie sie im Standardmodell beschrieben ist.

Noch ein Wort zu der gigantischen Inflation, die ein Teil des Universums durchmachte. Wie soll man sich vorstellen, dass ein Universum seine Größe alle 10^{-35} Sekunden verdoppelt und so eine riesige Expansion erzielt? Folgen wir zur Verdeutlichung einem Roulettespieler, der ein System des doppelten Einsatzes verwendet und so auch eine große Expansion erlebt. Er beginnt, indem er einen Dollar auf Rot setzt. Wenn er verliert, platziert er zwei Dollar auf Rot, und wenn er wieder verliert, vier Dollar. Sollte er auch jetzt noch leer ausgehen, erhöht er seinen Einsatz auf Rot auf acht Dollar. Der Gedanke ist folgender: Bevor er acht Dollar auf Rot wettet, hat er $1 + 2 + 4 = 7$ Dollar verloren. Wenn er nun den 8-Dollar-Einsatz gewinnt, hat er einen Gesamtprofit von $8 - 7 = 1$ Dollar gemacht. Selbst wenn er den 8-Dollar-Einsatz verloren, aber den nächsten von 16 Dollar gewonnen hätte, hätte er immer noch einen Profit von 1 Dollar gemacht (da $1 + 2 + 4 + 8 = 15$ Dollar). Warum also sind die Spielkasinos nicht nervös? Schließlich muss ein Spieler doch irgendwann gewinnen! Das ist zwar richtig, doch die Kasinos sind dennoch überhaupt nicht nervös: Denn wenn ein Spieler bloß neunmal in Folge verliert, was leicht vorkommen kann, muss sein zehnter Einsatz bereits 512 Dollar betragen. Ganz abgesehen davon, dass das viel Geld ist, ist an den meisten Roulettetischen in den USA der höchste erlaubte Einsatz 500 Dollar! Wir können aber gut nachvollziehen, wie schnell aufeinander folgende Verdopplungen sehr große Zahlenwerte erreichen.

Antworten in einem Hut

Das inflationäre Modell löst das Horizont- und das Flachheitsproblem auf leichte und sehr natürliche Weise. Denn unser ganzes beobachtbares Universum entwickelt sich aus einem Raumbereich, der im Vergleich zu dem des Standardmodells winzig ist. Dieses winzige Gebiet, das später durch die Inflation aufgebläht wird, ist zunächst – vor der Inflation – viel kleiner als die Entfernung, über die Informationsaustausch stattfindet, also viel kleiner als die Horizontentfernung. Das Gebiet hat daher, anders als im Standardmodell, genügend viel Zeit und Gelegenheit, Inhomogenitäten auszugleichen und ein thermisches Gleichgewicht zu erreichen. Diese kleine und *homogene* Region ist dazu bestimmt, nach der Inflation größer als unser gesamtes beobachtbares Universum zu werden. Es überrascht uns deshalb nicht mehr, dass vom COBE-Satelliten durchgeführte Temperaturmessungen der kosmischen Hintergrundstrahlung eine erstaunliche Isotropie aufweisen – das Horizontproblem ist damit gelöst.

Die Inflation liefert ferner auch auf natürliche Weise eine Erklärung dafür, weshalb unser Universum so flach erscheint. In ihrer einfachsten Form macht die Inflation eine wohl definierte Vorhersage: *Omega (gesamt) muss in der heutigen Zeit fast genau gleich eins sein,* gleichgültig, welchen Wert Omega vor der Inflation hatte. Diese Vorhersage ist leicht zu verstehen, wenn wir uns daran erinnern, dass ein Wert von eins für Omega einer *geometrisch flachen* Raumzeit entspricht. Die Inflation greift einen winzigen Raumbereich heraus und bläht ihn um das 10^{50}fache auf. Wenn man einen runden Luftballon auf riesenhafte Größe aufbläst, wird seine Oberfläche lokal immer flacher, je weiter er sich ausdehnt. Ein anderes Beispiel: Die Oberfläche der Erde erscheint uns in unserer unmittelbaren Umgebung flach. Erinnern wir uns, das wir mit Omega (gesamt) die Beiträge aller Materieformen und den des Vakuums bezeichnen. Der Wert von eins für Omega (gesamt) entspricht der Situation, bei der die Gesamtsumme aller Energiedichten gleich der kritischen Dichte ist. Wenn die kosmologische Konstante gleich null ist (kein Beitrag des Vakuums), sollte die Materiedichte allein gleich der kritischen Dichte sein.

Das Modell der Inflation hält einfache Lösungen für das Horizont- und das Flachheitsproblem bereit, aber es kann sogar noch mehr, wie wir gleich sehen werden. Bevor wir auf die anderen Eigenschaften der Inflation eingehen, müssen wir allerdings einräumen, dass trotz dieser beeindruckenden Erfolge bald nach Einführung des inflationären Modells auch ein ernsthafter Nachteil erkannt wurde.

Im Originalmodell führt nämlich der Phasenübergang, der das Ende der Inflation markiert, zu Blasen, die große Inhomogenitäten hervorrufen. Doch solche Unregelmäßigkeiten wurden nicht in der kosmischen Hintergrundstrahlung beobachtet. Dieses zunächst rätselhafte Phänomen ist aber in der Zwischenzeit gelöst worden, wobei alle Vorteile dieses Modells bewahrt blieben. Die Physiker Andrei Linde (Lebedev-Institut Moskau) sowie Paul Steinhardt und Andreas Albrecht (Universität von Pennsylvania) variierten das ursprüngliche Modell in entsprechender Weise. Diese Änderungen kann der interessierte Leser in allen Einzelheiten in Alan Guths Buch *Die Geburt des Kosmos aus dem Nichts – Die Theorie des inflationären Universums* (Droemer Knaur, 1999) nachlesen. Hier soll nur angemerkt werden, dass der Schlüssel zu dem geänderten Modell in einer leicht geänderten Form der Oberfläche liegt, auf der die Kugel rollt (und die die Energie der Inflaton-Felder beschreibt). Der Hut von Abbildung 8 wird durch einen neuen Hut ersetzt, dessen Form in Abbildung 9 gezeigt ist. Die Entwicklung der Felder wird auch hier durch die Bewegung der Kugel auf der Oberfläche des Hutes beschrieben. Die neue Form lässt ein ganz allmähliches Rollen der Kugel vom Zentrum des Plateaus und ein langsames Rollen in den Graben zu. In diesem Fall setzt sich die Inflation fort, während die Felder „rollen", und das Ende der Inflation tritt weniger schlagartig ein als im ursprünglichen Modell.

In den Jahren, die seit der Einführung des inflationären Modells vergangen sind, hat sich herausgestellt, dass die Inflation durch eine ganze Klasse von Modellen statt durch ein einziges Modell beschrieben

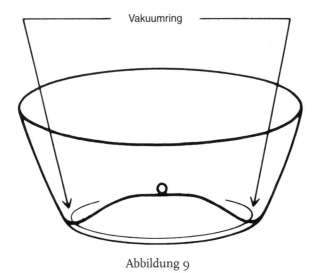

Abbildung 9

werden kann. Etwa 50 verschiedene Formen der Inflation sind seit dem Auftauchen dieser Idee in der wissenschaftlichen Literatur diskutiert worden. Die verschiedenen Modelle unterscheiden sich in Einzelheiten, wie in den Hutformen, aber die zentrale Idee ist immer dieselbe.

An diesem Punkt kann ich der Versuchung nicht widerstehen, ein wenig von meinem eigentlichen Thema abzuweichen und einen anderen Hut zu beschreiben, der in Wirklichkeit ebenfalls kein Hut ist. Eines meiner Lieblingsbücher ist *Der kleine Prinz* von Antoine de Saint-Exupéry. Es beschreibt, wie der Autor nach einer Bruchlandung seines Flugzeugs in der Sahara dem kleinen Prinzen begegnet, der von einem kleinen Planeten stammt, der kaum größer als ein Haus ist. Die Erzählung beginnt mit der folgenden Geschichte aus der Kindheit des Autors: Als dieser sechs Jahre alt war, sah er in einem Buch ein Bild einer Riesenschlange, einer Boa constrictor, die gerade ein Wildtier verschlingt. In dem Buch stand, dass Boas ihre Beute als Ganzes verschlingen und dann sechs Monate schlafen, um zu verdauen. Der sechsjährige Autor fertigte daraufhin seine erste Zeichnung an, die so etwa wie Abbildung 10 aussieht. Er zeigte dieses „Meisterwerk" verschiedenen Erwachsenen und fragte sie, ob seine Zeichnung ihnen Angst machen würde. Die Erwachsenen waren von dieser Frage überrascht und fragten: „Warum sollten wir vor einem Hut Angst haben?" Aber der kleine Antoine erklärte mit Bestimmtheit, dass dieses Bild

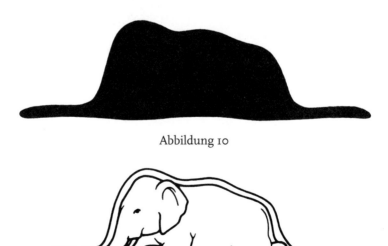

Abbildung 10

Abbildung 11

mitnichten das Bild eines Hutes sei, sondern eine Boa constrictor zeige, die einen Elefanten verdaut. Da die Erwachsenen dies nicht einsehen wollten, zeichnete er ein zweites Bild, das nun wie Abbildung 11 aussah. Die Erwachsenen rieten nun dem Jungen, mit den Zeichnungen von offenen oder geschlossenen Riesenschlangen aufzuhören und sich mehr mit Geografie, Geschichte, Rechnen und Grammatik zu beschäftigen. Doch wann immer Saint-Exupéry als Erwachsener einen Menschen traf, der ihm ein bisschen „heller" vorkam, zeigte er ihm seine erste Zeichnung, die er gut aufbewahrt hatte. Und jedes Mal, wenn die Antwort wieder lautete: „Das ist ein Hut!", redete der Autor mit diesem Menschen weder über Boas noch über Urwälder noch über die Sterne, sondern bloß über Bridge, Golf, Politik und Krawatten.

Ist das kosmologische Problem gelöst?

Das inflationäre Modell konnte nicht nur das Horizont- und das Flachheitsproblem lösen, was ja an sich schon eine erstaunliche Leistung darstellt. Es kann weiterhin auch das Gleichförmigkeitsproblem lösen – die Erzeugung von Materieklumpungen oder Dichte-Inhomogenitäten auf kleinen Skalen, die sich später in Galaxien, Galaxienhaufen und Superhaufen entwickeln. Nach dem Modell der Inflation wird dies in zwei Schritten erreicht. Der Prozess der Inflation bügelt alle Inhomogenitäten aus, die von den Anfangsbedingungen herrühren können, so wie ein aufgeblasener Ballon alle ursprünglichen Falten des Gummis glättet. Darüber hinaus entstehen während des Phasenübergangs, wie Blasen in kochendem Wasser, winzige Quantenfluktuationen der Felder. Diese Inhomogenitäten erscheinen aber auf Quantenskalen, und sie wären völlig nutzlos, wenn die Inflation selbst sie nicht zu astronomischen Skalen aufblähen würde. Die Inflation gewährleistet ferner eine extrem wichtige Eigenschaft dieser Inhomogenitäten: Sie sind skaleninvariant. Die Größe oder Stärke der Klumpungen ist folglich auf allen Längenskalen, die für die Astrophysik von Interesse sind, gleich.

Mit Hilfe des COBE-Satelliten ist die Stärke dieser Inhomogenitäten ermittelt worden. Ihr Wert beträgt 1:100 000, das bedeutet mit anderen Worten Temperaturschwankungen von einem hundertstel Promille. Allerdings sind die Wissenschaftler bislang noch nicht in der Lage gewesen, die Größenordnung dieser Inhomogenitäten zu erklären. Dies ist jedoch keine große Überraschung, weil die Berechnung der genauen Stärke ein besseres Verständnis der Vereinheitlichungstheorien erfordert, als es heute existiert. Immerhin gelang es dem Physiker George Smoot, 1992 mit Hilfe des DMR-Experiments an Bord des COBE-Satelliten nachzuweisen, dass die Unregelmäßigkeiten skaleninvariant sind. DMS steht für „Differential Microwave Radiometer" und bedeutet eine differenzielle Messung der Strahlung des Mikrowellenhintergrundes, um Strahlungsunterschiede an verschiedenen Stellen des Himmels festzustellen.

Was hat also das inflationäre Modell für unsere kosmologischen Erkenntnisse geleistet?

1. Es erklärt, warum das Universum überhaupt expandiert. Im Standardmodell wurde dies einfach als Anfangsbedingung angenommen.
2. Der Ursprung der Wärme im Universum konnte ermittelt werden. Der Zerfall des falschen Vakuums, der zu der exponentiellen Expansion führte, und die Freisetzung der gesamten Energie im Moment des Phasenübergangs ist verantwortlich für die Aufheizung des Universums und schließlich auch für die beobachtete kosmische Hintergrundstrahlung.
3. Das Modell löst das Horizont- und das Flachheitsproblem, weil es nahe legt, dass das gesamte *beobachtbare* Universum aus einem winzigen Raumbereich entstand, der sich um einen enormen Faktor aufblähte.
4. Die Herkunft der Dichteschwankungen, die als Keimzelle für alle Strukturen dienten, die wir heute im Universum beobachten, konnte geklärt werden. Diese Inhomogenitäten entstanden durch die Inflation von Quantenfluktuationen auf astronomischen Größenskalen.

Diese eindrucksvolle Liste hat den Kosmologen Mike Turner von der Universität von Chicago 1998 zu der provokanten Erklärung veranlasst, die Antwort auf die Frage „Ist das kosmologische Problem gelöst?" sei nicht sehr weit von einem „Ja!" entfernt. Für uns stellt sich an dieser Stelle wieder die zusätzliche Frage: Ist das inflationäre Modell, zumindest seine grundlegende Idee, auch schön?

Ein Universum wie von Kandinsky gemalt

Schönheit in einer physikalischen Theorie bedeutet nach unserer Definition Symmetrie, Einfachheit und die Gültigkeit des kopernikanischen Prinzips. Wie nahe kommt das Modell der Inflation diesen hohen Zielen?

Das Prinzip der Inflation beruht auf der Beziehung zwischen Mikrokosmos und Makrokosmos, auf der kosmischen Anwendung von Symmetrieprinzipien, die aus der Teilchenphysik übernommen wurden.

Auch das Prinzip der Einfachheit kann geradezu als Markenzeichen des Modells angesehen werden, denn der zentrale Gedanke hinter der Inflation ist ungeheuer einfach: Indem ein winziger Bereich des Universums um einen kolossalen Faktor aufgebläht wird, werden mehrere Fliegen mit einer Klappe geschlagen, sprich sowohl das Horizont- wie auch das Flachheitsproblem ausgeräumt. Wie wir im vorhergehenden Abschnitt gesehen haben, werden dabei, ganz im Sinne des Reduktionismus, gleichzeitig auch andere ungeklärte Fragen, vom Ursprung der allgemeinen Wärme im Universum bis zu den Anfängen seiner Strukturen, beantwortet. Das Modell der Inflation befreit schließlich unsere Vorstellung von der Entwicklung des Universums von den Abhängigkeiten in Bezug auf die Einzelheiten der Anfangsbedingungen, denn Annahmen von der ursprünglichen Homogenität des Universums werden überflüssig. Das Testurteil ist daher leicht zu fällen: Das Modell der Inflation besteht die Tests der Symmetrie und Einfachheit mit Auszeichnung.

Bleibt zu prüfen, ob es sich auch im Einklang mit dem kopernikanischen Prinzip befindet. Führen Sie sich den Ablauf noch einmal vor Augen: Die ungehinderte Expansion, die in der kurzen Zeit der Inflation stattfindet, dehnt ein winziges Fleckchen des Universums zu einer Größe aus, die den Horizont heutiger Teleskope bei weitem übertrifft. Unser gesamtes beobachtbares Universum ist also nur ein winziger Teil dessen, was existiert.

Dieser Gedanke lässt sich sogar noch vertiefen. Eine Konsequenz aus dem Modell der Inflation, die unter dem Namen *ewige Inflation* bekannt ist, ist die Idee, dass unser Universum möglicherweise nur eines in einer Folge von sehr vielen Universen ist – zugegebenermaßen eine äußerst spekulative Idee. Ein solches Modell der ewigen Inflation wurde zuerst von Alexander Vilenkin von der Tufts-Universität vorgeschlagen und in der Folge von Andrei Linde untersucht, der jetzt an der Universität von Stanford arbeitet.

Wir erinnern uns, dass die Inflation durch den negativen Druck des falschen Vakuums verursacht wird. Zu einem bestimmten Zeitpunkt aber zerfiel ein Gebiet des falschen Vakuums zu einem richtigen Vakuum (die Felder rollten von der zentralen Kuhle des Hutes in den umliegenden Graben) und brachte damit den Phasenübergang und die Aufheizung des Raumes zum Abschluss, der später zu unserem Universum wurde und sich in der Folge gemäß dem Standardmodell entwickelte. Die Gebiete des falschen Vakuums, die nicht zerfielen, setzten während dieser Zeit ihre exponentielle Inflation fort. Rechnungen belegen, dass die Expansionsrate tatsächlich viel schneller als die Zerfallsrate ist. Nach einiger Zeit wird deshalb das Volumen der Gebiete, die immer noch im Zustand des falschen Vakuums sind, viel größer sein als das *gesamte anfängliche Volumen.* Teile dieser Gebiete zerfallen und bilden andere Universen, während die restlichen Gebiete weiter expandieren. Dieser Prozess setzt sich in alle Ewigkeit fort und schafft auf seinem Weg eine unendliche Reihe von Universen. Eine solche Reihe bildet ein *fraktales Muster,* und das bedeutet: Wenn man diese Reihe mit einem Mikroskop immer größerer Auflösung auf immer kleineren Skalen betrachten würde, würde man überall das gleiche Muster finden – ein Universum, das von Gebieten mit falschem Vakuum umgeben ist, wiederholt sich immer wieder, auf allen Größenskalen. Dieser Vorgang erinnert an eine Folge von Fotos des Fotografen Duane Michals. Im ersten Bild sieht man einen Mann, der ein Foto in einem Buch anschaut. Das zweite Bild erlaubt einen genaueren Blick auf das Buch, und man sieht, dass das Foto einen Mann zeigt, der ein Foto in einem Buch betrachtet und so weiter. Andrei Linde führte zusammen mit seinem Sohn Dmitri eine Computersimulation dieser fraktalen Reihe von Universen durch, wobei unterschiedliche Farben unterschiedliche Beiträge für die Energie der Universen repräsentieren. Sie erzeugten so ein Bild, das den Bildern des russischen Künstlers Wassily Kandinsky, einem der Begründer der abstrakten Malerei, so sehr ähnelte, dass sie diese Darstellung als „Kandinsky-Universum" bezeichneten. Wenn dieses Bild der ewigen Inflation richtig ist, kann man es so interpretieren: Unser Planet ist nicht im Zentrum des Sonnensystems, unser Sonnensystem ist nicht im Zentrum der Milchstraße, die Milchstraße ist keine ausgezeichnete Galaxie, unser Universum besitzt kein Zentrum und ist bei weitem größer als unser Beobachtungshorizont, und es ist möglicherweise die Nummer 10^{100} in einer Reihe von unzähligen Universen, die die ewige Inflation geschaffen hat. Das Modell der Inflation schneidet also auch hier sehr gut ab. Denn wenn diese Aussage nicht die Bedingungen des kopernikanischen Prinzips erfüllt, weiß ich nicht, was sonst diesem Prinzip entsprechen könnte.

Welchen Wert hat Omega?

Bei der Darstellung des so wunderbar funktionierenden Modells der Inflation haben wir bisher eine bedeutsame Frage nicht berührt, nämlich die nach dem Wert von Omega in diesem Modell. Doch diese Frage könnte mehr als irgendetwas anderes die Schönheit unseres Modells in Zweifel ziehen.

Die Inflationstheorie in ihrer einfachsten Form macht eine sehr deutliche Aussage über den Wert von Omega. Da die Inflation ein flaches Universum erzeugt, sagt die Theorie voraus, dass Omega (gesamt) fast genau gleich eins sein sollte. Die gesamte Energiedichte (einschließlich der Energiedichte des Vakuums) sollte fast genau gleich der kritischen Energiedichte sein. Gleichzeitig sind die meisten Physiker nicht sehr über die Aussicht beglückt (um es ganz vorsichtig auszudrücken), dass man die Energiedichte des leeren Raumes oder die kosmologische Konstante zu Hilfe nehmen muss, um die Flachheit des Raumes zu erreichen. Sie würden es lieber sehen, dass die Materiedichte einen Wert von eins hat, ohne dass man Zuflucht zu einer wenig verstandenen kosmologischen Konstante nehmen muss. Diese Abneigung gegen die kosmologische Konstante hat auch zur Konstruktion von Weltmodellen geführt, die unter der Bezeichnung *offene Inflation* zirkulieren. In diesen Modellen führen verschiedene Formen der potenziellen Energie (des früher betrachteten Hutes) zu einer Inflation, die das Universum mit einer leichten Krümmung (Omega kleiner als eins) ausstattet. Es ist also nicht ganz flach. Wie wir aber bald sehen werden, scheinen neuere Beobachtungen im Widerspruch zu der Möglichkeit eines gekrümmten Universums zu stehen. Deshalb werde ich diese Modelle nicht weiter diskutieren.

Wir haben bereits gesehen, dass verschiedene Methoden, den Beitrag der Materie zu Omega zu messen, Werte zwischen 0,3 und 0,4 ergaben, aber nicht den Wert 1,0. Die Frage ist nun: Sind zusätzliche Methoden verfügbar, um sowohl Omega (Materie) wie auch Omega (gesamt) zu bestimmen? Glücklicherweise kennen wir mindestens zwei solche Methoden. Eine davon wird schon intensiv angewandt, die andere wird in der nahen Zukunft eingesetzt werden.

Die erste dieser Methoden lieferte 1998 ein Ergebnis, das sich vielleicht als die aufregendste Entdeckung der beobachtenden Kosmologie seit der Entdeckung der Mikrowellenhintergrundstrahlung herausstellen könnte. Die zugrunde liegende Idee ist sehr einfach. Wenn wir für einen Augenblick die Möglichkeit einer kosmologischen Konstante beiseite lassen, ist klar, dass die kosmische Expansion durch die Gravitation abgebremst werden sollte wie ein in die Luft geworfener Ball, der auf seinem Weg immer langsamer wird. Das bedeutet auch, dass das Universum in der Vergangenheit schneller expandierte als heute. Je größer die Massendichte im Universum ist, desto stärker ist die abbremsende Wirkung der Schwerkraft und desto stärker ist die Abbremsung. Indem wir die Rate bestimmen, mit der die Expansion abgebremst wird, können wir die Massendichte und damit Omega ermitteln. Wie misst man diese Abbremsung? Indem man die Expansionsgeschwindigkeit weit entfernter Objekte bestimmt. Da die von diesen Objekten ausgehende Strahlung sehr alt ist, messen wir damit die Expansionsgeschwindigkeit in der Vergangenheit. Solche Objekte sollten sich deshalb schneller wegbewegen, als man es gemäß

Hubbles einfacher Beziehung zwischen Entfernung und Geschwindigkeit erwarten würde.

Die Situation ist ein wenig komplizierter, wenn die kosmologische Konstante, oder die Energiedichte des Vakuums, nicht gleich null ist. Wenn sie positiv ist, wirkt sie bei großen Entfernungen wie eine abstoßende Kraft. In diesem Sinn hat das richtige Vakuum, genau wie das falsche Vakuum, einen negativen Druck, der eine abstoßende Kraft erzeugt. Wenn folglich die Vakuumenergiedichte nicht genau gleich null ist, könnte sich die Expansion des Universums sogar beschleunigen statt abbremsen und dann sollten sich entfernte Objekte langsamer von uns wegbewegen, als es das Hubblesche Gesetz vorhersagt.

Astronomen sind deshalb in der Lage, die Abweichung vom Hubbleschen Expansionsgesetz zu bestimmen und so die Abbremsung (oder Beschleunigung) festzulegen. Auf diese Weise wird die Energiedichte oder Omega berechnet. Allan Sandage, der an den Carnegie Observatories arbeitet, hat auf diesem Gebiet grundlegende Erkenntnisse gewonnen. Es gibt wahrscheinlich keinen Astronomen, der es mehr verdient, als Edwin Hubbles Nachfolger angesehen zu werden. Sandage nahm die Forschung buchstäblich dort auf, wo Hubble sie beendet hatte, und begann damit, die kosmologischen Parameter zu bestimmen. Dabei entdeckte er eine ganze Reihe von anderen Phänomenen. Selbst heute, mit über 70 Jahren, ist er noch einer der aktivsten Forscher auf diesem Gebiet.

Um die besagte Messung der Abbremsung oder Beschleunigung durchzuführen, bedarf es zweier Dinge: Gesucht sind zunächst extrem helle Objekte, wahrhaft strahlende Leuchttürme, die in Entfernungen beobachtet werden können, die den Zeiten entsprechen, als das Universum nicht mehr als die Hälfte des heutigen Alters besaß, vorzugsweise aber noch jünger war. Es muss ein unabhängiger Weg gefunden werden, die Entfernung dieser Objekte zu bestimmen, um Messungen der kleinen Abweichung vom Hubbleschen Gesetz zu erlauben. Als beste Kandidaten für die Anwendung dieser Technik haben sich bislang explodierende Sterne oder Supernovae herausgestellt.

Supernovae zählen zu den dramatischsten Explosionen im Universum. Für einen Zeitraum von wenigen Tagen kann ein solches Ereignis das Licht einer ganzen Galaxie in den Schatten stellen. Im letzten Jahrtausend sind in unserer Milchstraße sechs solcher Supernovae entdeckt worden. Am bekanntesten sind ein Stern, der 1054 aufleuchtete und von „Astronomen" in China und den Prärien Nordamerikas aufgezeichnet wurde, sowie zwei Sterne, die innerhalb von 33 Jahren explodierten und von den berühmten Astronomen Tycho Brahe (1572) und Johannes Kepler (1604) beobachtet wurden. Einige Astrophysiker bemerken sarkastisch, der Grund, weshalb in unserer Milchstraße seit 400 Jahren keine weitere Supernova entdeckt worden ist, läge darin, dass es seit Tycho und Kepler keinen wahrhaft großen Astronomen mehr gegeben hätte.

Nicht alle Supernovae weisen die gleichen Eigenschaften auf. Spektren der Sterne, also das in die einzelnen Wellenlängen zerlegte Licht, stellen „Fingerabdrücke" dar, die das Vorhandensein verschiedener chemischer Elemente in den Sternen dokumentieren. Sie zeigen, dass es zwei ganz verschiedene Arten von Supernovae gibt: einen Typ I, der keinen Wasserstoff besitzt, und einen Typ II, der viel Wasserstoff aufweist. Uns interessiert hier eine Unterklasse des Typs I, nämlich die Supernovae vom Typ Ia. Diese Supernovae werden verwendet, weil sie die hellsten sind und sich sehr gut für die Entfernungsbestimmung eignen. Die Astrophysiker haben recht detaillierte Modelle für die Explosionen der Supernovae vom Typ Ia entwickelt. Diese Modelle gehen von kompakten Objekten aus, so genannten *Weißen Zwergen*. Diese bilden die zurückbleibenden Kerne normaler Sterne, die einige Male massereicher sind als unsere eigene Sonne. Wenn solche Sterne sich entwickeln und die letzten Stadien ihres Lebens erreichen, werfen sie schließlich die äußeren Materieschichten ab, bilden die schon früher besprochenen Planetarischen Nebel und hinterlassen einen kompakten Kern – den Weißen Zwerg. Weiße Zwerge stellen einfach die nukleare Asche der sterbenden Sterne dar. Sie haben eine Masse, die der unserer Sonne nahe kommt, aber sie werden durch die Schwerkraft zu einer Kugel zusammengepresst, die etwa die Größe unserer Erde hat. Ihre Dichte ist damit ein paar Millionen mal so groß wie die Dichte von Wasser. Ein Weißer Zwerg kann maximal eine Masse erreichen, die etwa 40 Prozent höher ist als die Masse der Sonne. Diese Grenzmasse wird *Chandrasekhar-Masse* genannt, denn der bekannte Astrophysiker Subramanyan Chandrasekhar war der Erste, der vorhersagte, dass eine solche Grenzmasse existieren muss. Wenn Weiße Zwerge, die hauptsächlich aus Kohlenstoff und Sauerstoff bestehen, die Chandrasekhar-Masse erreichen, wird eine dramatische thermonukleare Explosion ausgelöst, die den gesamten Stern auseinander reißt und die Bruchstücke mit Geschwindigkeiten von Zehntausenden von Kilometern pro Sekunde in den Weltraum schleudert. Viele Weiße Zwerge kühlen einfach ab und entfernen sich langsam aus dem Blickfeld. Auch der zukünftige Überrest unserer eigenen Sonne wird eines Tages auf diese Art verschwinden. Andere Sterne jedoch werden mit einem Sternbegleiter geboren. Unter bestimmten Umständen können die Weißen Zwerge in solchen Systemen Materie von diesem Begleiter aufsaugen, ihre Chandrasekhar-Masse erreichen und mit einem großen Knall ihr Leben beenden.

Supernovae des Typs Ia können mit heutigen Teleskopen in Entfernungen gesehen werden, die etwa der Hälfte des Alters des Universums entsprechen. Mit dem Weltraumteleskop der nächsten Generation (Next Generation Space Telescope, NGST), das 2008 in den Weltraum gebracht werden soll, wird man sie bis in Entfernungen sehen, die weniger als einem Zwanzigstel des Alters des Universums entsprechen – falls es damals überhaupt schon Supernovae gab. Häufig benötigt das Licht einer solchen Explosion etwa drei Wochen, bevor es ein Maximum erreicht, um dann im Verlauf von einigen Monaten wieder abzunehmen. Damit einzelne Objekte als kosmologische Leuchttürme verwendet werden können, muss es wie erwähnt einen zuverlässigen Weg geben, ihre Entfernung zu bestimmen – sie müssen *Standardkerzen* sein, wie es im Jargon der Astronomen heißt. Das bedeutet einfach, dass sie alle die gleiche Helligkeit haben müssen. Das Konzept ist sehr einfach: Wenn wir eine 100-Watt-Standard-Glühlampe haben und sie in verschiedenen Entfernungen beobachten, können wir das gemessene Licht dazu verwenden, die Entfernung zur Glühbirne exakt anzugeben, da wir nämlich wissen, dass eine Lichtquelle, die doppelt so weit entfernt ist, viermal schwächer erscheint. Wenn wir also wissen, dass astronomische Objekte einer bestimmten Klasse alle genau die gleiche Helligkeit haben und diese Helligkeit bekannt ist, dann kann aus dem gemessenen Licht eines dieser Objekte seine Entfernung bestimmt werden. Supernovae des Typs Ia sind nicht exakt identische Standardkerzen, aber die kleinen Unterschiede in ihrer Helligkeit sind relativ gut kalibriert: Hellere Supernovae entwickeln sich ein wenig langsamer als schwächere. Eine sorgfältige Beobachtung der Lichtkurve in der hellen Phase erlaubt es den Astronomen, die geringen Korrekturen zu ermitteln und zu berücksichtigen. Supernovae des Typs Ia stellen damit hervorragende Entfernungsindikatoren dar.

In einer typischen Galaxie explodiert etwa alle 300 Jahre eine Supernova des Typs Ia. Mit einem Überwachungsprogramm, das, sagen wir, 5000 Galaxien umfasst, sollten also etwa eine oder zwei Supernovae pro Monat entdeckt werden können. Die Beobachtungsstrategie ist damit sehr einfach: Die Astronomen machen mehrere Aufnahmen eines bestimmten Himmelsausschnitts mit einigen Wochen Abstand und suchen dann nach Lichtpunkten, die neu erschienen oder verschwunden sind. Wenn potenzielle Supernovakandidaten identifiziert sind, werden diese Objekte mit großen Teleskopen, wie den Keck-Teleskopen auf Hawaii, beobachtet. Diese Beobachtungen gewährleisten, dass die identifizierten Supernovae wirklich Objekte des Typs Ia sind, und helfen, ihre Rotverschiebung und die Entfernung zu bestimmen.

In den vergangenen Jahren haben zwei Gruppen unabhängig voneinander versucht, Supernovae des Typs Ia zu verwenden, um Omega zu bestimmen. Die eine Gruppe, die das Supernova Cosmology Project durchführt, wird von dem Astronomen Saul Perlmutter vom Lawrence Berkeley National Laboratory in Kalifornien geleitet, die andere von Brian Schmidt von den Mount Stromlo and Siding Springs Observatories in Australien, zusammen mit Robert Kirshner vom Harvard-Smithsonian Center for Astrophysics in Massachusetts. Die Beobachtungskampagne und Datenanalyse für eine einzige Supernova kann mehr als ein Jahr in Anspruch nehmen, da die Beobachter warten müssen, bis die Supernova praktisch von der Bildfläche verschwindet. Dies ist nötig, damit ein gutes Bild von der Galaxie gewonnen wird, in der die Supernova aufleuchtete. Diese erscheint also als heller Fleck auf dem Bild der Galaxie. Um das Leuchten der Explosion selbst messen zu können, muss das Hintergrundlicht der Galaxie abgezogen werden. Die scharfen Bilder, die vom Hubble-Weltraumteleskop gemacht werden, um den Ort der Supernovaexplosion festzulegen, sind besonders gut für diesen Zweck geeignet.

Die Erfolgsaussichten dieser Projekte wurden von vielen Astronomen wegen der nur geringen zu erwartenden Abweichungen (aufgrund einer Abbremsung oder Beschleunigung) vom Hubbleschen Expansionsgesetz zunächst als recht bescheiden angesehen. Erste Erfolge waren jedoch sehr ermutigend, und die beiden Forschergruppen haben ihre Arbeit mit Eifer fortgesetzt. Ich erinnere mich, dass ich vor etwa drei Jahren einen Telefonanruf von Saul Perlmutter erhielt, der von mir erfahren wollte, wie ich ihre Chancen, Beobachtungszeit am Weltraumteleskop zu erhalten, einschätzen würde. Ich versicherte ihm, dass sie wegen der möglichen Wichtigkeit der Beobachtungen die Teleskopzeit erhalten würden, und das stellte sich als richtig heraus.

In der Zwischenzeit hat jede der beiden Forschergruppen ein paar Dutzend Supernovae beobachtet und analysiert. Sie überbrücken einen Entfernungsbereich, der einem Zeitintervall von der Hälfte des Alters des Universums entspricht.

Die Ergebnisse dieser Analysen waren für beide Gruppen schockierend und stellten fast eine Supernovaexplosion im Kreis der Astronomen dar. Entfernte Objekte schienen sich *langsamer* als nach dem Hubbleschen Expansionsgesetz erwartet von uns zu entfernen. Ein solches Ergebnis steht im Einklang mit einer beschleunigten Expansion des Universums. *Unser Universum expandiert nicht nur, sondern es expandiert mit immer größer werdender Geschwindigkeit.*

Ich muss gestehen, dass ich diese Ergebnisse nicht glaubte, als ich sie zum ersten Mal sah. Doch seit dieser Zeit haben beide Forschergruppen hervorragende Arbeit geleistet, um andere Erklärungen ihrer

Ergebnisse ausschließen zu können. Beispielsweise könnte der Hauptbefund, dass entfernte Supernovae schwächer erscheinen als erwartet, auch mit einer Abschwächung durch kosmischen Staub erklärt werden. Staubkörner schwächen blaues Licht jedoch stärker ab als rotes, wie man es auch in der Erdatmosphäre beobachten kann. Deshalb müssten weit entfernte Supernovae nicht nur schwächer, sondern auch röter erscheinen – doch das trifft nicht zu.

Im Oktober 1998 fand das Supernova Cosmology Project eine Supernova (mit dem Spitznamen Tomaso Albinoni, nach dem italienischen Komponisten), die entfernter ist als alle anderen, die aber nicht sehr schwach erscheint. Das widerspricht jedoch dem Effekt, den man beispielsweise von einer Staubabschwächung erwartet hätte, der mit der Entfernung immer mehr zunehmen sollte. Andererseits ist ihre relative Lichtstärke in einem sich beschleunigenden Universum einfach zu erklären, da die Beschleunigung in der ferneren Vergangenheit geringer war.

Im März 2001 entdeckten Adam Riess vom Space Telescope Science Institute und seine Mitarbeiter, darunter auch der Autor, die Supernova mit der größten Rotverschiebung. Sie leuchtete zu einer Zeit auf, als das Universum noch abgebremst wurde. Die Helligkeit auch dieser Supernova bestätigte die bisherigen Ergebnisse: die Vorstellung eines sich beschleunigenden Universums!

Ich habe selbst viele Jahre lang versucht herauszufinden, von welcher Art Stern ein Weißer Zwerg die Materie aufsaugt, die er braucht, um zu explodieren. Durch die überraschenden Beobachtungen der beiden Forschergruppen angeregt, haben mein Kollege Lev Yungelson vom Institut für Astronomie in Moskau und ich die Möglichkeit untersucht, dass entfernte Supernovae durch andere Vorläufer hervorgerufen werden als nahe Supernovae. Während wir zeigen konnten, dass dies im Prinzip möglich ist, kam ich zur Überzeugung, dass es ziemlich unwahrscheinlich ist. Ende Oktober 1998 wurde an der Universität von Chicago ein Treffen von Supernovaexperten und Kosmologen organisiert, um die Ergebnisse der beiden Forschergruppen zu begutachten. Als der dritte Tag mit Vorträgen zu Ende ging, hatten wir alle das Gefühl, dass Überraschungen zwar immer noch möglich, die Ergebnisse aber recht überzeugend sind. Eine mögliche Alternative zur beschleunigten Expansion ist die, dass sich Supernovae im Laufe der Entwicklungsgeschichte des Kosmos so entwickeln, dass die entfernteren, die in einem früheren Entwicklungsstadium des Universums aufleuchteten, aus irgendeinem Grund schwächer sind als die näheren, die relativ kürzlich aufleuchteten. Diese Möglichkeit muss durch zukünftige Beobachtungen genauer untersucht werden.

Die Ergebnisse der beiden Supernovaprojekte scheinen mit hoher Wahrscheinlichkeit auszuschließen, dass das Omega der Materie den Wert eins besitzt – den aus ästhetischen Gründen bevorzugten Wert. Sie machen vielmehr ein Omega der Materie von etwa 0,3 bis 0,4 und einen Beitrag der Vakuumenergie oder der kosmologischen Konstante von etwa 0,6 bis 0,7 wahrscheinlich. Wenn diese Ergebnisse richtig sind, wird *die Energie unseres Universums vom leeren Raum* beherrscht. Es ist deshalb kein Wunder, dass das Wissenschaftsjournal Science das beschleunigt expandierende Universum zur „bedeutendsten wissenschaftlichen Entdeckung des Jahres" wählte.

Der aufmerksame Leser wird vielleicht bemerkt haben, dass die obigen Werte so beschaffen sind, dass Omega (gesamt), die Summe von Omega (Materie) und Omega (Vakuum) mit einem Wert von 1,0 in Einklang steht und damit auch mit den Vorhersagen des inflationären Modells.

Nun wollen wir uns der zweiten und vielleicht erfolgversprechendsten Methode für die Bestimmung der kosmischen Parameter zuwenden. Diese zweite Methode beruht auf den *Anisotropien* der kosmischen Hintergrundstrahlung – den Temperaturdifferenzen in der Strahlung, die von verschiedenen Richtungen des Weltraums kommt.

Wir erinnern uns, dass vor der Bildung neutraler Atome das frühe Universum für Strahlung undurchsichtig war. Erst als das Universum 300 000 Jahre alt und genügend heruntergekühlt war, damit Elektronen von Atomen eingefangen werden konnten, wurde es durchsichtig. Die kosmische Hintergrundstrahlung, die sich seit dieser Zeit ungehindert im ganzen Universum ausbreiten konnte, liefert deshalb einen Schnappschuss des Universums, 300 000 Jahre nach dem Urknall. Zu dieser Zeit hatten die Photonen der Strahlung die letzte Wechselwirkung mit der Materie. Diese Photonen stammen also von einer Art Oberfläche, die die Bedingungen des Universums zu dieser Zeit besitzt. Die Situation ähnelt ein wenig der von Autos im Bereich einer Baustelle auf einer großen Autobahn: Vor der Baustelle sind die Autos dicht gepackt, aber wenn sie sie passiert haben, fließt der Verkehr wieder ungehindert.

Fluktuationen oder eine Anisotropie in der Temperatur der kosmischen Hintergrundstrahlung zwischen Richtungen, die sich nur um kleine Winkel am Himmel unterscheiden, entsprechen Klumpungen in der Materieverteilung im frühen Universum. Aus diesen ursprünglichen Dichte-Inhomogenitäten entwickelten sich, wie wir ja wissen, schließlich Galaxien, Galaxienhaufen und Superhaufen.

Zwischen der kosmischen Zeit von etwa 10 000 und 300 000 Jahren nach dem Urknall konnten sich Klumpungen in der normalen baryonischen Materie nicht entwickeln, denn die Materie war für

Strahlung noch undurchdringlich und damit war die Strahlung in der Lage, einen Druck auf sie auszuüben. Die Tatsache, dass Materie undurchsichtig ist, bedeutet, dass sie die Strahlung absorbiert und ihren Druck spürt. Der Strahlungsdruck verhinderte, dass Materie durch die Schwerkraft zusammenstürzte und Klumpen bildete. Für die nichtbaryonische dunkle Materie existierte aber kein solches Hindernis, weil die exotischen Teilchen dieser Materie nicht mit der Strahlung wechselwirkten. Deshalb konnte die dunkle Materie zu klumpen anfangen und Gebiete hoher Dichte ausbilden, lange bevor die baryonische Materie dazu in der Lage war. Als das Universum schließlich bei einem Alter von ungefähr 300 000 Jahren transparent wurde, konnte die Strahlung nicht länger verhindern, dass die baryonische Materie durch die Schwerkraft zu den dichtesten Regionen gezogen wurde, die von der dunklen Materie gebildet worden waren. In den frühen Stadien dieses Einfalls von Materie in die tiefen gravitativen „Brunnen" versuchte die Strahlung aber noch, sie „zurückzustoßen", und das gelang ihr teilweise. Das Ergebnis war eine oszillierende Pendelbewegung. Wenn Sie versuchen, einen hölzernen Zylinder tiefer ins Wasser zu drücken, wird er in ganz ähnlicher Weise auf- und niedertanzen. Diese Oszillationen produzierten Wellen, wie die Wasserwellen um den Zylinder herum oder die Schallwellen des vibrierenden Fells einer Trommel, und sie erzeugten Wellen auf der Oberfläche, von der die Hintergrundstrahlung abgestrahlt wurde. Sie produzierten auf diese Weise Temperaturfluktuationen in der Hintergrundstrahlung.

Auf die gleiche Weise, wie die Wellenlängen der auf dem Fell einer Trommel erzeugten Wellen von Größe und Form der Trommeloberfläche beeinflusst werden, hing die längste Wellenlänge, die zum Schwingen Gelegenheit hatte, empfindlich von der Geometrie des Universums ab. Und diese wird, wie wir schon erörtert haben, maßgeblich vom Wert von Omega (gesamt) bestimmt. Wenn das Universum flach und Omega (gesamt) gleich eins ist, sind die Differenzen in der Temperatur zwischen zwei Punkten am Himmel am größten, wenn die Punkte etwa *ein Grad voneinander entfernt* sind, wie Rechnungen ergaben. Wenn andererseits Omega (gesamt) kleiner als eins ist (offenes Universum), sind die Temperaturdifferenzen am größten für Abstände, die kleiner als ein Grad sind. Der Grund für diese qualitative Abhängigkeit von Omega ist leicht einzusehen. Für ein größeres Omega (dichteres Universum, stärkere Schwerkraft) wird die Expansion des Universums stärker abgebremst. Folglich ist die Entfernung zu der Oberfläche, von der die kosmische Hintergrundstrahlung abgegeben wird, kleiner, und die Klumpen bedecken einen größeren Winkel auf dieser Oberfläche. Ein Zehnpfennigstück, das näher an unsere Augen gehalten wird, bedeckt einen größeren Winkel unseres Gesichtsfeldes als eines, das weiter weg gehalten wird. Aus diesem Grund wurden Experimente entworfen, um die Zahl der „Wellen" verschiedener Größen zu messen. Ein Maximum in der Häufigkeit der Schwankungen bei einer Skalenlänge von einem Grad am Himmel würde anzeigen, dass der Wert von Omega (gesamt) eins und das Universum flach ist. Wenn man also herausfindet, dass die größten Temperaturunterschiede zwischen Punkten am Himmel vorkommen, die etwa ein Grad voneinander entfernt sind, würde dies sehr darauf deuten, dass unser Universum flach ist. In den letzten Jahren wurden Beobachtungsdaten vom COBE-Satelliten, von Ballons und von erdgebundenen Beobachtungsstationen aus gesammelt. Ein Messsatz von einem Teleskop in Saskatoon, Saskatchewan (Kanada), deutete auf einen Anstieg der Häufigkeit von Wellen bis zu einem möglichen Maximum von einem Grad. Ein zweiter, den das Cambridge Anisotropy Telescope in England lieferte, zeigte, dass es weniger Wellen auf Skalen von weniger als einem Grad gibt. Mitte Dezember 1998 kamen noch überzeugendere Ergebnisse von zwei Experimenten am Südpol hinzu. Zwei Mikrowellenteleskope mit den Namen Viper und Python machten sich dort die sehr trockene Luft zunutze, um eine klarere Sicht auf die Hintergrundstrahlung zu erlangen. Viper hielt nach Wellen auf einer Seite des vermuteten Maximums Ausschau, die Winkeln von weniger als einem Grad entsprechen, während Python die andere Seite untersuchte, die Wellen von einem bis zu mehreren Grad entspricht. Die Ergebnisse von Python, mitgeteilt von Kimberly Cobel von der Universität von Chicago, und von Viper, mitgeteilt von Jeff Peterson von der Carnegie-Mellon-Universität, scheinen ein Maximum in der Häufigkeit der Wellen bei etwa einem Grad anzuzeigen: Python sah die Stärke der Wellen zu einem Grad hin ansteigen, während Viper ein Abklingen zu größeren Winkeln sah. Ferner gelangen dem Microwave Anisotropy Telescope (MAT), das sich hoch auf den steilen Hängen des Cerro Toco in Chile befindet, die überzeugendsten Messungen, die ein Maximum bei einem Grad zeigen. Diese Resultate wurden im September 1999 von der MAT-Arbeitsgruppe mitgeteilt, die von Lyman Page (Universität von Princeton) und Michael Devlin (Universität von Pennsylvania) geleitet wird. Schließlich lieferten Ergebnisse von den Mikrowellenhintergrund-Experimenten BOOMERANG, TACO und MAXIMA aus den Jahren 1999 und 2000 ebenfalls ein deutliches Maximum bei einem Winkel von einem Grad. *Es sprechen also viele Indizien dafür, dass Omega (gesamt) gleich eins ist.*

Wirklich endgültige Werte für Omega und die kosmologische Konstante werden wohl erst aus zwei geplanten Experimenten erhalten werden. Die Microwave Anisotropy Probe (MAP) der NASA, die im

Jahr 2001 ins All gebracht werden soll, und der Satellit Planck der ESA, dessen Start für 2007 vorgesehen ist, sollen detaillierte Karten der kosmischen Mikrowellenstrahlung mit Skalen bis herunter zu einem zehntel Grad liefern. Wenn die Resultate dieser Experimente mit denen von Supernovae und anderen Durchmusterungen kombiniert werden, sollten – das ist die Hoffnung – die kosmologischen Parameter mit einer Genauigkeit von einem Prozent bestimmt werden können.

Wenn man die Ergebnisse der Supernovae-Untersuchungen mit denen der Anisotropie-Messungen kombiniert, findet man Werte für Omega (Materie) von etwa 0,3 bis 0,4 und für Omega (Vakuum) von etwa 0,6 bis 0,7, sodass Omega (gesamt) mit einem Wert von eins in Einklang steht. Also deutet alles auf ein flaches Universum hin. 1998 war ein extrem ergiebiges Jahr in der beobachtenden Kosmologie, und die letzten Jahre lieferten die ersten Präzisionsmessungen in der Kosmologie – ein langer Weg von der bloßen Beobachtung, dass der Nachthimmel dunkel ist!

7
Die Schöpfung

Jeder Aktienspekulant oder Meteorologe kann Ihnen aus leidvoller Erfahrung bestätigen, dass es wesentlich einfacher ist, die Vergangenheit zu erklären als die Zukunft vorherzusagen. Wenn man aber das Universum betrachtet, ist diese Feststellung ziemlich zweifelhaft. Wir haben gesehen, dass es viele Hinweise darauf gibt, dass Omega (Materie) einen Wert von 0,3 oder 0,4 haben könnte. Dies lässt die Schlussfolgerung zu, dass es für alle Zeiten expandieren wird, selbst wenn der Beitrag der kosmologischen Konstante nicht genau bekannt ist. Solch eine ewige Expansion führt dann aller Wahrscheinlichkeit nach zu einem traurigen Ende: zum Kältetod!

Was bedeutet das? Was wird genau geschehen?

Die Antwort auf diese Frage ist eine direkte Folge der anziehenden Kraft der Gravitation und der abstoßenden Kraft der kosmologischen Konstante. Nehmen wir für einen Moment an, dass es keine kosmologische Konstante gibt. Die Schwerkraft zieht Teile von Materiemassen zu einem Punkt hin, es tritt eine Kontraktion auf. Auf solche Weise entstehen aus kollabierenden großen Gaswolken die Sterne, aus dem Verschmelzen und dem Kollaps von noch größeren Wolken und Sternansammlungen bilden sich die Galaxien, und aus einer Ansammlung von Galaxien werden Galaxienhaufen. All diese Prozesse brauchen Zeit, zum einen wegen der riesigen astronomischen Entfernungen, zum anderen, weil sie gelegentlich abgebremst werden. Wenn genügend Zeit zur Verfügung steht, führen solche Kontraktionen zu Objekten, die sich in einem Gleichgewichtszustand befinden. So wird das Zusammenschrumpfen eines Sterns für eine lange Zeit aufgehalten, wenn er mittels Kernreaktionen einen starken Druck im Zentrum aufbaut, der der Schwerkraft entgegenwirkt. Auf ähnliche Weise bleibt eine Galaxie stabil, weil in dieser Sternwolke die Anziehungskraft und die Zentrifugalkraft der Rotation im Gleichgewicht stehen.

In einem für alle Zeiten expandierenden Universum (ohne kosmologische Konstante) steht unendlich viel Zeit zur Verfügung, damit solche Kontraktionen auftreten und sich Gleichgewichtszustände einstellen können. Infolgedessen würden Galaxien in einer Gruppe oder in einem Haufen miteinander verschmelzen, um ein riesiges Ganzes zu bilden. Unsere Milchstraße etwa würde sich in ungefähr fünf Milliarden Jahren mit dem Andromeda-Nebel vereinigen. Doch während diese Prozesse ablaufen, würde das Universum immer weiter expandieren und sich dabei immer mehr verdünnen, da die sich entwickelnden Haufen und Superhaufen ihre Abstände voneinander vergrößern. Der Himmel würde deshalb in der Zukunft immer dunkler werden. Die einzelnen Galaxien würden schließlich nicht mehr genügend Brennstoff – Wasserstoff – haben, um neue Sterne zu bilden, und die alten Sterne würden erlöschen und sterben. Die alternden Galaxien würden aus diesem Grund auch immer schwächer werden.

Die Lage wäre noch düsterer, wenn der von uns ermittelte Wert der kosmologischen Konstante korrekt ist. Wenn der Beitrag des Vakuums zur kosmologischen Konstante wirklich einen Wert von 0,6 oder 0,7 besitzt, wie die jüngsten Beobachtungen anzudeuten scheinen, würde die durch das Vakuum verursachte Abstoßung eine immer rascher ablaufende Expansion hervorrufen. Da der Widerstand der Schwerkraft immer mehr abnähme, würden sich die schon existierenden Galaxienhaufen mit immer größerer Geschwindigkeit voneinander entfernen, aber es würden sich keine neuen Galaxienhaufen mehr bilden. Generationen von beobachtenden Astronomen, die sich in einer Galaxie in einem solchen Haufen befänden, würden voller Trauer erleben, wie sie alle anderen Galaxienhaufen aus dem Blick verlieren. Wenn das Universum schließlich das Zweihundertfache des heutigen Alters aufweisen würde, würden intelligente Wesen, wenn sie noch existierten, nicht mehr in der Lage sein, auf den Skalen, die wir heute noch beobachten können, neue Beobachtungsdaten zu gewinnen, weil die entfernteren Objekte den Beobachtungshorizont überschreiten würden und für immer den Blicken der Beobachter entzogen wären.

Wenn unsere Theorien der Großen Vereinheitlichung (GUTs) korrekt sind, würden schließlich sogar die Protonen zerfallen. Nach unserem heutigen Wissen leben diese Teilchen zwar länger als 10^{32} Jahre. Dies ist in jeder Hinsicht eine lange Zeit, aber in einem Universum mit beschleunigter Expansion ist Zeit „kein Thema". Alle Atome in Sternen, in erloschenen Sternüberresten und im fein verteilten Gas zwischen den Sternen würden durch den Protonenzerfall schließlich zu Elektronen, Positronen und Neutrinos zerfallen.

Selbst Schwarze Löcher sind nicht unsterblich. In der klassischen Allgemeinen Relativitätstheorie sind Schwarze Löcher wirklich „schwarz"', da keine Masse oder Strahlung ihrem Schwerefeld entkommen kann. Wenn man aber Quanteneffekte berücksichtigt, können sie dies schon bewerkstelligen, und zwar durch einen Prozess, den die Wissenschaftler *Hawking-Strahlung* getauft haben, weil der berühmte Physiker Stephen Hawking ihn 1974–1975 in Cambridge entdeckt hat. Zuvor hatte schon der israelische Astrophysiker Jacob Bekenstein vermutet, dass Schwarze Löcher eine „Temperatur" besitzen, die mit der Stärke der Schwerkraft am Ereignishorizont verknüpft ist. Dieser

Ereignishorizont trennt den Bereich des Inneren eines Schwarzen Loches, aus dem nichts entweichen kann, von der Außenwelt.

Die Hawking-Strahlung ist wiederum ein wundervolles Beispiel für die Wirksamkeit unseres Prinzips der Einfachheit. Wir erinnern uns an den zweiten Hauptsatz der Thermodynamik: Die Entropie oder die Unordnung in einem System kann nur anwachsen. Wenn Schwarze Löcher mit ihrer Umgebung wechselwirken, indem sie Gas von einem nahen Stern akkretieren oder mit einem anderen Schwarzen Loch kollidieren, wird der Bereich ihres Ereignishorizonts immer größer – so die Erkenntnis Hawkings. Bekenstein zählte dann einfach zwei und zwei zusammen und argumentierte folgendermaßen: Falls Schwarze Löcher keine Entropie (Unordnung) besitzen, könnten wir den zweiten Hauptsatz der Thermodynamik verletzen, indem wir einfach all unseren „Abfall" in Schwarze Löcher kippen und dabei die Entropie erniedrigen (oder die Ordnung im Universum erhöhen). Wenn wir andererseits die Größe des Bereichs innerhalb des Ereignishorizonts mit der Entropie des Schwarzen Loches gleichsetzen, bleibt der zweite Hauptsatz gültig, da wir beim Verringern der Entropie der Außenwelt die Entropie des Schwarzen Loches in gleicher Weise erhöhen. Die Wissenschaftler hatten zunächst Schwierigkeiten, diesen Gedankengang zu akzeptieren. Denn wenn man Schwarzen Löchern thermodynamische Eigenschaften wie Entropie zugesteht, sieht man sich auch gezwungen, ihnen eine Temperatur zuzuschreiben, die durch die Stärke der Schwerkraft am Ereignishorizont bestimmt ist. Doch jedes Objekt mit einer Temperatur, die größer als null Kelvin ist, emittiert Strahlung, wohingegen ursprünglich angenommen wurde, dass Schwarze Löcher tatsächlich absolut schwarz sind. Hawking konnte aber zeigen, dass dies nicht zutreffen muss, wenn man Schwarze Löcher quantenmechanisch betrachtet. Sein Beweis beruht auf den Eigenschaften des Quantenvakuums. Wir erinnern uns, dass das Vakuum kein Vakuum ist, sondern vor Aktivität blubbert, weil Paare virtueller Teilchen und Antiteilchen kurzzeitig erscheinen und dann wieder zerstrahlen. Wenn nun solche Ereignisse in der Nähe eines Schwarzen Loches auftreten, kann etwas sehr Interessantes geschehen: Die Schwerkraft kann ein Teilchen eines solchen Paares in das Innere des Schwarzen Loches einsaugen, sodass das Partnerteilchen nicht mehr imstande ist zu zerstrahlen und zudem noch von dem Schwarzen Loch wegfliegen kann. Dieser Prozess der Hawking-Strahlung kann folglich Schwarze Löcher zum Strahlen bringen und bestätigt die Annahme, dass diese unheimlichen Gebilde Entropie oder Unordnung besitzen.

Andrew Strominger (Universität von Kalifornien in Santa Barbara) und Cumrun Vafa (Harvard-Universität) führten 1996 eine auf

Mikrophysik beruhende Berechnung dieser Entropie durch – es war einer der bemerkenswertesten Erfolge der Stringtheorie, denn es stellte sich heraus, dass die Hawking-Strahlung besonders bedeutsam für kleine Schwarze Löcher ist, während sie extrem klein für massereiche Vertreter dieser Gattung ist. Schwarze Löcher, die die kollabierten Überreste massereicher Sterne sind, benötigen etwa 10^{66} Jahre, bevor sie völlig verdampft sind. Doch Zeit ist wie gesagt in einem Universum mit beschleunigter Expansion im Überfluss vorhanden. Also werden irgendwann in ferner Zukunft sich selbst diese scheinbar unzerstörbaren Objekte in Strahlung verwandelt haben.

Was bleibt, ist die traurige Bilanz, dass nicht nur wir, sondern das ganze Universum mit allen seinen Objekten dem Tode geweiht ist. Gibt es nichts, was uns auf eine etwas rosigere Zukunft hoffen ließe? Seltsamerweise ist es gerade die Existenz der kosmologischen Konstante, die uns neue Hoffnung schöpfen lässt. In einem im Februar 1998 veröffentlichten Artikel berichteten Jaume Garriga (Autonome Universität von Barcelona) und Alexander Vilenkin (Tufts-Universität) von einem „recycelbaren Universum". Danach können Gebiete des richtigen Vakuums in unserem Universum zum falschen Vakuum „zurücktunneln", wobei wieder eine inflationäre Expansion auftritt. Die Wahrscheinlichkeit für einen solchen Prozess ist etwa so groß wie die, dass eine Kugel einen Hügel heraufrollt. In der Quantenmechanik ist aber selbst dies nicht völlig unmöglich, und da das Universum eine Ewigkeit Zeit hat, könnte irgendwann ein solcher Prozess ohne weiteres auftreten. In einem solchen Fall würde das Universum eine unendliche Folge von Zyklen vom falschen zum richtigen Vakuum und zurück durchlaufen. Amüsant ist dabei die Vorstellung, dass sich innerhalb eines jeden Zyklus die Geschichte eines heißen, symmetrischen Universums wiederholen kann. Unglücklicherweise gibt es, selbst wenn das Universum „recycelbar" wäre, für uns keine Möglichkeit, unser Wissen und unsere Weisheit, wenn sie denn etwas wert sind, zukünftigen Zivilisationen zu vermitteln. Wir wären von der Wiederverwertung ausgeschlossen.

Wenn ich diese im Allgemeinen trübe Zukunft in Vorträgen einem breiteren Publikum darstelle, gibt es immer ein paar Zuhörer, die die Frage stellen: „Aber welcher Sinn steckt dann hinter alledem?" Solche Fragesteller nehmen offenbar an, dass das Universum „einen Sinn" haben muss. Diese Grundannahme wird auch Teleologie genannt – die Lehre von der Zielgerichtetheit jeder Entwicklung im Universum. Danach können Geschehnisse nur durch Betrachtung der Ergebnisse, die sie auslösen, erklärt werden. In der Geschichte der Naturbetrachtung hat es immer solche teleologischen Argumente gegeben. So glaubte Aristoteles, dass man ein Naturphänomen nicht verstehen könne, wenn man nicht auch seine „endgültige Ursache" oder seinen Zweck versteht. Teleologische Argumentationen finden sich auch in der modernen Wissenschaft, und sie werden natürlich besonders in theologischen Kreisen diskutiert. In der modernen Kosmologie stellt das anthropische Prinzip, auf das wir noch zurückkommen werden, einen Ausdruck solcher teleologischer Obertöne dar. An dieser Stelle muss jedoch betont werden, dass im Wortschatz der Physik, sosehr die Menschen sich auch danach sehnen, „Sinn" oder „Zweck" nicht vorkommen.

Die Physik hat einen langen Weg zurückgelegt, bis sie zu den geschilderten Erkenntnissen gelangt ist. Die Reihe der unbeantworteten „Warums" ist dabei immer kleiner geworden. Doch die menschliche Neugier kennt keine Grenzen, und so führt uns die Einsicht, dass die Zukunft des Universums in einem langsamen Kältetod liegt, dazu, unsere Neugier auf die Vergangenheit zu lenken. Wir wollen nun ganz genau wissen, wie alles begonnen hat. Die neuesten Gedanken über diesen Ursprung des Universums, die ich im Folgenden beschreiben werde, entfernen sich notwendigerweise immer weiter von der Grundlage gesicherter und durch Beobachtungen bestätigter Erkenntnisse. Wir werden Ausflüge ins Reich der theoretischen Spekulation unternehmen.

Weder Bären noch Wald

Das im sechsten Kapitel beschriebene Modell der ewigen Inflation nimmt an, dass ein Gebiet des falschen Vakuums eine unendliche Reihe von Universen erzeugen könne. In dieser sich ewig vervielfältigenden Reihe können Universen in allen Arten und Formen auftreten. Während unseres, wie berichtet, einem kühlen Ende entgegenstrebt, können andere in einem großen „Urkollaps" zusammenstürzen. Doch während die einen sterben, werden an ihrer Stelle beständig neue gebildet. Von einem übergeordneten Gesichtspunkt aus betrachtet kann deshalb das Leben für alle Zeiten weitergehen, wenn auch in unterschiedlichen Universen oder Teilbereichen von Universen, die ich im Folgenden „Taschenuniversum" nennen möchte. Obwohl die Lebensdauer einer *bestimmten* Zivilisation endlich ist und ihr angesammeltes Wissen irgendwann unwiderruflich verloren ist, können Zivilisationen grundsätzlich zu jeder Zeit in bestimmten Bereichen des *globalen Universums* weiter existieren – freilich kann keine Information von einem Taschenuniversum auf ein anderes übertragen werden. In vielen Versionen der Inflation scheint diese Schlussfolgerung fast unvermeidlich zu sein. So betrachtet, erscheint die Zukunft von diesem übergeordneten Standpunkt aus doch gar nicht so trüb.

Wenn das Bild von der ewigen Inflation korrekt ist, ähneln Universen ein wenig menschlichen Individuen. Einzelne Individuen werden geboren, leben, sterben und verschwinden, aber die Gesamtheit der menschlichen Rasse bleibt bestehen. Ähnlich verhält es sich bei den aufeinander folgenden Universen, und in gewisser Weise ist deshalb das globale Universum etwas Konstantes und Unveränderliches.

Glaubt man allerdings, dass dieses Modell der Inflation das erste war, das ein Universum in einem *stationären Zustand* beschreibt, liegt man falsch. Denn bereits 1948 gingen Hermann Bondi, Thomas Gold und Fred Hoyle von einem Universum aus, das *ewig und unveränderlich* ist und also zu allen Zeiten den gleichen Anblick bietet. Da damals schon bekannt war, dass das Universum expandiert, wurde in diesem Modell des stationären Weltalls angenommen, dass ständig Materie erschaffen wird, um die Dichte konstant zu halten. Nach Ansicht von Bondi, Gold und Hoyle entsteht in den Lücken zwischen den alten, auseinander fliegenden Galaxien eine neue Generation von jungen Galaxien. Die Erschaffung neuer Materie widerspricht zwar den Erhaltungssätzen der Physik, doch das war für Hoyle kein überzeugender Einwand, da nach seiner Argumentation die Erschaffung aller Materie im Universum aus dem Nichts im Urknall eine weit widersprüchlichere Idee sei. Natürlich war es damals schwierig, die Erschaffung von Materie aus dem Nichts durch Beobachtungen zu widerlegen, da die erforderliche Rate sehr klein war: Weniger als ein Atom pro Kubikmeter pro eine Milliarde Jahre hätte genügt. Doch die Annahme eines stationären Weltalls hatte eine andere, weit reichende Konsequenz: Extrem weit entfernte Gebiete unseres Universums, die vor langer Zeit ihr Licht aussandten, sollten im Mittel genauso aussehen wie nahe Gebiete. Das Modell des stationären Weltalls wurde etwa 15 Jahre lang diskutiert. Heute wird es als durch Beobachtungen völlig widerlegt angesehen. Als Todesstoß erwies sich die Entdeckung der kosmischen Mikrowellenhintergrundstrahlung, die darauf hinwies, dass das Universum in einem Urknall entstand.

Den letzten Beweis lieferten jedoch zwei bemerkenswerte Beobachtungen mit dem Hubble-Weltraumteleskop. 1995 beschloss Robert Williams, der damalige Direktor des Space Telescope Science Institute, einen Großteil der ihm zur Verfügung stehenden Beobachtungszeit mit dem Weltraumteleskop für die Untersuchung eines einziges Himmelsareals zu verwenden. Das Teleskop wurde für volle zehn Tage auf eine feste Stelle des Himmels gerichtet, um das bislang detaillierteste Bild des sehr entfernten Weltalls zu erhalten. Diese Beobachtung wurde 1998 mit neuen Instrumenten in ähnlicher Weise wiederholt. Die vorgesehenen Himmelsregionen waren zufällig ausgewählt worden. Ein Gebiet befand sich nahe beim Großen Bären am Nordhimmel, ein anderes am Südhimmel. Man hatte nur darauf geachtet, dass nicht zuviel Staub unserer Milchstraße, helle Sterne oder nahe Galaxien den Blick in die Tiefen des Alls verhindern. Ein Quasar, das ist eine Galaxie mit einem enorm aktiven, hellen Kerngebiet, wurde im südlichen Feld mitbeobachtet. Die Felder wurden durch eine Serie von Farbfiltern im ultravioletten, blauen, gelben, roten und infraroten Licht untersucht, wodurch eine volle Rekonstruktion farbiger Bilder ermöglicht wurde. Die Ergebnisse waren einfach atemberaubend. Auf jedem der beiden Felder wurden nahezu 3000 Galaxien entdeckt, die bis in Entfernungen zu sehen sind, die einem Universum entsprechen, das nur ein Zehntel des heutigen Alters hat. Ich erinnere mich noch an den Tag um die Weihnachtszeit 1995, an dem wir die ersten Bilder auf dem Computerbildschirm anschauen konnten. Jeder, der glaubt, dass nüchterne Wissenschaftler nicht zu spontanen Gefühlsausbrüchen neigen, hätte diese Szene betrachten sollen. Die Leute sprangen buchstäblich durch den Raum und brüllten vor Begeisterung. Unter den vielen wissenschaftlichen Ergebnissen, die die Beobachtungen der beiden „Hubble Deep Fields" lieferten und immer noch liefern, sind zwei in unserem Zusammenhang besonders wichtig: Wenn wir nahe Galaxien anschauen, erscheinen die meisten der großen Objekte in recht regulären, spiraligen oder elliptischen Formen. Wenn wir sehr entfernte Galaxien im Hubble Deep Field betrachten, weisen viele von ihnen sehr irreguläre, gestörte Formen auf. Ein Teil dieses Effekts rührt von der Rotverschiebung her. Das Licht, das wir im sichtbaren Teil des Spektrums beobachten, wurde tatsächlich bei kürzeren Wellenlängen, im Ultravioletten, abgestrahlt. Solche ultraviolette Strahlung wird von Gebieten ausgesandt, in denen sich massereiche Sterne bilden und gebildet haben. Wir sehen deshalb im Ultravioletten die Knoten in den Galaxien, die die intensivste Sternbildung durchmachen. Die Galaxienformen sind aber noch aus anderen Gründen von den heutigen unterschieden. Als das Universum erst ein Zehntel seines heutigen Alters aufwies, hatten viele dieser Galaxien noch nicht ihre endgültigen, regelmäßigen Formen angenommen. Da damals das Universum auch viel dichter als heute war, herrschte erhöhte Unfallgefahr. Viele Galaxien kollidierten denn auch mit anderen, und diese Kollisionen sind zumindest teilweise für das gestörte Erscheinungsbild der jungen Galaxien verantwortlich. Die schwachen, entfernten Galaxien scheinen in ihrer Ausdehnung auch kleiner als die nahen. Beide Effekte finden eine ganz natürliche Erklärung im Zusammenhang mit der hierarchischen Strukturbildung „von unten nach oben" – dem Szenarium, bei dem Strukturen von den kleinsten Objekten hin zu den größten aufgebaut werden. Was wir also letztlich im Deep Field sehen, sind die Bausteine der Galaxien aus der Frühzeit des Universums – die Teile, aus denen sich die heutigen Galaxien aufbauten. Anders formuliert: Galaxien im entfernten Universum sehen nicht wie Galaxien in nahe gelegenen Gebieten aus. Wenn es noch eines Beweises bedurft hätte, dass unser Universum sich nicht in einem stationären Zustand befindet, hätten die beiden Aufnahmen des Weltraumteleskops ihn geliefert. Die spektakulären Hubble-Bilder inspirierten natürlich eine ganze Reihe von Folgebeobachtungen, sowohl mit Hilfe von irdischen Teleskopen wie auch mit Hilfe anderer Satelliten aus dem All. Als im Mai 1997 am Space Telescope Science Institute ein Symposium stattfand, das den Ergebnissen aller Beobachtungen, die mit dem nördlichen Hubble Deep Field zusammenhängen, gewidmet war, hätte es unter der Überschrift stehen können: „Niemals in der Geschichte der Astronomie wurde so viel Forschereifer auf ein völlig leeres Stück des Himmels verwendet!"

Der aufmerksame Leser wird jedoch längst erkannt haben, dass die Theorie der ewigen Inflation nicht bedeutet, dass *unser* Universum sich in einem stationären Zustand befindet. Vielmehr geht es von der Existenz einer unendlichen Folge von Universen in der Zukunft aus. Aus diesem Unterschied ergeben sich weitere sehr interessante Fragen: Wenn es also eine unendliche Reihe von Universen in der Zukunft geben wird, könnte es auch eine unendliche Reihe in der Vergangenheit gegeben haben? Ist es möglich, dass das *globale Universum*, das eine unendliche Zahl von Universen wie dem unsrigen enthält, keinen Anfang besaß? Die Möglichkeit eines Universums, das schon *immer existierte* und das immer existieren wird, hat Konsequenzen, die weit über den wissenschaftlichen Bereich hinausgehen. Der Kosmologe Stephen Hawking spricht es in seinem Buch *Eine kurze Geschichte der Zeit* unverblümt aus: „Solange das Universum einen Anfang hatte, können wir annehmen, dass es einen Schöpfer hatte. Aber wenn das Universum wirklich völlig in sich selbst abgeschlossen ist, wenn es keine Grenze oder Kante besitzt, würde es auch keinen Anfang und kein Ende haben: Es würde einfach da sein. Wo wäre dann Platz für einen Schöpfer?" Es ist nicht unsere Aufgabe, diesen Gedanken zu erörtern. Die Ansichten der Wissenschaftler zu solchen Themen tendieren jedoch im Allgemeinen dazu, recht naiv zu sein. Sie werden denn auch von vielen Theologen und Philosophen als „seltsam und enttäuschend" angesehen (so Richard Elliott Friedman, Autor von *The Disappearance of God*). Doch auch für die Physik ist die Notwendigkeit eines Anfangs eine sehr erstrebenswerte Sache, weil sich ein physikalisches System von einem *gegebenen Anfangszustand* aus entwickelt. Wenn das Universum einen Anfang hatte, müssen wir, um zu bestimmen, wie dieser Anfang aussah, die Gesetze der Physik möglicherweise abwandeln oder gar neue finden.

Um die Theorie von dem Problem der Anfangsbedingungen zu befreien, hat Andrei Linde, einer der „Erfinder" der ewigen Inflation, spekuliert, dass dieser Prozess in der Tat keinen Anfang besitzt. Doch 1994 bewiesen Arvind Borde und Alexander Vilenkin, dass unter einem gewissen Satz von vernünftigen Annahmen *ein offenes Universum einen Anfang haben muss*, obwohl es für alle Zeiten in der Zukunft existieren kann.

Wie auch immer, ein „Anfang" in der Theorie der ewigen Inflation ist jedenfalls von der Idee eines Anfangs in der Physik, bevor die Inflation „erfunden" wurde, und mehr noch von einem Anfang in literarischen Werken, Mythen und Kunstwerken, die ihrerseits häufig von der biblischen Geschichte inspiriert sind, grundverschieden. In seinem 1925 entstandenen Bild *Die Geburt der Welt* vermischte der spanische Surrealist Joan Miro den Prozess der künstlerischen Schöpfung mit dem Thema der biblischen Schöpfungsgeschichte. Miro begann mit dem Gemälde, indem er auf die leere Leinwand ein Chaos von zumeist grauen, schwarzen und braunen Flecken spritzte. Aus diesen schuf er dann einige wenige Formen, etwa ein großes schwarzes Dreieck mit einem Schwanz, das einen Vogel symbolisieren könnte. Auch ein hellroter Kreis mit einem langen gelben Wimpel erscheint an einer bevorzugten Stelle des Bildes. Er könnte vielleicht einen Kometen darstellen. Schließlich enthält das Bild noch eine menschenförmige, weißköpfige Figur in der Nähe eines schwarzen Sterns. Dieser Anfang, wie gesagt ein Mix aus biblischen und künstlerischen Motiven, begreift wie auch die Bibel die Erde und ihre unmittelbare Umgebung als „die Welt", nicht jedoch das Universum als Ganzes.

Bevor das inflationäre Universum erfunden worden war, bezog sich der „Anfang" in der Kosmologie üblicherweise auf das Ereignis, das wir als Urknall bezeichnen. Dieser schuf unser Universum (oder unser Taschenuniversum). Doch vor seiner Entstehung können schon viele andere Universen entstanden sein. Die Physik hat das „Warum" und das „Wie" immer weiter zurückverlegt: vom Ursprung des Sonnensystems zum Ursprung des Milchstraßensystems, von da zu den ersten drei Minuten unseres Taschenuniversums und schließlich in die Planck-Zeit. Nun hat die ewige Inflation den Anfang nicht nur fast unendlich weit in die Vergangenheit verschoben, sondern auch zu einem anderen Taschenuniversum. Dies hat sehr bedeutsame Folgen für die ewige Inflation als physikalischer Theorie. Denn wenn die ewige Inflation wirklich die Entwicklung des (gesamten) Universums beschreibt, dann ist dessen Anfang keiner Prüfung durch Beobachtungen zugänglich. Selbst das ursprüngliche inflationäre Modell, das nur ein Inflationsereignis zuließ, besaß bereits die Eigenschaft, alle Hinweise aus der Epoche vor der Inflation auszulöschen. Die Annahme einer ewigen Inflation macht jedoch alle Bemühungen, Informationen über den Anfang durch Beobachtungen innerhalb unseres eigenen Taschenuniversums (das eventuell das 10^{100}ste in einer Reihe von sich bildenden Universen sein kann) zu erlangen, absolut illusorisch. Der symbolistische Maler Solomon Moser aus Wien schuf das Gemälde *Licht*, in dem ein Jüngling mit einer Fackel in der Hand die Wolken durchbricht und in den Himmel schaut. Dieses Bild scheint die menschliche Sehnsucht, „göttliches" Wissen zu erlangen, zu symbolisieren. Von dieser Sehnsucht sind auch die wissenschaftlichen Bestrebungen geprägt, den Ursprung des Universums zu verstehen. Werden wir jemals in den Himmel schauen?

In der Bibel ist im zweiten Buch der Könige (Kapitel 2, Verse 23, 24) die folgende Beschreibung eines Wunders, das der Prophet Elisa vollbrachte, nachzulesen: „Und er ging hinauf nach Bethel. Und als er den Weg hinanging, kamen kleine Knaben zur Stadt heraus und verspotteten ihn und sprachen zu ihm: ‚Kahlkopf, komm herauf! Kahlkopf, komm herauf!' Und er wandte sich um, und als er sie sah, verfluchte er sie im Namen des HERRN. Da kamen zwei Bären aus dem Walde und zerrissen zweiundvierzig von den Kindern."

Die Bibelexegese ist eine schwierige Sache, und also sind die Interpreten auch bei dieser Bibelstelle geteilter Meinung über Elisas Wunder. Einige sagen, dass der Wald da war, aber ursprünglich nicht von Bären bewohnt war. Elisa ließ sie durch ein Wunder erscheinen. Andere bestehen darauf, dass es auch den Wald vorher nicht gab, und Elisa sowohl den Wald wie die Bären aus dem Nichts erscheinen ließ. So ist „weder Bären noch Wald" in der hebräischen Sprache zu einer Redewendung geworden, die Skepsis über die Realität einer Sache zum Ausdruck bringen soll. Ist solche Skepsis auch bei unsrer Diskussion angebracht?

Wir haben gesehen, dass es den Physikern unter der Voraussetzung eines nicht geschlossenen Universums gelungen ist zu beweisen, dass das Universum einen Anfang besaß. Die nächste Frage schließt sich nahtlos an: Wie entstand das Universum? Kann in der Physik eine solche Frage überhaupt gestellt werden?

Nichts

Unser Taschenuniversum begann vor etwa 14 Milliarden Jahren mit einem Urknall, aber das war nicht der Anfang des globalen

Universums, sofern wir die spekulativen Aussagen der ewigen Inflation ernst nehmen. Falls die Annahmen von Borde und Vilenkin korrekt sind (das Universum ist nicht geschlossen), könnte selbst das globale Universum nicht seit ewigen Zeiten existiert haben, sondern muss einen Anfang gehabt haben. Während die Natur der ewigen Inflation uns daran hindert zu erfahren, wann dieser Anfang stattfand, hält sie uns nicht davon ab, darüber zu spekulieren, wie er stattgefunden hat. Im 5. Jahrhundert wurde der Heilige Augustinus von seinen Mitbrüdern gewarnt, dass Übereifrige, die über die Dinge vor der Schöpfung spekulieren, für die Hölle bestimmt sind. Die Geschichte sagt, dass er sich weigerte zu glauben, dass Gott die Neugierigen bestrafen würde. Wir wollen ihm nacheifern.

Die ersten modernen Theorien der Schöpfung vermuteten, dass die Raumzeit selbst eine Art von festem *Hintergrund* bildet und die Materie vor diesem Hintergrund zu einer bestimmten Zeit entstand. Ein Modell in dieser Richtung wurde 1973 von Edward Tryon (Columbia University) entwickelt, das von einer Prämisse ausgeht: Raum und Zeit existieren für ewige Zeiten und folglich vorher. Nur die materielle Welt wird erschaffen. Woraus wird sie erschaffen? Aus dem Vakuum! Wir erinnern uns, dass das Quantenvakuum von Aktivität erfüllt ist. Virtuelle Teilchen-Antiteilchenpaare materialisieren sich für Sekundenbruchteile und verschwinden dann wieder. Aber, so wird sich der Leser fragen, wie steht es mit der Energieerhaltung? Immerhin machen sich die virtuellen Teilchen die Wahrscheinlichkeitsnatur der Quantenmechanik zunutze, die es ihnen erlaubt, für etwa 10^{-21} Sekunden zu existieren. Unser eigenes Taschenuniversum existiert aber schon seit 14 Milliarden Jahren. Tryon zufolge spielt die Schwerkraft hier eine entscheidende Rolle. Jedes Materieteilchen im Universum wird von jedem anderen Teilchen gravitativ angezogen. Die gravitative Bindungsenergie ist immer negativ, weil Arbeit aufgewendet werden muss, um zwei Materieteilchen zu separieren und sie in einen Zustand mit der Energie null zu überführen. Genaue Berechnungen zeigen, dass die gesamte negative Gravitationsenergie genau gleich der positiven Ruhemassenenergie aller Materie im Universum ist. Die gesamte Nettoenergie eines geschlossenen Universums ist deshalb genau gleich null. Es besteht die Vermutung, dass dies ganz allgemein für das gesamte Universum gilt. Die Energieerhaltung ist deshalb kein Problem, weil ein Universum der Gesamtenergie null sich aus einem Vakuum mit der Energie null entwickeln kann.

Aus verschiedenen Gründen wird Tryons Modell inzwischen als nicht besonders attraktiv angesehen. Die Raumzeit ist ein zentrales Element der Allgemeinen Relativitätstheorie. Die Schwerkraft selbst ist bloß ein Ausdruck der Krümmung der Raumzeit. Die Annahme einer für alle Zeiten in der Vergangenheit existierenden Raumzeit ist deshalb keine besonders attraktive Theorie der Schöpfung, weil sie die Frage nach dem Ursprung der Existenz von Raumzeit offen lässt. Wenn man weiterhin die Existenz eines gleichförmig ablaufenden Zeitflusses annimmt, ist es schwierig zu verstehen, warum die Schöpfung zu einem *bestimmten* Zeitpunkt auftritt. Und tatsächlich sagt die Quantenmechanik eine bestimmte konstante Wahrscheinlichkeit für eine Schöpfung in jedem beliebigen Zeitintervall voraus. Diese Art von philosophischer Schwierigkeit (natürlich ohne die Konzepte der Quantenmechanik) wurde vor langer Zeit von dem Philosophen Immanuel Kant in seiner *Kritik der reinen Vernunft* und vor ihm sogar schon vom Heiligen Augustinus in seinen Bekenntnissen erkannt. Folglich wäre ein anderes Modell ansprechender, in dem auch die Raumzeit im Prozess der Schöpfung entsteht. Hier hakte Alexander Vilenkin ein. Er ging 1982 mit Überlegungen an die Öffentlichkeit, denen zufolge das Universum mitsamt der Raumzeit durch „*Quantentunneln buchstäblich aus dem Nichts*" entstand.

Lassen Sie mich zuerst ein paar Worte über dieses „Nichts" verlieren. In meiner Jugendzeit gab es den folgenden Witz: „Weißt du, wie Radioübertragungen funktionieren? Stell dir vor, du hast einen sehr langen Hund. Wenn du in seinen Schwanz kneifst, bellt der Kopf des Hundes. So funktioniert die Telegrafie. Radio funktioniert auf die gleiche Weise, nur ohne Hund." Nichts bedeutet in unserem Falle jedoch wirklich das reine Nichts, es handelt sich hier weder um das physikalische Vakuum noch um die Raumzeit. Früher haben wir uns mit Hilfe der Oberfläche eines kugelförmigen Luftballons ein zweidimensionales Universum verdeutlicht. In diesem Beispiel stellten aufgemalte Punkte auf der Ballonoberfläche die Materie dar, während die expandierende Oberfläche selbst die Raumzeit repräsentierte. Nichts wäre in unserem Beispiel ein vollständig geschrumpfter Ballon, dessen Oberfläche auf null reduziert ist. In der Sprache der Geometrie, die die Sprache der Allgemeinen Relativitätstheorie ist, könnte man sagen, dass es nicht nur eine flache oder Euklidische Geometrie gibt, eine sphärische oder Riemannsche, sondern auch eine leere Geometrie, eine Raumzeit, die ganz einfach überhaupt keine Punkte enthält. Dies wäre die Geometrie, die das „Nichts" charakterisieren würde. Das Quantentunneln ist ein Prozess, durch den ein System eine Barriere durchdringen kann, die in der klassischen Physik undurchdringbar ist. Wenn ein Ball auf dem Grund eines Brunnens liegt, kann er in der klassischen Physik nicht entkommen, es sei denn, man teilt ihm eine Energie mit, mit deren Hilfe er über den Rand des Brunnens fliegen könnte. In der subatomaren Welt, in der die Gesetze der Quantenmechanik Gültigkeit besitzt, wäre ein analoges Beispiel ein Elementarteilchen, das innerhalb eines Atomkerns eingefangen ist (aufgrund der anziehenden Kernkraft) und das nicht genügend Energie besitzt, dem Kern zu entkommen. Die Quantenmechanik lehrt uns aber, dass es eine von null verschiedene Wahrscheinlichkeit gibt, dass ein solches Teilchen entkommen und sich außerhalb des Kerns befinden kann. Ein anderes Beispiel stellen die Kernreaktionen im Innern der Sonne dar. Damit sie ablaufen, ist es nötig, dass sich Protonen einander bis auf 10^{-13} Zentimeter nähern (dem Wirkungsbereich der Kernkräfte). Wenn es die Quantenmechanik nicht gäbe, würden sich Protonen mit Energien, die der Zentraltemperatur der Sonne entsprechen, wegen der gegenseitigen elektrischen Abstoßung nur bis auf 10^{-10} Zentimeter nähern können. Erst die Quantenmechanik liefert eine gewisse Wahrscheinlichkeit dafür, dass die Protonen diese Abstoßungsbarriere durchdringen können. Solche Prozesse der Barrierendurchdringung, die in der klassischen Physik vollkommen verboten sind, aber in der Quantenmechanik mit einer gewissen Wahrscheinlichkeit erlaubt sind, sind unter dem Begriff *Quantentunneln* bekannt. Die Tatsache, dass solche Barrierendurchdringungen in der Welt der Elementarteilchen vorkommen können, ist eine Folge der Wahrscheinlichkeitsnatur der Quantenmechanik. In ihr werden Teilchen wie das Elektron durch Wellen beschrieben. Die Welle ist stärker an Orten, an denen das Elektron mit höherer Wahrscheinlichkeit anzutreffen ist, und schwächer an Orten, an denen die Wahrscheinlichkeit, das Elektron zu finden, gering ist. So wie eine Wasserwelle sich um Hindernisse herumbewegen kann, gibt es auch eine Wahrscheinlichkeit, die größer als null ist, mit der beobachtet werden kann, dass ein Elektron eine Barriere durchdringt und sich jenseits davon aufhält.

Vilenkin wandte diesen Gedanken auf das ganze Universum an. Wenn Teilchen tunneln können, dachte er sich, warum nicht ganze Universen, die Raumzeit inbegriffen? Sein Vorschlag war deshalb, dass eine leere Geometrie, die dem „buchstäblichen Nichts" entspricht, eine Quantentunnelung zu einer sphärischen Geometrie durchmacht, die dann einem geschlossenen Universum entspricht. Doch Vilenkin schien selbst seiner kühnen Theorie nicht recht zu trauen: „Ein Konzept, wonach sich das Universum aus dem Nichts gebildet hat, ist ein verrücktes Konzept", bemerkte er.

Jedenfalls ist das so geschaffene Universum winzig, kleiner als ein Atom. Doch dieses Problem lässt sich leicht überwinden, indem man die Inflation beschwört, um das winzige Universum zu einer astronomisch interessanten Größe aufzublähen. Wenn auch Vilenkins Theorie sehr spekulativ und nicht nachprüfbar ist, ist sie doch ein Versuch, die Entstehung des Universums aus dem Nichts zu erklären.

Heute kann man sich nur wundern, dass dieser hervorragende Wissenschaftler in der früheren Sowjetunion keine Stelle als Physiker bekam, sondern als Nachtwächter im Zoo arbeiten musste!

Es gibt auch andere und ebenso spekulative Theorien der Schöpfung, und wir wollen auf zwei von ihnen eingehen. 1983 versuchten James Hartle (Universität von Kalifornien in Santa Barbara) und Stephen Hawking (Universität Cambridge), die Gesetze der Quantenmechanik zu benutzen, um das Universum als Ganzes zu beschreiben. So wie in der Quantenmechanik Elementarteilchen durch Wellenfunktionen beschrieben werden, um die Wahrscheinlichkeit anzuzeigen, dass sich ein Teilchen in einem bestimmten Zustand befindet, konstruierten Hartle und Hawking im Prinzip eine Wellenfunktion für das ganze Universum. Interessanterweise nahmen sie an, dass für Zeiten vor der Planck-Zeit die übliche Unterscheidung zwischen Vergangenheit und Zukunft (der „Zeitpfeil") zusammenbricht. Die Zeit wird hier in gleicher Weise wie der Raum behandelt. Da unser Universum keinen Rand im Raum besitzt, hat es nun auch keinen Rand in der Zeit. Mit anderen Worten hat es keinen „Anfang"! Nach dieser Theorie wurde das Universum nie geschaffen und wird auch niemals zu einem Ende gelangen. Es hat schon immer existiert und wird für alle Zeiten existieren. Allerdings kann dieses Szenario im jetzigen Zustand nicht mehr als eine interessante Näherung an das Problem sein, da eine wirkliche Berechnung der „Wellenfunktion des Universums", die die Wahrscheinlichkeiten für alle möglichen Ereignisse während seiner Existenz liefern würde, sehr schwierig in die Tat umzusetzen wäre.

1998 spekulierten Richard Gott III und Li-Xin Li (Universität Princeton) darüber, dass das Universum in einer Endlosschleife eingefangen sein könnte, etwa so wie eine Katze, die sich in den Schwanz beißt. Um uns ihrem Gedankengang zu nähern, versetzen wir uns in den Film *Zurück in die Zukunft*: Michael J. Fox reist in der Zeit zurück, um zu seinem eigenen Vater zu werden. In diesem Fall wäre es unmöglich, den Familienstammbaum sehr weit zurückzuverfolgen. Gott und Li stellen sich nun vor, dass sich unser eigenes Taschenuniversum vom zyklischen globalen Universum abspaltete (wie ein Waldhorn, das sich nach der Vollendung einer Schleife zu einem Horn öffnet) und nun seiner eigenen Entwicklung folgt – zu einem Kältetod hin.

Was lernen wir aus diesen Spekulationen? Nun, wir können zumindest anschaulich nachvollziehen, wie Physiker die grundlegenden Naturgesetze zu nutzen versuchen, um selbst solchen Fragen wie dem Wunder der Schöpfung nachzugehen. Aber es gibt noch eine zweite Erkenntnis: Diese Beispiele illustrieren, wie verschieden theoretische Modelle für das gleiche Phänomen sein können, wenn sie durch Beobachtungen oder Experimente weder gelenkt noch eingegrenzt werden können. Während die Astrophysiker in den meisten Aspekten des kosmologischen Standardmodells übereinstimmen, gibt es eine große Vielfalt sehr spekulativer Ansichten über die Schöpfung selbst. Der Grund für diese unterschiedlichen Spekulationen ist einfach: Vorstellungen über das spätere, „reife" Universum sind schon einer „natürlichen Auslese" unterworfen worden, indem sie mit Beobachtungstatsachen konfrontiert wurden. Alle Vorstellungen von der Schöpfung haben diese Feuertaufe noch vor sich, falls sie überhaupt möglich ist.

Das führt uns zu einem interessanten Punkt. Wenn das Modell der Inflation und insbesondere die ewige Inflation die Geschehnisse richtig beschreiben, ist die Möglichkeit gegeben, dass theoretische Modelle des globalen Universums oder der Ära vor der Inflation niemals durch Beobachtungen überprüft werden können. Doch hier ist Vorsicht geboten! Wir müssen eine wichtige Unterscheidung machen zwischen einer Schwierigkeit, Theorien *in der Praxis* zu überprüfen, und der wirklichen und *prinzipiellen Unmöglichkeit* einer solchen Kontrolle. Dass es schwierig sein kann, eine Theorie empirisch zu testen, stellt kein philosophisches Problem dar. Eine solche Situation ist in der modernen Naturwissenschaft beinahe alltäglich, denken Sie etwa an die Biowissenschaften, in denen es größte Schwierigkeiten gibt, Theorien über das menschliche Gehirn experimentell nachzuprüfen, oder an die Schwierigkeiten, Versuche mit dynamischen Systemen vorzunehmen. Doch Modelle, die eine Überprüfung prinzipiell nicht zulassen, sind auf irgendeine Weise mangelhaft. Ich möchte dies bei kosmologischen Modellen als *universelle Zensur* bezeichnen. Sie richtet sich gegen die Prinzipien der wissenschaftlichen Methode. Insbesondere verletzt sie die grundlegende Voraussetzung, dass jede wissenschaftliche Theorie falsifizierbar sein sollte. Wenn das Modell der ewigen Inflation also eine richtige Beschreibung der Welt ist, stellt sich uns die Frage: Gibt es einen Weg, die universelle Zensur zu umgehen und Informationen über die Vorfahren unseres Taschenuniversums zu erlangen?

Während ich Mitte 1998 über dieses Problem nachdachte, fand ich zufällig den folgenden faszinierenden Bericht. Einer Forschergruppe unter Leitung von Karl Skorecki (Technion, Israel) und Mark Thomas (University College, London) war es 1997–1998 gelungen, den Ursprung der jüdischen Priester 3000 Jahre weit zurückzuverfolgen, bis hin zu einer Zeit, als der Tempel in Jerusalem noch nicht existierte!

Nach den biblischen Berichten über den Auszug aus Ägypten wurde Moses' Bruder Aaron zum ersten jüdischen Priester oder Cohen (das hebräische Wort für Priester) ernannt. Diese Bezeichnung ging auch auf Aarons Söhne über. Die Tradition wurde über die Zeiten aufrechterhalten, indem männliche Cohanim (Mehrzahl von Cohen) das Amt auf ihre Söhne übertrugen. Skorecki und seine Kollegen erkannten, dass das Y-Chromosom in der DNS nur vom Vater auf den Sohn übertragen wird, genauso wie das Amt eines Cohen. Indem Skorecki und Mitarbeiter bestimmte Eigenschaften des Y-Chromosoms bei 306 jüdischen Männern, darunter 106 Cohanim, untersuchten, konnten sie feststellen, dass Cohanim einige Eigenschaften beim Y-Chromosom besitzen, die sie von anderen Juden unterscheiden. Die Forscher fanden überzeugende Hinweise darauf, dass das gemeinsame genetische Material der Cohanim von einem Vorfahren stammt, der vor 2100 bis 3250 Jahren lebte – ein Zeitbereich, der mit historischen Berichten über Aaron und seine Nachfolger übereinstimmt.

Wir haben als Analogie zwischen der Beziehung von Taschenuniversen und dem globalen Universum die Beziehung zwischen einzelnen Menschen und der Menschheit schon verwendet. Als ich darüber nachdachte, stellte sich mir die Frage, ob es eine „universale DNS" geben könnte, die die Universen eindeutig charakterisiert und eine ähnliche Art des Abstammungsnachweises zulässt wie diejenige, die bei den jüdischen Priestern gefunden wurde. Etwas Ähnliches wie eine solche universale DNS könnte im Prinzip tatsächlich existieren – nämlich der Satz der physikalischen Gesetze und die Werte der Naturkonstanten, die die Stärken der Naturkräfte, die Massenverhältnisse der Elementarteilchen usw. beschreiben. Wenn folglich verschiedene Universen verschiedene Werte für die Konstanten und/oder verschiedene Sätze von Gesetzen aufweisen, könnten diese zur „DNS-Überprüfung" von Universen verwendet werden. So verrückt dieser Gedanke einer universalen DNS erscheinen mag, ich fand bald heraus, dass ich nicht der Erste war, der solchen Annahmen nachgegangen war. In einer Arbeit, die ich erst 1998 zu Gesicht bekam, hatte der theoretische Physiker Lee Smolin (Pennsylvania State University) schon 1992 vorgeschlagen, dass sich Universen gemäß bestimmter Gesetze der Vererbung und der natürlichen Auslese entwickeln könnten (diese Gedankengänge sind sehr schön in Smolins Buch *Warum gibt es die Welt? – Die Evolution des Kosmos*, C. H. Beck, 1999, dargestellt). Smolin vermutete, dass neue Universen und Raumzeiten innerhalb von kollabierenden Schwarzen Löchern neu entstehen können. Er wies darauf hin, dass jedoch nur Universen, in denen die Gesetze der Physik es zulassen, dass Sterne kollabieren und Schwarze Löcher sich bilden können, viele „Nachkommen" hervorbringen können. Er vermutete, dass „Tochteruniversen" physikalische Gesetze und Naturkonstanten besitzen, die sich nur wenig von denen ihrer „Mutteruniversen" unterscheiden und deshalb fruchtbare Produzenten von Universen neue fruchtbare Produzenten von Universen „gebären". Nach Smolins Hypothese wird infolgedessen die Reihe von Universen irgendwann von solchen Universen beherrscht, deren physikalische Gesetze die Bildung der größtmöglichen Menge Schwarzer Löcher zulassen. Diese Aussage kann in der Tat zumindest im Prinzip in unserem eigenen Taschenuniversum überprüft werden. Wenn Smolins These richtig ist, sind die physikalischen Gesetze und die Werte der Naturkonstanten in unserem Universum durch natürliche Auslese so gestaltet, dass sie für die Bildung Schwarzer Löcher besonders geeignet sind. Mit anderen Worten, jede „Veränderung" der Werte von Naturkonstanten in unserem Universum sollte zu einer Verringerung der Zahl von Schwarzen Löchern, die sich bilden können, führen. Oberflächlich betrachtet scheint dies freilich nicht der Fall zu sein. Eine Verringerung in der Effizienz der Kernreaktionen würde beispielsweise dazu führen, dass mehr Sterne dem Sog der Schwerkraft nicht widerstehen könnten und zu Schwarzen Löchern würden. Doch auch wenn einzelne Feinheiten in Smolins Hypothese nicht korrekt sind, empfinde ich den Gedanken einer natürlichen Auslese von Universen sehr ansprechend, insbesondere wegen der Unzulänglichkeiten der oben erwähnten universellen Zensur. Universelle natürliche Auslese schafft zumindest eine Form von Kontinuität über Generationen von Universen hinweg, die, wenn sie gänzlich verstanden ist, uns vielleicht die Hoffnung bietet, die universelle Zensur zu überwinden. Wenn eines Tages eine fundamentale Theorie entwickelt worden ist, sei es durch die Superstrings oder die M-Theorie (ein vereinheitlichtes System von Stringtheorien), könnten wir vielleicht sowohl die Ära vor der Inflation wie auch das globale Universum noch besser verstehen.

Wir beschäftigen uns in diesem Kapitel mit der Schöpfung des Universums und können deshalb nicht ignorieren, dass ein solches Thema viele theologische und mystische Aspekte enthält. Es hat viele Versuche gegeben, Vergleiche zwischen kosmologischen Modellen, insbesondere der Urknalltheorie, und religiösen Beschreibungen der Schöpfung anzustellen. Viele dieser Vergleiche konzentrieren sich entweder auf den biblischen Schöpfungsbericht oder auf die Religionen des Fernen Ostens. Als Beispiele seien die Bücher *Die tanzenden Wu-li-Meister: der östliche Pfad zum Verständnis der Modernen Physik* von Gary Zukav (Rowohlt, 1981), *Das Tao der Physik: die Konvergenz von westlicher Wissenschaft und östlicher Philosophie* von Fritjof Capra (Droemer Knaur, 1997) und *The Disappearance of God (Das Verschwinden Gottes)* von Richard Elliott Friedmann (Little, Brown & Co., 1995) erwähnt. Ich selbst bin nicht religiös, habe aber einen großen Respekt vor dem Glauben anderer Menschen. Doch obwohl viele der oben erwähnten Bücher eine faszinierende Lektüre bieten, kranken sie oft an der gleichen Art von Naivität, die die Behandlung theologischer Themen durch Physiker so oft charakterisiert. Detaillierte Vergleiche von physikalischen Begriffen und Sachverhalten mit theologischen bieten häufig unnötige Angriffsflächen für den Spott von unreligiösen Wissenschaftlern. Ich selbst habe die Schöpfungsgeschichte der Bibel immer als wunderbare Metapher und poetischen Bericht dessen empfunden, was mit Sicherheit im Altertum und zu einem großen Teil auch noch heute ein unverstehbares Ereignis darstellt. Dies ist übrigens recht schön durch einen Begriff in der Kabbala ausgedrückt, einer esoterisch-spekulativen jüdischen Bewegung des Mittelalters. In dieser Lehre wird die Erschaffung der Welt so untrennbar mit dem Begriff der Gottheit selbst verknüpft, dass die Schöpfung innerhalb von Gott erfolgt. Und auch Friedrich Nietzsche, der in *Die fröhliche Wissenschaft* gesagt hat: „Gott ist todt! Gott bleibt todt! Und wir haben ihn getödtet!", zeigte sich an anderer Stelle (auch in der *fröhlichen Wissenschaft*) fasziniert von der biblischen Schöpfungsgeschichte: „Dass auch wir Erkennenden von heute, wir Gottlosen und Antimetaphysiker, auch unser Feuer noch von dem Brande nehmen, den ein Jahrtausende alter Glaube entzündet hat, ... dass Gott die Wahrheit ist, dass die Wahrheit göttlich ist..."

Kehren wir zur Physik zurück. Es gibt einen Aspekt kosmologischer Schöpfungsmodelle, der möglicherweise bis an die Grenzen der menschlichen Einsicht geht. Alexander Vilenkin beschließt 1982 seine schon erwähnte Arbeit *Die Schöpfung von Universen aus dem Nichts* mit der Feststellung: „Die Vorzüge des hier dargestellten Szenariums sind ästhetischer Natur ... Die Struktur und Entwicklung des Universums oder der Universen werden völlig durch die Gesetze der Physik bestimmt." Dies stellt, wenn es denn richtig ist, einen bemerkenswerten Erfolg dieser Gesetze dar. Wenn beispielsweise das Erscheinen des Universums tatsächlich das Ergebnis eines Quantentunnelns ist, würde dies bedeuten, dass die Schöpfung ein unvermeidbares Ergebnis dieser Gesetze ist. Aber das würde wiederum die Frage offen lassen: Wo liegt der Ursprung der physikalischen Gesetze? Es mag unwahrscheinlich klingen, aber eine wahrhaft fundamentale Theorie (wie die String- oder M-Theorie) sollte im Prinzip auch diese Frage beantworten können. Die Theorie würde nämlich nur eine freie Wahl zulassen, wie die Gesetze aussehen können, sodass sie sowohl *selbstkonsistent* ist, gleichzeitig aber auch das Universum erklären kann, von der Welt der Elementarteilchen bis zu den größten astronomischen Skalen. Die Stringtheorie hat schon gezeigt, dass eine fundamentale Theorie eine Quantentheorie sein muss, deren Charakter so beschaffen ist, dass nur Wahrscheinlichkeitsaussagen möglich sind. Dies ist eine bemerkenswerte Entdeckung, da die Physiker bislang an den Begriff eines klassischen Grenzfalls gewöhnt waren: Wenn man von der mikroskopischen Welt der Elementarteilchen zur makroskopischen Welt (mit Objekten wie Tennisbällen) übergeht, findet man, dass die mathematische Beschreibung der Phänomene ohne abrupten Übergang von einem quantenartigen Bild von Wahrscheinlichkeiten in ein klassisches, vollkommen deterministisches Bild (wie die Newtonschen Gesetze der Mechanik) wechselt. Die Quantenmechanik beschreibt ja das Verhalten eines Elektrons mit Hilfe einer Wellenfunktion. Sie stellt die Entwicklung dieser Funktion exakt dar, aber die Wellenfunktion selbst beschreibt nur die Wahrscheinlichkeit bestimmter zukünftiger Ereignisse, nicht die genaue Zukunft selbst. Im Gegensatz dazu bestimmen in der klassischen Mechanik die Newtonschen Gesetze unveränderbar die zukünftigen Ereignisse im „Leben" eines Tennisballs. Der Übergang von der quantenmechanischen zur klassischen Beschreibung tritt ein, wenn die betrachteten Objekte groß genug sind, sodass ihre Wellen- oder Wahrscheinlichkeitsnatur unmerklich klein wird. Die Stringtheorie hat gezeigt, dass auf kleinen Skalen die Quantenbeschreibung in der Physik notwendig ist. Man könnte deshalb sagen, dass die Theorie selbst in gewisser Weise erklärt, warum es eine Quantenmechanik geben muss. So gesehen bestimmt die Theorie ihre eigenen Gesetze.

Ich möchte dazu Folgendes klarstellen: Obwohl Stringtheorien die fundamentale Theorie auf eine bestimmte Wahl reduzieren, bedeutet dies nicht notwendigerweise, dass es nur ein mögliches Universum gibt. Genauso wie eine Gleichung, die ein Wasserstoffatom beschreibt, viele Lösungen haben kann, die den verschiedenen Energiezuständen des Atoms entsprechen, kann eine Gleichung, die das Universum beschreibt, viele mögliche Lösungen haben und damit viele mögliche Universen beschreiben.

Wir haben uns mit der fernen, aber düsteren Zukunft und mit der fernen, aber die Fantasie anregenden Vergangenheit des Universums beschäftigt. Kehren wir nun in unsere Welt und zu unserem Grundthema zurück, ergibt sich sofort die wichtige Frage: Wie beeinflusst die Entdeckung der beschleunigten Expansion die Schönheit kosmologischer Modelle?

Das Ende der Schönheit?

Die beschriebenen Beobachtungen entfernter Supernovae und der Anisotropie des Mikrowellenhintergrundes deuten darauf hin, dass das

Universum flach und Omega (gesamt) gleich 1,0 ist. Der Beitrag verschiedener Komponenten, den „Eimer" der Energiedichte bis zum kritischen Wert zu füllen, kann ungefähr wie folgt zusammengefasst werden: Die Sterne und die leuchtende Materie tragen nicht mehr als einen mageren Wert von etwa 0,005 bei; Neutrinos beteiligen sich mit einem unbekannten Bruchteil, sicherlich mehr als 0,003, aber nicht mehr als 0,15; von den Baryonen kommen etwa 0,05. Der größte Teil der Energiedichte stammt aus der kalten dunklen Materie, mit einem Wert von 0,3 bis 0,4, und der Energiedichte des Vakuums (der kosmologischen Konstanten), mit einem Wert von 0,6 bis 0,7.

Betrachtet man diese Ergebnisse unter dem Aspekt der Schönheit physikalischer Theorien, muss man sicher zugeben, dass die Vorstellung von der Flachheit des Universums an sich schön ist, da sie in vollem Einklang mit der einfachen Vorhersage des inflationären Modells steht. Die Tatsache, dass das Universum für seine Flachheit auf verschiedene Quellen der Energiedichte (baryonische Materie, Neutrinos, kalte dunkle Materie) zurückgreifen muss, widerspricht dem nicht, weil im Vorkommen verschiedener Formen der Materie nichts besonders Grundlegendes liegt. Welche Elementarteilchen existieren und welche Massen sie besitzen, wird, so hofft man, durch eine fundamentale Theorie beschrieben, die selbst durch die Prinzipien Symmetrie und Einfachheit beherrscht wird. Dieses klare Bild verwischt sich allerdings, wenn man die kosmologische Konstante hinzunimmt. Vor etwa 20 Jahren hätten die meisten, wenn nicht alle Kosmologen die Meinung vertreten, dass die kosmologische Konstante einen Wert von null hat und dass ein Wert von eins für Omega nur auf den Beiträgen der verschiedenen Arten von Materie beruht. Doch da bleibt noch die Tatsache, dass der von der Theorie her erwartete natürlichste Beitrag der Vakuumenergie etwa 10^{123} beträgt, während der gemessene Wert 0,6 bis 0,7 ist. Durch einen geheimnisvollen, aber sehr genauen Prozess ist der Beitrag der virtuellen Teilchen des Vakuums um 123 Dezimalstellen reduziert worden und hat nur die 124. Dezimalstelle intakt gelassen! Dies scheint auf den ersten Blick nicht besonders *einfach* zu sein und eine grundlegende Erfordernis für Schönheit zu verletzen. Die Situation könnte sogar noch viel schlimmer sein, als wir denken, denn innerhalb der Fehlergrenzen der Beiträge zu Omega kann es sein, dass sich diese zu einem Wert von Omega (gesamt) von 0,9 oder 1,1 aufaddieren könnten. Trotz der scheinbar geringen Abweichung wäre dann selbst die grundlegendste Vorhersage der Inflation in ihrer einfachsten Form widerlegt. Im Moment bleibt uns nur, solche schrecklichen Möglichkeiten zu ignorieren und einfach zu hoffen, dass die Natur etwas Nachsicht mit denen hat, die sich bemühen, sie zu verstehen. Zukünftige Experimente der Anisotropie von Hintergrundstrahlung werden hoffentlich bald die Fragen nach den genauen Werten der kosmologischen Parameter beantworten.

Was sollten also Physiker gegenüber einem flachen Universum empfinden, das überraschenderweise durch die Energiedichte des Vakuums und durch die dunkle Materie beherrscht wird? Jedenfalls sollte die Überraschung der Wissenschaftler nicht als Hinweis auf Hässlichkeit angesehen werden. Ein beschränktes Verständnis dessen, was wirklich fundamental ist, kann zu groben Missverständnissen in der Frage führen, was einen Verstoß gegen ästhetische Prinzipien darstellt. Die Geschichte des Myons belegt dies: Im Standardmodell der Elementarteilchen, das allein auf wundervolle Symmetrieprinzipien aufgebaut ist, scheint das Elektron genau den gleichen Status einzunehmen wie zwei weitere Teilchen – das Myon und das Tauon. Jedes dieser Teilchen besitzt einen Neutrinopartner. Als jedoch das Myon, das 207-mal so massereich wie ein Elektron ist, entdeckt wurde, fragte der Physiker Isidor Rabi etwas ungehalten: „Wer hat das bestellt?"

Wenn Physiker überrascht sind, bedeutet das gewöhnlich einfach nur, dass die zur Zeit gängige Theorie unvollständig ist. Es bedeutet nicht, dass ästhetische Prinzipien im Stich gelassen werden müssen. Die Geschichte der Physik hat auch dafür ein Beispiel: Schon bei den alten Griechen und in vielen folgenden Jahrhunderten herrschte das Vorurteil, dass Planetenbahnen genau kreisförmig sein sollten, nicht zuletzt der Schönheit wegen, die der Symmetrie von Kreisen bei der Rotation innewohnt. Wie der berühmte Astronom Martin Rees aus Cambridge in seinem Buch *Vor dem Anfang: eine Geschichte des Universums* (S. Fischer, 1998) schrieb, war dieses Vorurteil so verwurzelt, dass selbst Galileo, Zeitgenosse von Kepler, aufgebracht war, als dieser erkannt hatte, dass die Planetenbahnen in Wirklichkeit elliptisch sind. Elliptische Bahnen, wissen wir heute, stellen natürlich keine Verletzung der Forderung nach „Schönheit" dar. Denn die richtige Folgerung aus der Symmetrie des *Gesetzes der allgemeinen Gravitation unter Rotation* ist nämlich, dass elliptische Bahnen mit *beliebiger* Orientierung zugelassen sind. So kann es sehr gut sein, dass auch unser Vorurteil gegen einen dominierenden Beitrag der kosmologischen Konstante nur die augenblickliche Unwissenheit von der endgültigen Theorie widerspiegelt. Doch es bleibt ein anderer Aspekt der kosmologischen Konstante, der wirklich ziemlich ärgerlich ist.

Während das Universum expandiert, nimmt die mittlere Materiedichte ständig ab – von riesigen Werten bis zum heutigen Wert, der 0,3 bis 0,4 der augenblicklichen kritischen Dichte beträgt. Als das Universum eine Minute alt war, hatte die Materie eine Dichte, die

10^{27}-mal höher war als heute. Als sich die ersten Galaxien bildeten, war das Universum immer noch 100-mal dichter als heute. Andererseits nimmt man an, dass die Vakuumdichte, vertreten durch die kosmologische Konstante, immer *konstant* geblieben ist, wie schon der Name vermuten lässt, und zwar bei ihrem heutigen Wert von 0,6 bis 0,7 der aktuellen kritischen Dichte. Der Beitrag der kosmologischen Konstante zu Omega war im eine Minute alten Universum etwa 10^{27}-mal kleiner als derjenige der Materie. Als die Galaxien entstanden, trug die Materie immer noch 100-mal mehr zur Dichte bei als die kosmologische Konstante. Erst vor sehr kurzer Zeit gewann diese die Oberhand über die abnehmende Materiedichte, und ihre Beiträge sind immer noch von der gleichen Größenordnung. Fast während der gesamten Geschichte des Universums war die Materiedichte höher als die Vakuumenergiedichte. Nur wir leben zufällig in der ersten und einzigen Periode, in der die Materiedichte gerade die Vakuumenergiedichte unterschritten hat. Oberflächlich betrachtet stellt dies eine ernsthafte Verletzung des verallgemeinerten kopernikanischen Prinzips dar, weil daraus folgt, dass wir zu einer ganz besonderen Zeit leben.

Hat dies Konsequenzen für unsere Betrachtung? Ist es möglich, dass wir den ganzen Weg durchschritten haben, wobei bei jedem Schritt unser Glaube an die Schönheit des Universums immer stärker geworden ist, um jetzt zu sehen, dass all dies am Ende nicht zutrifft? Ich muss gestehen, dass mich diese Verletzung der Schönheit genauso traf wie die, als jemand ein Messer in das Rijksmuseum in Amsterdam geschmuggelt und Rembrandts Meisterwerk *Die Nachtwache* mit zwölf tiefen Stichen verunstaltet hatte.

Die neuen Erkenntnisse über die kosmologische Konstante lassen zwei wesentliche Fragen aufkommen: Warum ist sie so klein, aber nicht gleich null? Warum gewinnt sie gerade jetzt die Oberhand über die Materiedichte?

Dies sind keine leichten Fragen, und sie kommen vielen Physikern nicht sehr gelegen. Die kosmologische Konstante hat ja ohnehin eine ziemlich unglückliche Geschichte, da sie von Einstein aus dem falschen Grund eingeführt wurde, ein statisches Universum zu ermöglichen. Was Wunder, dass viele Physiker zögern, ihr eine grundlegende physikalische Rechtmäßigkeit zuzugestehen.

Einige Kosmologen haben Zuflucht im *anthropischen Prinzip* gesucht, das dem intelligenten Leben selbst eine wichtige Rolle zuweist. Bevor wir uns ausführlich mit dieser möglichen Rolle befassen, muss aber die Frage beantwortet werden, wie intelligentes Leben im Universum überhaupt entstehen konnte. Zu diesem Zweck müssen wir einen genauen Blick auf die einzige Stelle werfen, von der wir mit Sicherheit wissen, dass dort Leben existiert – auf die Erde. Ein entscheidender Test für das kopernikanische Prinzip verbirgt sich hinter der oft gestellten Frage: Sind wir allein im Kosmos oder existiert auch anderswo Leben?

8
Das Leben und seine Bedeutung

Das Auftreten von Leben und insbesondere das Auftreten von intelligentem Leben auf einem Planeten erfordert mit Sicherheit eine ganze Reihe von lokalen Umweltbedingungen, die zusammenwirken müssen, um eine optimale Umwelt zu schaffen. Selbst auf der globalen Skala hat es wichtige Vorentscheidungen für das Leben gegeben. Wenn keine Symmetriebrechung in unserem Universum aufgetreten wäre, gäbe es nur eine Kraft und ein Teilchen – und mit Sicherheit keine Sterne und Planeten. Hätte die CP-Verletzung nicht einen winzigen Überschuss von Materie über Antimaterie im Urknall geliefert, wäre das Universum heute praktisch materiefrei. Die Gesetze der Physik und die Werte der verschiedenen Naturkonstanten (wie die Stärken der Naturkräfte) haben zur Bildung von Sternen und Planeten geführt, und sie haben das Zusammengehen von Atomen gestattet, um das komplexe Phänomen, das wir „Leben" nennen, zu ermöglichen. Wie ist dies alles geschehen? Und wie „speziell" hat unser Universum sein müssen, damit es geschehen konnte?

1970 erfand der englische Mathematiker John Conway ein bemerkenswertes mathematisches Spiel namens „Leben". Conways

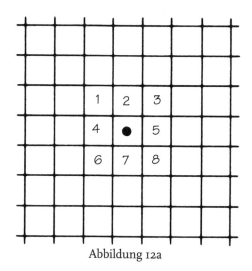

Abbildung 12a

Ziel war es, eine Miniwelt zu erschaffen, die einzig auf mathematischer Logik beruht, sodass ein einfacher Satz von Regeln ihre Entwicklung bei jedem Schritt vorherbestimmt, diese Entwicklung aber trotzdem unvorhersehbar ist. Das Spiel wurde allgemein bekannt, als Martin Gardner es im Oktober 1970 in seiner Kolumne „Mathematische Spiele" in der Zeitschrift *Scientific American* vorstellte, und für viele wurde es zu einem Teil ihres Lebens. Da das Spiel ein paar interessante Eigenschaften besitzt, die Ähnlichkeiten mit der wahren Entwicklung des Lebens aufweisen, wollen wir uns die Regeln etwas näher betrachten.

Das Spiel wird auf einem unendlich ausgedehnten (oder zumindest sehr großen) Schachbrett oder auf dem Computer gespielt. Jede „Zelle" hat genau acht Nachbarn (Abbildung 12a). Wenn eine Zelle zwei Nachbarzellen hat, die am Leben sind (einen schwarzen Punkt enthalten), geschieht nichts. Die Zelle bleibt, wie sie ist: Sie bleibt am Leben, wenn sie schon vorher am Leben war, oder leer, wenn sie leer war. Wenn eine leere Zelle drei lebende Nachbarn hat, führt dies zu einer „Geburt", die die leere Zelle im folgenden Schritt mit einem

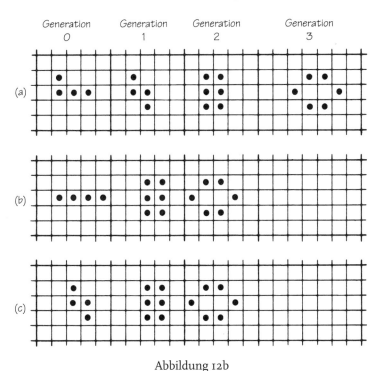

Abbildung 12b

schwarzen Punkt füllt. Wenn die Zelle schon vorher am Leben war, bleibt sie am Leben. Wenn eine lebende Zelle vier oder mehr lebende Nachbarn hat, wird sie durch die „Überbevölkerung" getötet: Sie verliert im folgenden Schritt den schwarzen Punkt. Eine lebende Zelle stirbt ebenfalls, und zwar durch Isolation, wenn nur eine oder gar keine Nachbarzelle am Leben ist. Bei jedem Schritt des Spiels wird jede Zelle geprüft, und es wird festgestellt, ob sie gebiert, stirbt oder überlebt. Alle Änderungen werden im nächsten Schritt ausgeführt.

Bald nach der Erfindung des Spiels entdeckten die vielen Anhänger, die es schnell gefunden hatte, dass es eine unendliche Anzahl von möglichen Entwicklungsmustern dieser „Lebensform" enthält. Ein ewig unveränderlicher Zustand kann beispielsweise verschiedene Vorgänger haben (Abbildung 12b). Versuchen Sie einmal, die Regeln anzuwenden, um der Entwicklung zu folgen! Ein sehr einfacher Anfangszustand kann sich auch in ein Muster entwickeln, das zwischen zwei Zuständen oszilliert (Abbildung 12c). Es gibt sogar Muster, von denen man beweisen kann, dass sie keine Vorgänger haben. Diese werden „Garten von Eden" genannt.

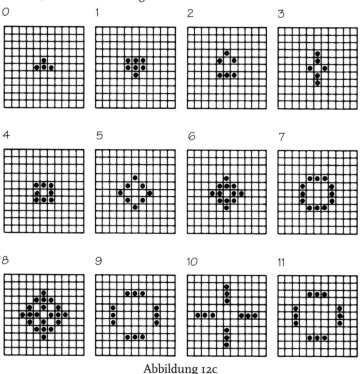

Abbildung 12c

Die Lehre dieses Spiels ist einfach: Selbst mit einem kleinen Satz von deterministischen Regeln oder Gesetzen kann ein sich entwickelndes System einen hohen Grad von Komplexität und Unvorhersehbarkeit erreichen. Insbesondere können bestimmte Ergebnisse nie erzielt werden, während es für andere Ergebnisse mehrere Wege gibt, sie zu erreichen. Einige Muster erreichen eine einzige stabile Konfiguration, andere senden Schiffsladungen von Kolonisten in andere Gebiete. Kleine Änderungen in einem einfachen Satz von Anfangsbedingungen können zu völlig verschiedenen Endergebnissen führen.

Wie komplex das Spiel auch sein mag, es ist unendlich viel einfacher als das wahre Leben, das uns hier auf der Erde begegnet. Denn nach einer Definition von Carl Sagan ist „Leben jedes System, das in der Lage ist, sich zu reproduzieren oder zu mutieren, und dessen Mutationen sich ebenfalls reproduzieren können." Diese kluge Definition vermeidet die Unklarheiten anderer Bestimmungen, die etwa auf Funktionen beruhen (dem Stoffwechsel) oder die nur für das Leben auf der Erde charakteristisch sind (die Verwendung von DNS [Desoxyribonukleinsäure]). Denn Bestimmungen, die auf der Aufnahme von Materialien und Stoffwechsel beruhen, könnten genauso gut auf Taschenrechner und Flugzeuge zutreffen, und Definitionen, die auf DNS basieren, schließen vielleicht außerirdische Lebensformen aus.

Die lebenden Organismen, mit denen wir vertraut sind, bestehen aus organischen Molekülen, Wasser, den Ionen einiger Atome und ein paar Spurenelementen. Die organischen Moleküle basieren auf Kohlenstoff und seinen Verbindungen mit Elementen wie Wasserstoff, Sauerstoff, Stickstoff, Phosphor und Schwefel. Die Ionen und die Spurenelemente schließen Atome von Kalzium, Kalium, Natrium, Eisen, Chlor, Magnesium, Silizium, Zink, Kobalt und ein paar andere in sehr geringen Mengen ein.

Bemerkenswert daran ist, dass von den genannten Elementen nur der Wasserstoff aus dem Inferno des Urknalls stammt. Alle anderen Elemente wurden durch Kernreaktionen, an denen die starke und schwache Wechselwirkung beteiligt waren, im tiefen Innern von Sternen oder während Sternexplosionen gebildet. Massereiche Sterne beenden ihr Leben durch Supernovaexplosionen. In diesen Explosionen zerstreuen die Sterne ihr Inneres, einschließlich der neu geschaffenen chemischen Elemente, und verteilen es im Weltraum, wobei sich die chemische Zusammensetzung der interstellaren Materie ändert. Sterne mittlerer Masse verlieren ihre Oberflächenschichten durch Sternwinde und periodische Expansionen und Kontraktionen (Pulsationen) während einer Entwicklungsphase, in der sie zu Riesensternen aufgebläht sind. Da die verlorenen äußeren Schichten reich an Kohlenstoff sind, dienen solche Sterne als Hauptlieferanten von Kohlenstoff für das interstellare Medium. Die Schwerkraft formt die interstellaren Wolken zu neuen Sonnensystemen, und die Chemie schafft durch die elektromagnetische Kraft die Bausteine des Lebens. Wir sind also im wahrsten Sinne des Wortes „Sternenstaub". Um aus diesem Rohmaterial den Stoff zu erzeugen, aus dem das Leben besteht, wirken die vier Grundkräfte der Natur in wunderbarer Weise zusammen.

Sterne sind jedoch nicht bloß Fabriken für die Rohstoffe des Lebens. Sie liefern darüber hinaus für Milliarden von Jahren den Nachschub an Energie für die sie begleitenden Planeten, und diese zuverlässige, langlebige Energiequelle wird offenbar gebraucht, damit sich „intelligentes" Leben entwickeln kann. Was ist die Quelle dieses gewaltigen Energiereservoirs, und was bestimmt die Lebensgeschichte und die Langlebigkeit der Sterne?

Das geheime Leben der Sterne

Was wir gewöhnlich *Sternentwicklung* nennen, ist nichts anderes als das Altern der Sterne. Diese entstehen durch den gravitativen Kollaps großer Gaswolken. Während ihres Lebens machen sie eine Reihe von grundlegenden Verwandlungen durch, und schließlich sterben sie – ihr Licht wird so schwach, dass sie praktisch unsichtbar sind. Weil ihr Leben jedoch sehr viel länger als das menschliche Leben ist, stellt die gesamte Sammlung von Sternbeobachtungen während der Geschichte der Menschheit nur einen Schnappschuss daraus dar. Das Entziffern der bei der Sternentwicklung auftretenden Prozesse ist deshalb etwa so mühsam, als wenn man den Prozess des menschlichen Alterns durch die einmalige Untersuchung einer großen Gruppe von Menschen verschiedenen Alters ableiten müsste.

Die Sternentwicklung beruht auf der simplen Tatsache, dass ein Stern sein ganzes Leben damit verbringt, gegen die Schwerkraft anzukämpfen. Denn wenn es keine gegenwirkende Kraft gäbe, würde die Schwerkraft sofort einen katastrophalen Kollaps zu seinem Zentrum hin verursachen. Solange er lebt, führt er deshalb einen Balanceakt aus, bei dem sich der Sog der eigenen Schwerkraft genau im Gleichgewicht mit dem Druck des heißen Gases im Sterninnern befindet.

Der hohe Druck im Innern der Sterne ist wiederum eine Folge der hohen Temperatur, die durch Kernreaktionen erzeugt wird. Im Zentrum unserer Sonne herrscht etwa eine Temperatur von 15 Millionen Kelvin. Die sich in diesem Gebiet hoher Dichte und Temperatur heftig bewegenden Protonen können zusammenstoßen und trotz ihrer gegenseitigen elektrischen Abstoßungskraft die anziehende Kernkraft des Kollisionspartners spüren. Der Großteil der Sternenergie wird durch eine Kernreaktion erzeugt, bei der vier Protonen von Wasserstoffatomen, die ihr Elektron verloren haben, zu einem Heliumkern verschmelzen, der dann aus zwei Protonen und zwei Neutronen besteht. Während dieser Reaktion werden auch zwei Positronen und zwei Neutrinos abgegeben. Wichtig ist aber, dass bei der Verbindung der Protonen zu einem Heliumkern Energie freigesetzt wird. Die Masse des Heliumkerns ist etwas kleiner als die Masse von vier Protonen, und der größte Teil des Massenunterschieds wird nach Einsteins berühmter Formel (Energie gleich Masse mal dem Quadrat der Lichtgeschwindigkeit) in Energie umgewandelt. Es besteht die Hoffnung, dass in nicht allzu ferner Zukunft die gleiche Reaktion eine fast unerschöpfliche und saubere Energiequelle für die Menschheit liefern wird, wenn man in der Lage sein wird, Kernverschmelzungsreaktionen kontrolliert ablaufen zu lassen.

Mit zunehmendem Alter erschöpft sich im Innern des Sterns zuerst der ursprüngliche Kernbrennstoff, der Wasserstoff. In dieser Entwicklungsphase kontrahiert das Sterninnere aufgrund der Schwerkraft. Und wenn die Temperatur genügend ansteigt, können neue Kernreaktionen mit schwereren Atomkernen einsetzen.

Der wichtigste Faktor, der die Entwicklung eines Sterns bestimmt, ist seine Masse. Je massereicher er ist, umso kürzer ist sein Leben. Witzbolde nennen diese seltsam klingende Aussage auch das „Nissan- und-Cadillac-Paradoxon". Der Cadillac hat zwar einen viel größeren Tank, aber man kann mit dem Nissan trotzdem eine größere Strecke zurücklegen, weil der Benzinverbrauch des Cadillac so hoch ist. Ebenso steht massereichen Sternen zwar mehr Wasserstoff zur Verfügung, aber da sie ihn so viel schneller verbrennen, führen sie ein wesentlich kürzeres (aber auch interessanteres) Leben. Ein Stern wie die Sonne kann etwa 10 Milliarden Jahre leben, ein Stern mit der zehnfachen Masse dagegen nur etwa 35 Millionen Jahre.

Objekte mit weniger als acht Prozent der Sonnenmasse werden im Innern nie heiß genug, um Kernreaktionen zu zünden. Die Astronomin Jill Tarter erfand für solche Objekte die Bezeichnung Braune Zwerge. Sterne, die Massen zwischen acht und achtzig Prozent der Sonnenmasse besitzen, haben ihr gesamtes Leben bislang damit verbracht, Wasserstoff in Helium umzuwandeln. Sie können dies über einen Zeitraum durchhalten, der dem Alter des Universums gleichkommt. Das bedeutet, dass solche massearmen Sterne sich seit ihrem Entstehen praktisch nicht verändert haben.

Eine für das Ende von Sternen wichtige Grenzlinie liegt bei acht Sonnenmassen. Sterne mit weniger oder mehr Masse haben ganz unterschiedliche Entwicklungswege. Einzelsterne, die weniger als acht Sonnenmassen aufbringen, erlöschen langsam, Sterne mit acht bis zu einigen Dutzend Sonnenmassen beenden ihr Leben in einer dramatischen Explosion.

Alle Sterne wandeln fast ihr ganzes Leben lang in ihrem Zentrum Wasserstoff in Helium um. Dieses Stadium des Sternlebens nennen die Wissenschaftler *Hauptreihenstadium*. Wenn der Wasserstoff im Zentrum erschöpft ist und die Energiequelle zu versiegen droht, beginnt sich das Sterninnere aufgrund der Schwerkraft zusammenzuziehen. Gleichzeitig expandieren die äußeren Schichten (die Hülle) um etwa das Hundertfache, und der Stern verwandelt sich in einen hellen, aber kühlen *Roten Riesen*. Wenn dies in etwa fünf Milliarden Jahren bei unserer eigenen Sonne passiert, wird die Erde nur knapp dem Schicksal entrinnen, von der sich aufblähenden Sonne verschluckt zu werden. Trotzdem wird die sengende Strahlung alles Leben vernichten. Unter Astronomen kursiert ein alter Witz, wonach bei einem Vortrag über das Leben auf der Erde und sein zukünftiges Ende jemand in den hinteren Reihen, von Panik ergriffen, fragt: „Wann wird das geschehen?" „In fünf Milliarden Jahren", antwortet der Vortragende. Mit einem Seufzer der Erleichterung sagt der Fragende: „Gott sei Dank! Ich dachte, Sie hätten in fünf Millionen Jahren gesagt!"

Wenn das Innere des Riesensterns kontrahiert, wird es immer heißer und dichter, was zur Zündung des nächsten Kernbrennstoffes führt – des Heliums. Zwei Heliumkerne stoßen zusammen und bilden einen extrem kurzlebigen Berylliumkern. Während seiner kurzen Lebenszeit kann dieser Berylliumkern mit einem weiteren Heliumkern zusammenstoßen und einen Kohlenstoffkern erzeugen. Und der bildet die Grundlage der Lebensform, die wir kennen.

Ein anderes Element, das für das Leben notwendig ist, der Sauerstoff, wird durch die Verschmelzung eines weiteren Heliumkerns mit einem Kohlenstoffkern gebildet. Sterne mit Massen unter acht Sonnenmassen erzeugen praktisch keine schwereren Elemente als Sauerstoff. Wenn das Innere eines solchen Sterns aus Kohlenstoff und Sauerstoff besteht, beginnt es wieder zu kontrahieren (die Schwerkraft ist immer vorhanden!), und die äußeren Schichten expandieren zu riesenhaften Ausmaßen. Die Strahlung des Sterns ist dann so intensiv, dass sie die äußere Hülle abstößt und sich so ein Planetarischer Nebel bildet – eine diffuse, fluoreszierende Gaswolke. Kohlenstoff und Sauerstoff, die vorher in diese Hülle hineingemischt wurden, gelangen auf diese Weise in das interstellare Material, aus dem neue Sterne, Planeten und schließlich auch Leben entstehen können. Der Kohlenstoff-Sauerstoffkern des ursprünglichen Sterns bleibt als *Weißer Zwerg* zurück. Weiße Zwerge können einem weiteren Kollaps entgegenwirken, allerdings nicht durch Kernreaktionen, sondern durch einen Quanteneffekt, dem *Paulischen Ausschließungsprinzip*. Dieser, nach dem Physiker Wolfgang Pauli auch kurz und bündig Pauli-Prinzip genannt, verhindert, dass Elektronen zu dicht zusammengepackt werden können. Das Pauli-Prinzip gestattet nicht, dass mehr als zwei Elektronen das gleiche Energieniveau einnehmen. Infolgedessen können Elektronen nicht das niedrigste Energieniveau übervölkern. Sie sind gezwungen, auf höhere Niveaus auszuweichen. Dies führt zu einem Druck nach außen, der der Schwerkraft die Waage hält.

Während die Weißen Zwerge den Rest ihrer Wärme abstrahlen, verschwinden sie langsam in der Dunkelheit des Alls. Wenn sie jedoch einen genügend nahen Sternbegleiter besitzen, kann es zu einem Materiefluss von diesem Begleiter zum Weißen Zwerg kommen. In manchen Fällen kann dies bewirken, dass dieses Materieaufsammeln den Weißen Zwerg über die kritische Masse von 1,4 Sonnenmassen (Chandrasekhar-Masse) bringt, bei der er gerade noch im Gleichgewicht sein kann. Die dramatische Folge ist eine Supernovaexplosion vom Typ Ia. Neue chemische Elemente, insbesondere Eisen, werden bei einer solchen Explosion gebildet. Da der Weiße Zwerg völlig in Stücke gerissen und sein Inneres im Weltraum verteilt wird, reichern alle neu gebildeten Elemente das interstellare Medium an, aus dem sich wie gehabt neue Generationen von Sternen und Planeten bilden können.

Schwergewichtige Sterne mit über acht Sonnenmassen führen ein kurzes, aber aufregendes Leben. Auch sie sind damit beschäftigt, in ihrem Innern Wasserstoff in Helium umzuwandeln. Wenn der Wasserstoff aufgebraucht ist, wird Helium in Kohlenstoff und Sauerstoff umgewandelt. Wenn ihr Heliumvorrat ebenfalls erschöpft ist, kontrahiert das Innere wieder, bis die Temperatur hoch genug ist, um einen noch schwereren Kernbrennstoff zu zünden. Die Kohlenstoffkerne verschmelzen und bilden Neon und Magnesium, die Sauerstoffkerne verschmelzen und bilden Silizium. Dieser Prozess wird solange fortgesetzt, bis das Sterninnere hauptsächlich aus Eisen besteht. Über dem Eisenkern liegt dann eine zwiebelschalenförmige Hülle mit der „Asche" aus allen vorherigen Kernfusionsreaktionen, Wasserstoff in der obersten Schicht, die immer schwereren Elemente in den tieferen Schalen.

Eisen ist der stabilste Atomkern in der Natur; seine Protonen und Neutronen sind enger aneinander gebunden als in irgendeinem anderen Atomkern. Während die Verschmelzung leichterer Atomkerne Energie freisetzt, wird beim Verschmelzen von Eisen in schwerere Kerne keine Energie gewonnen. Im Gegenteil, für diesen Prozess muss sogar Energie aufgewandt werden. Wenn der Eisenkern eines massereichen Sterns sich unter der Gravitationsanziehung zusammenzieht, kann der Stern nicht mehr durch zusätzliche Zündung weiteren Kernbrennstoffes gerettet werden. Die Temperatur wird so hoch (einige Milliarden Grad), dass die Strahlung energiereich genug wird, um Eisenkerne in ihre Bestandteile zu zerlegen. Dies bedeutet jedoch, dass die Strahlung ihre Energie am falschen Ort einsetzt – statt den nötigen Druck zu erzeugen, um der Schwerkraft die Waage zu halten, ist sie damit beschäftigt, Atomkerne auseinander zu brechen. Und dies bezahlt der Stern mit seinem Leben: Der Sternkern kollabiert im Bruchteil einer Sekunde! Dieser Kollaps kann nur aufgefangen werden, indem die Materie extrem dicht wird. Die Kerne benachbarter Atome werden dann so eng gepackt, dass sie sich praktisch berühren und keine Lücken lassen. In gewöhnlicher Materie wie einem Wassermolekül sind die Entfernungen zwischen den Kernen der Wasserstoff- und Sauerstoffatome hunderttausendmal größer als die Atomkerne selbst. Bei diesen enormen, im Kollaps erzeugten Dichten wird die Materie also so fest, dass eine zusätzliche Kompression fast unmöglich wird. Die Materie, die auf einen solchen Kern trifft, springt infolgedessen zurück, wie ein Ball, der auf eine Mauer trifft. Dieses plötzliche Zurückprallen wird von einer Stoßwelle begleitet, vergleichbar dem Überschallknall, der von Militärflugzeugen erzeugt wird. Die von der Stoßwelle produzierte Wärme dringt durch die äußeren Sternschichten nach außen, wird durch das Freisetzen von riesigen Mengen von Neutrinos unterstützt und verursacht eine gigantische Explosion. Die gesamte Sternhülle, die eine Masse von einigen Dutzend Sonnenmassen haben kann, wird mit einer Geschwindigkeit von mehr als 10 000 Kilometern pro Sekunde in den Raum geschleudert. Dieser für Menschen kaum vorstellbare Ausbruch ist eine Supernovaexplosion des Typs II. Der ungarisch-französische Op-Art-Maler Victor Vasarely hat versucht, in einem Gemälde mit dem Titel *Supernovae* einen künstlerischen Eindruck eines solchen Ereignisses zu geben. Die Explosion zerstreut Wasserstoff, Helium, Kohlenstoff, Sauerstoff, Schwefel, Silizium und andere Elemente, die sich in der Zwiebelschalenstruktur angesammelt hatten, in das interstellare Material. Die enorme Hitze hinter der Stoßwelle lässt die Bildung von Elementen zu, die in den Kernen ruhig brennender Sterne nicht entstehen, wie Blei oder Uran. Supernovae vom Typ II sind die Hauptquelle für alle Elemente, die schwerer als Eisen sind.

Gigantisch wie die Explosion ist auch die Energieabstrahlung einer Supernova. Sie ist vergleichbar mit der Energie, die von der Sonne während ihrer gesamten Lebenszeit abgegeben wird. Wenn der explodierende Stern nicht massereicher als 20 Sonnenmassen ist, ist der kompakte Kern, der nach der Explosion zurückbleibt, ein so genannter

Neutronenstern. Ein solch kompaktes Objekt hat eine Masse von etwa 1,4 Sonnenmassen, aber einen Durchmesser von nur 20 Kilometern! Neutronensterne besitzen eine so hohe Dichte, dass ein Kubikzentimeter ihres Materials eine Masse von etwa 100 Millionen Tonnen besitzt.

Neutronensterne kollabieren wegen der quantenmechanischen Abstoßungskraft der Neutronen nicht. Hier kommt wieder das Pauli-Prinzip zum Tragen, das uns schon bei den Weißen Zwergen begegnet ist, nur dass es in diesem Fall die Neutronen und nicht die Elektronen betrifft. Der Grund, warum Neutronensterne vorzugsweise aus Neutronen bestehen, liegt darin, dass bei der Kompression der Materie zu sehr hohen Dichten die Protonen buchstäblich gezwungen sind, die um sie kreisenden Elektronen zu „schlucken" und sich so in Neutronen umzuwandeln.

Es gibt jedoch eine maximale Masse, die ein Neutronenstern haben kann. Bei mehr als 2,5 Sonnenmassen wird der Sog der Schwerkraft eines kompakten Objekts so groß, dass nichts, selbst die Abstoßungskraft der eng gepackten Neutronen nicht, den endgültigen Kollaps aufhalten kann. Der genaue Wert dieser maximalen Masse ist weniger gut bekannt als im Fall der Weißen Zwerge, weil er von der noch relativ unklaren Physik der Materie bei Dichten, die über der Kerndichte liegen, abhängt. Der Wert liegt aber sicher unterhalb von drei Sonnenmassen.

In Sternen, die massereicher als 20 Sonnenmassen sind, gewinnt die Schwerkraft endgültig die Oberhand und der schließlich vollständige Kollaps ist unvermeidlich. Solch ein Kollaps führt zur Entstehung eines Objekts, für das der Physiker John Archibald Wheeler den Begriff Schwarzes Loch prägte. Extrem massereiche Sterne können möglicherweise die Explosion ganz umgehen und direkt zu Schwarzen Löchern kollabieren. Deren Kerne sind nicht so glücklich wie Lewis Carrolls Alice. Als diese erkannte, dass ihr rasches Schrumpfen durch einen Fächer verursacht wurde, konnte sie ihren Kollaps zu einem Punkt verhindern, indem sie den Fächer wegwarf.

Wenige astronomische Objekte haben die allgemeine Faszination mehr angezogen als die Schwarzen Löcher. Science-Fiction-Bücher und Disney-Filme waren behilflich, den Begriff in das tägliche Leben einzuführen. Obwohl manche der allgemein verständlichen Erklärungen grob falsche Auffassungen enthalten, ist diese Faszination durchaus nachvollziehbar, sind die geheimnisvollen Gebilde doch selbst für Astrophysiker fesselnde Objekte.

Erinnern wir uns, dass die Allgemeine Relativitätstheorie die Schwerkraft als eine Krümmung der Raumzeit beschreibt. Eine Masse verbiegt die Raumzeit um sich herum in gleicher Weise, wie ein schwerer Ball auf einer Gummimatratze diese einbeult. In der Nähe eines Schwarzen Loches werden Lichtstrahlen so stark gekrümmt, dass sie nicht mehr entkommen können und von ihm verschluckt werden. 1965 entwickelte Roger Penrose von der Universität Oxford mathematische Techniken, die ihm zu zeigen erlaubten, dass bei der Bildung eines Schwarzen Loches die Allgemeine Relativitätstheorie großenteils ihre Gültigkeit verliert. Es ist so, als bohrte der Ball auf der Matratze ein Loch in dieselbe. Penrose gelang es zu zeigen, dass die Struktur der Raumzeit nicht mehr überall glatt ist. Stattdessen treffen wir nun auf Singularitäten. Singularitäten sind Punkte, in denen die Raumzeit eine unendlich große Krümmung aufweist, sodass Größen wie die Dichte oder die Schwerkraft unendlich groß werden können. Das Vorhandensein von Singularitäten in einer Theorie zeigt üblicherweise das Zusammenbrechen dieser Theorie und die Notwendigkeit einer neuen Physik an. Penrose bewies, dass ein rascher Kollaps notwendigerweise zu der Singularität eines Schwarzen Loches führt.

Zusätzlich zu ihrer Bedeutung für die Allgemeine Relativitätstheorie liefern Schwarze Löcher auch sehr gute Beispiele für Reduktionismus und Vereinheitlichung. Uns ist schon solch ein Beispiel begegnet – die Hawking-Strahlung. Wir erinnern uns, dass die Entropie eines Systems ein Maß für die Unordnung des Systems ist. Sie steht in Beziehung mit der Zahl der möglichen Zustände, die ein System einnehmen kann. Es gibt viel mehr Möglichkeiten, Sand über einen Strand zu verstreuen als damit eine Sandburg zu bauen. Deshalb ist die Entropie der Burg kleiner als die des Strandes. Der zweite Hauptsatz der Thermodynamik besagt, dass die Entropie niemals abnehmen kann – die Größe der Unordnung in einem abgeschlossenen System bleibt bestenfalls konstant, und wenn sie sich ändert, kann sie sich nur erhöhen. Schwarze Löcher haben eine ähnliche Eigenschaft: Die Fläche ihres Horizontes, innerhalb dessen keine Information zur Außenwelt entkommen kann nimmt niemals ab. Wenn ein Schwarzes Loch Masse aufnimmt oder mit einem anderen Schwarzen Loch verschmilzt, nimmt die Horizontfläche immer zu. Da das Verhalten eines Schwarzen Loches also Ähnlichkeiten mit der Entropie besitzt, gewannen die Wissenschaftler die Erkenntnis, dass sich Schwarze Löcher vom thermodynamischen Standpunkt aus wie ganz normale Systeme verhalten. Der israelische Physiker Jacob Bekenstein benutzte diese Analogie dazu, zwei bemerkenswerte Folgerungen zu ziehen: Wenn Schwarze Löcher eine Entropie besitzen, müssen sie wie jedes andere thermodynamische System auch eine Temperatur besitzen (wir haben dies schon erwähnt). Hawkings Vorschlag, dass Schwarze Löcher nicht völlig schwarz sind, sondern Hawking-Strahlung abgeben, beruht auf diesem Temperaturbegriff. Bekensteins zweite

Folgerung ist weniger bekannt, aber wahrhaft schön. Sie beinhaltet, dass die Entropie eines Schwarzen Loches einen bestimmten Maximalwert nicht überschreiten kann. Dieser Wert hängt von der Größe (dem Horizontradius) und seiner Energie ab. Die gleiche Beschränkung ist für ein beliebiges anderes System gültig. Erinnern wir uns schließlich daran, dass die Entropie mit der Menge gespeicherter Information zusammenhängt. Bekenstein zeigte, dass der Grenzwert, den er erhielt, einer maximalen (fehlerfreien) Transmissionsrate für Information (etwa in einem Computer) entspricht. Es mag unglaublich scheinen, aber Bekenstein benutzte die Physik, die er aus seiner Arbeit über Schwarze Löcher ableitete, dazu, einen Grenzwert für die Schnelligkeit von Computern zu berechnen! Wenn noch ein Beweis für die Tatsache nötig war, dass die gleichen Gesetze auf ganz verschiedene Phänomene angewandt werden können, ist er in überzeugender Weise erbracht worden.

Manche Wissenschaftler spekulieren darüber, dass Schwarze Löcher vielleicht sogar Übergänge zu anderen Universen darstellen. In einem solchen Szenarium erzeugt der Kollaps, der zur Bildung eines Schwarzen Loches führt, eine neue Raumzeit und damit ein neues Universum, das von unserem eigenen völlig abgetrennt ist.

In gewisser Weise ähnelt ein Schwarzes Loch der Chesire-Katze, die Alice während ihrer Abenteuer im Wunderland begegnet. Die Katze verschwindet aus dem Blick und lässt nur ihr Grinsen zurück, was Alice zu der treffenden Bemerkung veranlasst: „Nun gut! Ich habe oft eine Katze gesehen, die nicht grinste, aber ein Grinsen ohne Katze, das ist die seltsamste Sache, der ich in meinem ganzen Leben begegnet bin!" Auch Schwarze Löcher verschwinden in unserem Universum aus unserem Blickfeld, aber sie lassen ihr „Grinsen" in Form ihrer Schwerkraft-Signatur in unserer Raumzeit zurück. Wie die Chesire-Katze zählen sie zu den seltsamsten Dingen, von denen wir je gehört haben.

Was haben wir aus dem Leben der Sterne gelernt? Sterne sind die Großeltern des Lebens. Die ersten Sterne bildeten sich, als das Universum vielleicht ein paar 100 Millionen Jahre alt war, und die folgenden Generationen, die lebten und starben, reicherten die interstellare Materie mit den chemischen Elementen an, die für das Leben notwendig sind. In der relativ dichten und kalten Umgebung interstellarer Wolken, in der winzige Körner aus Kohlenstoff und Silikaten einen Schutzschild gegen ultraviolette Strahlung bieten, können sich Atome verbinden und Moleküle wie Wasser, Kohlenmonoxid, Ammoniak und andere mehr bilden. Selbst einfache Aminosäuren wie Glyzin, die Bausteine der Proteine, sind vermutlich im Zentrum unserer Milchstraße entdeckt worden.

Nehmen Sie sich einmal eine Packung Cornflakes vor, die Seite, auf der Ernährungsinformationen abgedruckt ist. Neben einer Anzahl von kohlenstoffhaltigen organischen Verbindungen wie Proteinen und Vitaminen gibt die Tabelle vermutlich folgende Zutaten an: Eisen, Kalzium, Phosphat, Magnesium, Zink, Natrium, Kalium und Kupfer. Keines dieser Elemente wäre vorhanden, wenn es nicht die Kernbrennöfen der Sterne gäbe. Die Erde, als Teil des Sonnensystems, hat all diese Elemente von den Generationen von Sternen ererbt, die vor ihr lebten und starben. Aber es besteht kein Zweifel daran, dass wir Menschen den Sternen noch mehr „verdanken".

Sind diese Himmelskörper also für die Naturwissenschaft bei der Erschaffung der chemischen Elemente und als Energiespender für unsere Erde und das Leben auf ihr von großer Bedeutung, so waren sie schon immer auch eine Quelle der Inspiration für Poeten. Stellvertretend für viele seien hier die letzten Zeilen aus Dantes *Inferno* (Canto XXXIV) zitiert:

Wir schlugen ein dann den verborgnen Gang,
Der Herr und ich, zur lichten Weltenseite,
Und ohne uns noch auszuruhen lang,
So ging es, er der erste, ich der zweite,
So lang, bis ich dann blickte in der Ferne
Des Himmels Schmuck durch eines Loches Weite:
Dort schritten wir hinaus, zu schaun die Sterne!
(Dante: *Die Göttliche Komödie*. Übertragen von Wilhelm G. Hertz)

Ein Planet wie ein Lapislazuli

Selbst wenn die Sterne, wie gesehen, alle Zutaten für die Entstehung des Lebens, wie wir es kennen, herstellen, bedeutet dies noch lange nicht, dass Leben tatsächlich entsteht. Leben benötigt vielmehr auch eine „Heimstatt", einen geeigneten Planeten, und „Glück". Die Chancen für die Entstehung müssen vorhanden sein, wenn die Umweltbedingungen optimal sind. Betrachten wir also unsere Heimstatt, die Erde, um herauszufinden, was für die Entstehung von Leben notwendig ist.

Aus dem Weltraum ähnelt das blau-weiße Erscheinungsbild der Erde sehr einer Kugel, die aus dem Halbedelstein Lapislazuli angefertigt ist. Wie ist diese Kugel entstanden? Wenn eine Gaswolke unter der Schwerkraft kollabiert und einen Stern bildet, führt die Zentrifugalkraft zur Ausbildung einer Scheibe, einer so genannten protoplanetaren Scheibe, aus Gas und Staub um den Stern. Erdähnliche Planeten bilden sich vermutlich aus der gegenseitigen Anlagerung von Staubteilchen in der protoplanetaren Scheibe. Der russische Mathematiker und Geophysiker Otto Schmidt entwarf 1944 als Erster ein entsprechendes Szenario: Planeten bilden sich allmählich durch Klumpung von Staubteilchen in kleine Planetesimale und durch die darauffolgende Akkretion solcher Materieklumpen auf andere planetare Embryonen. Dieses Szenarium fand in den sechziger Jahren beträchtliche Unterstützung, als im Rahmen des Apollo-Programms Untersuchungen der Mondoberfläche zeigten, dass die durch den Einschlag von Massen verursachten Krater vor etwa 4,5 Milliarden Jahren, während einer intensiven Akkretionsphase, sehr zahlreich waren, ihre Zahl aber später rasch abnahm. Die Ergebnisse von Schmidts Arbeiten wurden 1969 in einem sehr stark beachteten Buch, das von Victor Safronov, einem der führenden Wissenschaftler auf diesem Gebiet, geschrieben wurde, veröffentlicht. Die Einschläge auf die junge Erde erzeugten genug Wärme, um das Innere bis in Tiefen von 150 bis 500 Kilometer zu schmelzen. Auf diese Weise wurde ein *Magmaozean* unter der Erdoberfläche gebildet, der für die intensive vulkanische Tätigkeit während der „Kindheit" unseres Planeten verantwortlich war. Diese Vulkanausbrüche, begleitet von dem immer noch andauernden Bombardement von Planetesimalen aus dem All, machten die Erde kurz nach ihrer Entstehung für das Leben zu einem ungastlichen Ort.

Viele Informationen über die Erdgeschichte stammen aus der Geologie. Geologische Zeitalter werden mit Hilfe radioaktiver Altersbestimmung festgelegt. Diese Methode verwendet den Zerfall instabiler radioaktiver Isotope, um das Alter von Felsen zu bestimmen. Bei radioaktiven Zerfällen wandelt sich ein Isotop in ein anderes um. Dieser Prozess tritt üblicherweise ein, wenn ein Neutron in ein Proton und ein Elektron zerfällt, oder wenn ein schwerer Atomkern einen Heliumkern aussendet. Eine wichtige Eigenschaft des radioaktiven Zerfalls ist seine genaue *Halbwertszeit*: Von einer bestimmten Anzahl von Atomkernen eines bestimmten Isotops ist nach einem Zeitraum, der gleich der Halbwertszeit ist, die Hälfte aller ursprünglichen Kerne zerfallen. Durch eine genaue Bestimmung der Konzentrationen bestimmter Isotope kann das Alter eines Felsens, in dem die Isotope gefunden wurden, ermittelt werden. Unter den vielen möglichen radioaktiven „Uhren", die bei dieser Art der Altersbestimmung verwendet werden, hat sich der Zerfall von Uran in Blei als besonders nützlich herausgestellt. Diese „Uhr" ermöglichte es 1953 Claire Patterson vom California Institute of Technology, ein Erdalter von etwa 4,6 Milliarden Jahren festzulegen. Informationen über das Erscheinen der Kontinente wurden gewonnen, indem man nach dem Mineral Zirkon suchte.

Zirkon ist sehr hart und kann durch Erosion nicht zerstört werden. Wird Zirkon gefunden, belegt das die Existenz einer Erdkruste. William Compston (Australische National-Universität Canberra) und seine Mitarbeiter entdeckten dieses Mineral im westlichen Australien, was auf die Entstehung von Kontinenten vor 4,1 bis 4,3 Milliarden Jahren hindeutet.

Für die Entwicklung von Leben war jedoch der Aufbau der Erdatmosphäre von größerer Bedeutung. Radioaktive Altersbestimmungen von Claude Allègre (Universität Paris) haben ergeben, dass die Erdatmosphäre vor 4,44 bis 4,41 Milliarden Jahren entstand. Die Wissenschaft ist sich ziemlich sicher, dass sich die Gashülle durch den Prozess des Ausgasens bildete – das Freisetzen von Gas aus dem Erdinnern. Messungen der Konzentration von Gasen wie Argon und Xenon machen einen Ausgasungsprozess vor 4,4 Milliarden Jahren wahrscheinlich, der innerhalb eines Zeitraums von einer Million Jahren ablief. Ein Rest von vielleicht 15 Prozent wurde erst später abgegeben.

Die ursprüngliche Atmosphäre enthielt nur wenig oder gar keinen Sauerstoff. Sie war reich an Kohlendioxid, Wasserstoff und Stickstoff, mit kleineren Beiträgen von Wasser, Methan, Schwefeldioxid, Ammoniak und ein paar anderen Molekülen. Dieses ursprüngliche Fehlen von Sauerstoff erwies sich jedoch als glücklicher Umstand, da paradoxerweise die Bildung der ersten organischen Verbindungen, die für die Entstehung des Lebens nötig sind, nur ohne Sauerstoff ablaufen kann. Schon in den dreißiger Jahren erkannten Alexander Oparin in Russland und J. B. S. Haldane in England, dass Sauerstoff chemischen Verbindungen ihre Wasserstoffatome wegnehmen kann, was für die Bildung komplexer organischer Moleküle sehr schädlich ist. Wie sich die Erdatmosphäre genau entwickelte, wird immer noch heiß diskutiert. Neben zahlreichen anorganischen geochemischen Prozessen war ihre Entstehung sicherlich vom Einfluss primitiver Lebensformen abhängig. Die Untersuchung von Mineralien wie Eisenoxid führte Heinrich Holland (Harvard-Universität) zu dem Schluss, dass die Atmosphäre bis vor etwa 2,3 Milliarden Jahren nur sehr wenig Sauerstoff beherbergte. Die Sauerstoffkonzentration begann erst danach abrupt anzusteigen, wahrscheinlich verursacht durch die Photosynthese verschiedener Mikroorganismen, und erreichte vor etwa einer Milliarde Jahren ihr heutiges Niveau. Dieses Bild wird durch eine Entdeckung von 1999 bestätigt. Roger Summons (Australian Geological Survey, Canberra) und seine Mitarbeiter fanden fossile Nebenprodukte der frühesten bekannten Organismen, die Sauerstoff erzeugen können, der blaugrünen Algen. Diese Fossilien lagen eingebettet in Sedimenten in Westaustralien, die ein Alter von 2,5 Milliarden Jahren haben.

War Sauerstoff bei der Bildung der ersten Bausteine des Lebens eher hinderlich, so war er ironischerweise absolut notwendig für das Erscheinen von Lebensformen auf dem Festland. Ohne Sauerstoff dringt ultraviolette Strahlung, die für Lebensmoleküle wie DNS tödlich ist, von der Sonne zur Erdoberfläche. Erst nachdem sich eine genügend hohe Sauerstoffkonzentration in der Atmosphäre aufgebaut hatte, konnte sich Ozon bilden, das diese Strahlung abschirmt. Das Ozonmolekül besteht aus drei Sauerstoffatomen, und es absorbiert die ultraviolette Strahlung sehr effektiv. Das rasche Auftreten zahlreicher Lebensformen auf der Erde, das sich auch in der Entwicklung von Einzellern zu Vielzellern ausdrückt, hätte wahrscheinlich nicht ohne den Aufbau der schützenden Ozonschicht vor weniger als einer Milliarde Jahren erfolgen können.

Die Geschichte und die Eigenschaften des Lebens auf der Erde halten drei Lehren für uns bereit: Die wichtigste ist, dass trotz des Reichtums an Lebensformen nur *ein Leben auf der Erde* existiert. Es gibt zwar viele Aminosäuren, aber das Leben beruht nur auf 20 von ihnen. Aminosäuren kommen in zwei Formen vor, die jeweils Spiegelbilder sind, was die relative Lage von Molekülgruppen angeht – die linkshändige und die rechtshändige Form. Obwohl in der Natur beide vorhanden sind, verwenden alle Lebensformen auf der Erde nur linkshändige Aminosäuren. Schließlich teilen sich alle Lebewesen, von den Bakterien bis zu den Menschen, einen gemeinsamen Träger der genetischen Information, die Nukleinsäuren RNS und DNS, und sie verwenden den gleichen genetischen Code – die Regeln für die Aufeinanderfolge von Aminosäuren der Proteine.

Alle diese Gemeinsamkeiten lassen den Schluss zu, dass *alle Lebensformen, die wir heute kennen, sich aus einem einzigen Vorläufer entwickelten.* Während es einige weniger erfolgreiche Vorformen des heutigen Lebens gegeben haben mag, die nicht von allen heute existierenden Organismen geteilt wurden, ist dieser eine erfolgreiche Vorläufer *der letzte gemeinsame Vorfahr aller heutigen Lebensformen.* Die Zielsetzung unserer Forschung über den Ursprung des Lebens ist deshalb viel ehrgeiziger als die der mittelalterlichen Alchemisten. Während letztere „nur" versuchten, einen chemischen Prozess zu finden, der unedle Metalle in Gold verwandelt, sind die Forscher auf der Suche nach dem Ursprung des Lebens mit dem Ziel angetreten, die chemischen Prozesse zu finden, die einfache Moleküle in Leben verwandeln!

Charles Darwin selbst glaubte an einen chemischen Ursprung des Lebens: Das Leben entwickelte sich seiner Überzeugung nach einfach aus chemischen Prozessen, ganz ohne göttliche Intervention. In seinem Buch *Der Ursprung der Arten* erwähnt er als „offiziellen

Standpunkt" vorsichtshalber auch die „Schöpfung" des allgemeinen Vorfahren.

Die Allgegenwärtigkeit von RNS und DNS und der Proteine deutet stark darauf hin, dass der letzte gemeinsame Vorfahr Proteine für viele der Reproduktionsreaktionen nutzte sowie RNS und DNS verwendete, um genetische Information zu speichern und weiterzugeben. Infolgedessen kann die Frage nach dem Leben aus chemischen Reaktionen auch anders formuliert werden: Wie entstanden die ersten Nukleinsäuren und Proteine?

Wenn Forscher auf der Suche nach dem Ursprung des Lebens diese Frage zu beantworten versuchen, finden sie sich in einer Situation, die von Douglas Hofstadter in seinem berühmten Buch *Gödel, Escher, Bach: Ein Endloses Geflochtenes Band* „seltsame Schleifen" (strange loops) genannt wurde.

Das Problem daran ist, dass in heutigen Experimenten Nukleinsäuren *nur beim Vorhandensein von Proteinen* und *Proteine nur mit Hilfe von Nukleinsäuren* erzeugt werden können. Die Situation entspricht einer Zeichnung von M. C. Escher aus dem Jahr 1948, *Zeichnende Hände*, in der jede Hand die andere zeichnet. Da sowohl Nukleinsäuren als auch Proteine sehr komplexe Strukturen aufweisen, erscheint es höchst unwahrscheinlich, dass beide gleichzeitig am gleichen Ort durch chemische Prozesse gebildet worden sind. Da die Herstellung der einen Substanz die Anwesenheit der anderen erfordert, stellt diese seltsame Schleife einen großen Stolperstein für die Annahme eines chemischen Ursprungs des Lebens dar. Eine Lösung des Rätsels wurde in den späten sechziger Jahren unabhängig von Leslie Orgel (Salk Institut, San Diego), Carl Woese (Universität von Illinois) und Francis Crick (Medical Research Council, England) gefunden. Crick ist übrigens zusammen mit James Watson durch die Entdeckung der dreidimensionalen Struktur der DNS im Jahre 1953 berühmt geworden. Die von den drei Forschern gefundene Lösung stützt sich auf die besondere Rolle der RNS. Sie wurde später unter dem Namen RNS-Welt bekannt. Die Wissenschaftler gingen davon aus, dass vor der Entstehung des Lebens zuerst RNS auftauchte und als Katalysator aller Reaktionen diente, die zu einer Reproduktion führten, aber auch Proteine aus Aminosäuren bildete. Warum war RNS als erste Verbindung in der Lage, diese Aufgaben zu erfüllen, und nicht DNS oder die Proteine? RNS war leichter zu erzeugen als DNS, zudem scheint es nicht möglich zu sein, dass sich Proteine ohne Nukleinsäuren reproduzieren.

In den letzten beiden Jahrzehnten konnte die Forschung die RNS-Welt-Hypothese erhärten. Thomas Cech (Universität von Colorado in Boulder) und Sidney Altman (Yale-Universität) entdeckten katalytische, aus RNS bestehende Substanzen, die Ribozyme, die darauf hindeuten, dass vielleicht die RNS als Katalysator der Reproduktionsreaktionen dient. Die Entdeckung ist deshalb so wichtig, weil alle vorher bekannten Katalysatoren (Enzyme) Proteine darstellten. Unter bestimmten Bedingungen kann RNS seine Eigenschaften ändern und etwa dem Aufbrechen durch bestimmte Enzyme Widerstand entgegensetzen, was eventuell bedeutet, dass die RNS in der RNS-Welt andere Eigenschaften als die heutige RNS besessen haben könnte.

Obwohl viele Fragen offen bleiben, besonders die nach der Herkunft der RNS, macht heute die Suche nach dem Ursprung des Lebens ähnliche Fortschritte wie die Kosmologie in den vergangenen Jahrzehnten: Die Forschung erstreckt sich auf immer grundlegendere Prozesse, Prozesse, die zu immer früheren Zeiten abliefen. Inzwischen ist es sehr wahrscheinlich geworden, dass die RNS zuerst entstand und dann zur Entwicklung von DNS und zur Synthese der Proteine führte. All diese Bausteine verschmolzen schließlich, um zum letzten gemeinsamen Vorfahr aller Lebensformen zu werden.

Doch aus der Geschichte des Lebens auf der Erde gibt es eine weitere Lektion zu lernen. Sie wird häufig in Form einer Schlussfolgerung formuliert: *Wenn die richtigen Bedingungen vorhanden sind, ist die Entstehung von Leben nicht schwierig, vielleicht ist sie sogar unvermeidlich.* Denn offenbar ist das Leben in dem Moment erschienen, als die Erde abgekühlt war und das Bombardement aus dem All aufhörte. Wir erinnern uns, dass sich die Atmosphäre erst vor 4,4 Milliarden Jahren ausbildete und Kontinente gar erst vor 4,2 Milliarden Jahren entstanden. Der Beschuss durch Kometen und Meteoriten, der anfänglich sehr wahrscheinlich das Erscheinen von Leben verhinderte, war vermutlich während der ersten halben Milliarde Jahre der Erde sehr intensiv. Die ältesten Felsen sind etwa 3,9 Milliarden Jahre alt. Doch es gibt unbestreitbare Hinweise auf Lebensspuren in dieser Frühzeit in Form von fossilen Zellenkolonien von Bakterien, die 3,5 Milliarden Jahre alt sind. Sie sind also nur einige 100 Millionen Jahre nach dem Aussetzen des Bombardements aus dem All entstanden. Steven Mojzis und Gustaf Arrhenius (Universität von Kalifornien in San Diego) haben kürzlich Hinweise auf Leben in Felsen aus Grönland gefunden, die 3,86 Milliarden Jahre alt sind.

Auch Ergebnisse von Experimenten über den Ursprung des Lebens stützen die These, dass es sozusagen erscheint, sobald es dazu in der Lage ist. Das berühmteste wurde 1953 von Stanley Miller (damals ein Student in höheren Semestern) und Harold Urey an der Universität von Chicago durchgeführt. Sie schufen in einem Reagenzglas eine „Atmosphäre" – eine Mischung von Gasen, die der ähnelte, die auf der Erde vorherrschte, bevor das Leben entstand. Ihre Mixtur bestand aus

Wasserstoff, Methan, Ammoniak und Wasserdampf. Elektrische Entladungen, die Gewitter nachahmen sollten, wurden im Reagenzglas hervorgerufen, und die durch die auftretenden chemischen Reaktionen erzeugten Substanzen wurden in Wasser, das die Urozeane darstellte, gelöst. Das erstaunliche Ergebnis dieser Reaktionen im Reagenzglas war die Entstehung vieler Aminosäuren, unter ihnen auch einige, die zum Aufbau von Proteinen verwendet werden. In einem weiteren Experiment, das von Juan Oro an der Universität von Houston durchgeführt wurde, entstand sogar Adenin – eine der Basen von RNS und DNS. Die These, dass diese Experimente erfolgreich die chemischen Prozesse auf der frühen Erde nachahmten, gewann weitere Unterstützung, als man die Zusammensetzung eines Meteoriten analysierte, der bei Marchison in Australien niederging. Er enthielt ähnliche Konzentrationen der gleichen Aminosäuren, wie sie im Experiment von Miller und Urey erzeugt worden waren.

Skeptiker sind allerdings von diesen Argumenten nicht völlig überzeugt und weisen auf mögliche Fehlerquellen hin. Zum ersten würde das Vorhandensein selbst von geringen Mengen Sauerstoffs in der Erdatmosphäre vor der Entstehung des Lebens die Bildung von Aminosäuren stark behindert haben. Es bestehen ernsthafte Zweifel, ob die Erdatmosphäre jemals die Zusammensetzung aufwies, wie sie von Miller und Urey angenommen worden war. Heute glaubt man allgemein, dass die Atmosphäre der beiden Forscher zu wenig Kohlendioxid und zu viel Methan enthielt. Zum zweiten beruht die Schlussfolgerung von der problemlosen Entstehung von Leben auf der Annahme, dass alle chemischen Prozesse auf der Erdoberfläche abliefen. Prinzipiell ist es aber durchaus möglich, dass einige Ingredienzien für das Leben durch die auftreffenden Kometen, Meteorite und Staubteilchen zur Erde gelangten. Wenn dies tatsächlich der Fall gewesen sein sollte, wäre es wohl nicht länger möglich zu behaupten, dass die chemischen Prozesse extrem schnell abliefen. Der deutsche Biochemiker Günter Wächtershäuser, der übrigens als Patentanwalt arbeitet, berichtete 1996 über Ergebnisse, wonach organische Moleküle, die als Vorstufen des Lebens hätten dienen können, sich zuerst in der Nähe vulkanischer Spalten auf dem Meeresboden gebildet haben. Wenn dies richtig ist, ist das Leben womöglich nicht so schnell entstanden, wie man bisher angenommen hatte, da die chemischen Prozesse in langsameren Schritten abgelaufen sein könnten, selbst unter Berücksichtigung von schwerem Bombardement durch Meteorite.

Schließlich hält die Geschichte des Lebens noch eine weitere Lehre bereit. Während die Entstehung von Leben an sich einfach gewesen sein mag, könnte die Entwicklung von intelligenten Formen eher mühsam verlaufen sein. Obwohl das Leben auf diesem Planeten vor mehr als 3,5 Milliarden Jahren begann, entwickelte es sich drei Milliarden Jahre lang nicht über einzellige Organismen hinaus. Mindestens zwei Faktoren trugen zu dieser langen Verzögerung bei. Zu nennen ist zunächst das Fehlen von atmosphärischem Sauerstoff (und Ozon) und infolgedessen das Fehlen eines Schutzschirms vor der ultravioletten Strahlung. Doch daneben bestand auch die Notwendigkeit, ein kritisches strukturelles Niveau des einzelligen Lebens zu erreichen. In den erwähnten drei Milliarden Jahren entwickelten sich Zellen mit Zellkernen (Eukaryoten) aus Zellen ohne Zellkernen (Prokaryoten). Der ganze Reichtum an Lebensformen, der uns heute begegnet, ist die Folge eines explosionsartigen Auftretens von Lebensformen, ein Ereignis, das auch kambrische Explosion genannt wird. Sie fand vor etwa 530 Millionen Jahren statt und dauerte etwa fünf Millionen Jahre; einige kleinere Entwicklungsschübe könnten sogar schon vor 600 Millionen Jahren begonnen haben. Es nahm nicht nur lange Zeit in Anspruch, bis sich komplexes Leben zu entwickeln begann, auch die folgende Entwicklung ist charakterisiert durch eine Kette von unvorhersehbaren Ereignissen, die manchmal durch reinen Zufall eintraten. Unter den vielen Fossilien, die man beispielsweise in der mittelkambrischen Burgess-Schiefer-Fauna in Kanada gefunden hat, wurde nur ein im Wasser lebendes Tier mit einer Chorda dorsalis (einer Urwirbelsäule, das Strukturelement, das später durch die Wirbelsäule ersetzt wurde) gefunden. Wenn dieses einzelne Mitglied des Stamms der Rückenmarktiere nicht überlebt hätte, gäbe es heute keine Wirbeltiere – und keine Menschen.

Ein besser bekanntes Beispiel für zufällige Ereignisse, die den Pfad des Lebens bestimmten, stellt das mehr als einmal aufgetretene Phänomen des Massenaussterbens von Arten dar. Die Paläontologen David Raup, J. Sepkosky und David Jablonski von der Universität von Chicago zeigten, dass es seit der kambrischen Explosion fünf größere und mehrere weitere kleinere Ereignisse dieser Art gegeben hat. Das letzten fand vor ungefähr 65 Millionen Jahren statt, beim Übergang zwischen Kreidezeit und Tertiär. Dabei gingen unter anderem die Dinosaurier zugrunde, und dies ebnete den Weg für die vergleichsweise kleinen Säugetiere. 1979 konnten Luis und Walter Alvarez sehr überzeugend darlegen, dass dieses große Sterben durch den Einschlag eines Kometen oder Asteroiden mit einem Durchmesser von 10 Kilometern verursacht worden ist. Die Entdeckung eines Meteoritenkraters vor der Yucatan-Halbinsel in Mexiko, dessen Größe und geologisches Alter genau passte, unterstützte die Hypothese, dass das Aussterben von Arten durch Einschläge hervorgerufen werden kann.

Im Juli 1994 war die ganze Welt Zeuge eines Kometeneinschlags auf einem Planeten. Der Komet Shoemaker-Levy 9 brach in zwei Dutzend Fragmente, während er in eine Bahn um Jupiter gelenkt worden war, und all diese Fragmente drangen Mitte Juli 1994 in dessen Atmosphäre ein. Jeder Einschlag erzeugte eine aufsteigende pilzförmige Wolke, wie man sie von Atombombenexplosionen her kennt, und die „Schrammen", die an den Einschlagstellen entstanden, konnten in der Jupiteratmosphäre monatelang beobachtet werden. Ich erinnere mich noch lebhaft des Abends, an dem der erste Einschlag stattfand. Gene und Carolyn Shoemaker sowie David Levy, die den Kometen entdeckt hatten, waren im Space Telescope Science Institute, ferner der Astronom Hal Weaver, der die „Perlenkette" der Kometenfragmente aufgespürt hatte, und eine Reihe anderer Planetenwissenschaftler. Heidi Hammel vom Massachusetts Institute of Technology hatte Beobachtungszeit am Hubble-Weltraumteleskop zugeteilt bekommen, um die bevorstehende Kollision zu verfolgen, aber zu diesem Zeitpunkt war noch gar nicht klar, ob irgendetwas Interessantes zu sehen sein würde. Vorgängige Berechnungen hatten gezeigt, dass die beobachtbaren Effekte winzig sein würden, wenn die Fragmente nicht sehr groß und massereich waren. Die Shoemakers und Levy hielten im Hörsaal des Instituts eine Pressekonferenz ab, während Heidi, Hal und andere Astronomen (mich eingeschlossen) sich um einen Computerbildschirm im Kontrollraum versammelten, um die ersten vom Teleskop übermittelten Bilder zu betrachten. Plötzlich erschien ein kleiner heller Fleck über dem Horizont des Jupiter. Heidi fragte: „Weiß jemand, ob hier ein Mond aufgehen sollte?" Kurze Zeit später wurde aber deutlich, dass dies kein Mond war. Eine helle Wolke erschien deutlich sichtbar über dem Horizont. Jemand machte ein Photo, wie wir alle um den Computerbildschirm herumstanden und den Ausdruck absoluten Erstaunens in unseren Gesichtern trugen. Es ist ein eindrucksvolles Dokument der Ehrfurcht im Augenblick einer großen Entdeckung. Als ich das Foto zum ersten Mal sah, erinnerte es mich stark an Rembrandts Gemälde *Die Anatomie des Dr. Tulp*. Denn auch in diesem Bild konzentrierte sich der Maler nicht auf die Operation selbst, sondern auf die erstaunten, wissbegierigen Gesichter der Anatomiestudenten.

Kommen wir zurück zu Einschlägen von Kometen und Asteroiden auf der Erde. Es scheint inzwischen allgemein akzeptiert zu sein, dass solche Ereignisse wahrscheinlich für einige Fälle des „Massensterbens" verantwortlich sind, obwohl Klimaänderungen, die vielleicht mit vulkanischer Aktivität verknüpft sind, auch eine Rolle gespielt haben können. Aus diesen Erkenntnissen lässt sich ableiten, dass die Menschheit nicht als unvermeidbares Ergebnis der Evolution zu verstehen ist, sondern eher als eine mehr oder weniger zufällige Entwicklung infolge vieler miteinander verknüpfter Ereignisse. Wären nur einige in dieser Kette anders verlaufen, hätte ein alternativer Entwicklungsweg wohl zu einem recht unterschiedlichen Endprodukt geführt.

Aber bedeutet dies notwendigerweise, dass intelligentes Leben im Universum eher selten auftritt? Es ist immer schwierig, verallgemeinernde Folgerungen auf der Grundlage eines einzelnen Beispiels zu ziehen; mit unserem heutigen Wissen ist es deshalb praktisch unmöglich zu entscheiden, wie allgemeingültig die Lehren sind, die die Geschichte des Lebens bereitstellt. Wenn wir diesen wichtigen Vorbehalt im Gedächtnis behalten, können wir das Leben durch folgende Eigenschaften charakterisieren:

1. Es gibt, abgesehen von der Vielfalt der Formen, prinzipiell wirklich nur ein „Leben" auf der Erde.
2. Das Leben kann so alt sein, wie es die Umstände erlauben. Möglicherweise stellt deshalb die Entstehung von Leben durch chemische Prozesse einen unvermeidlichen Vorgang dar. Diese Folgerung beruht auf der Annahme, dass alle Bausteine des Lebens lokal auf der Erdoberfläche gebildet wurden und dass sie nicht durch Einschläge aus dem All auf die Erde gebracht wurden oder sich nahe vulkanischer Spalten tief im Ozean entwickelten.
3. Die Entstehung von komplexem vielzelligen Leben nahm eine lange Zeit in Anspruch. Der Mensch als bislang letztes Glied in dieser Kette scheint zumindest teilweise eher ein zufälliges Ergebnis verschiedener Ereignisse zu sein.

Aus diesem einen Beispiel können wir noch nicht ablesen, ob Theorien von der Lebensentstehung das kopernikanische Prinzip erfüllen. Aber das Leben ist sicherlich eine erstaunliche Demonstration des Prinzips der Einfachheit. Wenn unsere Vorstellungen von Ursprung und Entwicklung richtig sind, ist das so wunderbar komplexe Phänomen des Lebens und selbst das Bewusstsein eine direkte Folge einfacher Naturgesetze. Carl Sagan hat dies treffend formuliert: „Dies sind Dinge, die Wasserstoffatome anstellen – wenn man ihnen 15 Milliarden Jahre Zeit gibt."

Unsere Art des Lebens und die Bedingungen seiner Entstehung mit eventuell anderen vorhandenen Formen im Universum zu vergleichen, ist nicht so einfach. Seit einiger Zeit unternimmt die Forschung jedoch Anstrengungen in drei Hauptrichtungen: die Suche nach Leben im Sonnensystem, die Suche nach extrasolaren Sonnensystemen und das „Lauschen" nach extraterrestrischen Signalen. Diese Bemühungen haben schon einige spektakuläre Resultate erbracht. Wir werden hier jedoch nur ein paar wichtige Themen ausführen können. Der interessierte Leser findet eingehendere Darstellungen in drei neueren Büchern: *Looking for Earths* von dem Astrophysiker Alan Boss,

Nachbarn im All – Auf der Suche nach Leben im Kosmos von dem Astronomen Seth Shostak (Herbig, 1999) und *Other Worlds* von Michael Lemonick.

E. T. ruft an

In dem schon früher erwähnten Buch *Der kleine Prinz* sagt dieser, nachdem er in der Sahara von einer Schlange gebissen worden ist und seine Seele deshalb zu ihrem eigenen kleinen Planeten zurückkehren kann, dem Autor Lebewohl: „Alle Menschen haben Sterne, aber sie bedeuten nicht für alle das Gleiche. Für die einen, die reisen, sind sie Führer. Für andere sind sie nichts als kleine Lichter. Für wieder andere, die Gelehrten, sind sie Probleme. Aber alle diese Sterne schweigen. Du, du wirst Sterne haben, wie sie niemand hat..." „Was willst du damit sagen?", fragt der Autor, und der kleine Prinz antwortet: „Wenn du bei Nacht den Himmel anschaust, wird es dir sein, als lachten alle Sterne, weil ich auf einem von ihnen wohne, weil ich auf einem von ihnen lache. Du allein wirst Sterne haben, die lachen können..."

Stellen Sie sich einmal versuchsweise vor, wie wir uns fühlen würden, wenn wir sicher wüssten, dass es dort oben einen Stern gibt, den man vielleicht sogar nachts sehen kann, auf dem eine andere Zivilisation existiert.

Die Suche nach extraterrestrischen Zivilisationen besitzt eine Attraktivität, die den Bereich der wissenschaftlichen Forschung weit übersteigt. Sie konzentriert sich zunächst einmal auf unseren eigenen Hinterhof, auf die anderen Planeten des Sonnensystems. Leben auf einem anderen Planeten zu finden wäre nicht nur von unschätzbarer Wichtigkeit, um zu verstehen, wie es entsteht, sondern würde auch das kopernikanische Prinzip in unschätzbarer Weise festigen, indem es zum wiederholten Male die Erde von ihrem Sockel stieße. Doch dieses Mal wäre die Einzigartigkeit des Menschen erschüttert wie noch nie!

Im August 1996 kündigten die NASA-Wissenschaftler Everett Gibson, David McKay und ihre Mitarbeiter Erstaunliches an: Die sorgfältige Untersuchung eines Marsmeteoriten, der 1984 in der Antarktis gefunden wurde, habe sie zur Entdeckung von „Hinweisen auf primitives Leben auf dem Mars" geführt. Diese Nachricht verursachte weltweit großes Aufsehen, und selbst Präsident Clinton ging an dem Tag, an dem sie publik gemacht wurde, auf sie ein. Um die sensationelle Behauptung zu stützen, musste die Forschergruppe jedoch zwei Dinge beweisen: Der Meteorit ALH84001, so bezeichnet, weil er der erste Meteorit ist, der 1984 im antarktischen Eisfeld von Allan Hills gefunden wurde, muss wirklich vom Mars stammen, und er muss natürlich wirklich überzeugende Lebensspuren enthalten.

Der erste Punkt war leichter zu beweisen. Der Geologe David Mittlefehldt (Lockheed) konnte durch chemische Analysen und radioaktive Altersbestimmungen zeigen, dass ALH84001 in vieler Hinsicht elf anderen schon vorher bekannten Marsmeteoriten ähnlich war, nur dass er 4,5 statt 1,3 Milliarden Jahre alt war. Aus den „Aufzeichnungen" über das Aufschmelzen des Felsstücks und den Spuren kosmischer Strahlung konnte Mittlefehldt die Lebensgeschichte des Meteoriten ablesen. ALH84001 wurde vor etwa 16 Millionen Jahren durch einen Asteroideneinschlag von der Marsoberfläche abgelöst und in den Weltraum geschleudert. Vor etwa 13 000 Jahren drang er in die Erdatmosphäre ein, um im Gletscherfeld der Westantarktis im Eis begraben zu werden. So viel ist sicher, und es gibt nur wenig Zweifel daran, dass der Meteorit wirklich vom Mars stammt. Der Nachweis von Lebensspuren war freilich weniger leicht zu erbringen, wie sich herausstellen sollte. Durch die gründlichen Arbeiten von Chris Romanek und Kathie Thomas-Kaperta von Lockheed sowie von Richard Zare (Stanford-Universität) und ihren Mitarbeitern kam Folgendes ans Tageslicht:

1. Das Felsstück enthält Teilchen von Karbonatfels, die sich offenbar bei Temperaturen gebildet haben, bei denen flüssiges Wasser existiert.
2. In den Karbonatkügelchen sind winzige Strukturen zu finden, die Bakterien ähneln, obwohl sie etwa zehnmal kleiner sind als bekannte Bakterien.
3. Der Brocken vom Mars weist polyzyklische aromatische Hydrokarbonate (PAHs) auf, die die Zerfallsprodukte von lebenden Organismen darstellen können, aber nicht müssen.
4. Es wurden Kristalle von magnetischen Eisenverbindungen nachgewiesen, von denen man weiß, dass sie sich auf der Erde in Bakterien bilden.

Keine der vier Entdeckungen stellt für sich allein genommen einen besonders überzeugenden Hinweis auf Leben dar, aber McKay, Gibson und ihre Mitarbeiter glaubten, dass die Summe aller Entdeckungen, die in diesem Felsstück gemacht wurden und die nicht das Ergebnis irdischer Verunreinigungen sein konnten, genügend Beweis für ihre Behauptung war. Andere Wissenschaftler waren jedoch wesentlich weniger überzeugt. Der Punkt, auf den sich die Kritik konzentriert, ist sehr einfach: Die Summe von vier einzeln betrachtet sehr unsicheren Spuren von Leben ist nicht überzeugend genug, um solch eine weit reichende Schlussfolgerung zu ziehen. So ist der Verdacht aufgetaucht, dass trotz gegenteiliger Aussagen die Strukturen in

ALH84001 Bakterien sind, die aus der Antarktis stammen. Dieser Verdacht wird durch die Tatsache bestärkt, dass bakterienförmige Objekte, die Ähnlichkeit mit einigen der Strukturen in ALH84001 aufweisen, auch in vier Mondmeteoriten entdeckt wurden, die in der Antarktis aufgesammelt worden waren. Es blieben auch Fragen nach der genauen Temperatur, bei der sich die Karbonatkügelchen bildeten. Schätzungen reichen von 700 bis 0 Grad Celsius. Die übereinstimmende Meinung scheint zu sein, dass sich die Karbonate bei relativ niedrigen Temperaturen bildeten, wahrscheinlich unter 300 Grad. Doch auch diese Temperatur ist viel höher als Temperaturen, bei denen erdartige Lebensformen überleben können. Selbst nachdem Anfang 1999 weitere stützende Erkenntnisse vorgestellt wurden, kann die Frage nach Leben auf dem Mars immer noch nicht beantwortet werden. Vielleicht sind wirkliche Fortschritte erst möglich, wenn eine Marsexpedition Bodenproben untersucht hat. Falls jemals Lebensspuren auf dem Mars gefunden werden sollten, wird es jedenfalls interessant sein herauszufinden, ob diese einen Bezug zum Leben auf der Erde haben. Dann könnte auch die Frage geklärt werden, ob das Leben auf der Erde seinen Anfang genommen hat, weil primitive Lebensformen vor etwa vier Milliarden Jahren an Bord eines Meteoriten vom Mars zur Erde gelangt sind.

Die Suche nach Lebensformen auf anderen Planeten des Sonnensystems wird zweifellos sehr aufregend sein, aber jeder wird mir zustimmen, dass die Entdeckung von Leben, und insbesondere von intelligentem Leben, außerhalb des Sonnensystems noch wesentlich aufregender wäre. Es gibt im Prinzip zwei Möglichkeiten, dieses hoch gesteckte Ziel zu erreichen: Eine besteht darin, den kürzesten Weg zu gehen und auf die Möglichkeit zu bauen, ein direktes „Hallo!" einer extraterrestrischen Zivilisation aufzufangen. Man könnte jedoch auch Schritt für Schritt vorgehen und zuerst die *Existenz von extrasolaren Planeten* entdecken, dann versuchen, *erdähnliche Planeten* zu finden, und, möglicherweise viel später, Techniken zu entwickeln, um ein Bild eines solchen Planeten zu erhalten und sein Spektrum zu untersuchen. Schließlich könnten die Wissenschaftler auf der Grundlage der abgeleiteten Lebensbedingungen auf diesem Planeten versuchen, die Wahrscheinlichkeit für das Auftreten von Leben zu ermitteln.

Um es kurz zu machen: Beide Forschungswege werden heute verfolgt, obwohl der größte Aufwand, E. T. direkt zu „hören", privat und nicht von Universitäten oder der NASA finanziert wird. Das konzentrierteste Lauschprojekt mit Namen „Phoenix" wird vom SETI-Institut (SETI = Suche nach extraterrestrischer Intelligenz) in Mountain View, Kalifornien, betrieben. Der Name Phoenix ist durch die etwas unglückliche Vergangenheit des Vorhabens inspiriert worden. Denn ein früheres Projekt verlor aufgrund einer Entscheidung des US-Kongresses im Jahre 1993 die finanzielle Unterstützung der NASA, um dann in einer neuen Inkarnation als privat finanziertes Unternehmen wie „Phoenix aus der Asche" zu steigen. Heutzutage wird zumeist das Riesenteleskop in Arecibo, Puerto Rico, mit einem Durchmesser von 300 Metern benutzt. Während sich der Himmel über der stationären riesigen Aluminiumschüssel hinwegdreht, bewirkt die Beweglichkeit der Radioempfänger, dass etwa ein Drittel des Himmels beobachtet werden kann. Phoenix stellt eine „gezielte" Suche dar: 1000 nahe Sterne, die unserer Sonne ähnlich sind, werden einzeln untersucht. Die Hoffnung ist, dass intelligente Zivilisationen schmalbandige Radiosignale übermitteln, die als Lebenszeichen identifiziert werden können. Die stärksten Signale, die von der Erde ausgehen, stammen aus Radaranlagen. Warum hat man den Radiobereich und nicht beispielsweise den Röntgenbereich gewählt? Es wird ganz einfach weniger Energieaufwand benötigt, um Radiosignale zu übertragen, die im Prinzip nachweisbar sein sollten. Freilich ist die Suche nach der Nadel im Heuhaufen ein Kinderspiel, verglichen mit dieser Suche. Die Möglichkeit, ein echtes fremdes Signal aufzufangen, entspricht genau genommen sogar eher der Suche in 1000 Heuhaufen – denn wir haben nicht nur keinerlei Vorstellung davon, wonach wir suchen, mehr noch, das Objekt, das wir finden sollten, kann vielleicht auch eher einem Strohhalm als einer Nadel gleichen!

Die relativ geringen Aussichten auf Erfolg lassen die Wissenschaftler von Phoenix nicht zurückschrecken. Doch das verwundert nicht, wenn man weiß, was für ein Haufen von Enthusiasten sich da gefunden hat. Das Forscherteam wird von den Radioastronomen Jill Tarter und Seth Shostak und dem Physiker Kent Cullers geleitet. Cullers ist, so unglaublich das auch klingen mag, seit seiner Geburt blind. Jill Tarter, die, wie Sie sich vielleicht erinnern, auch die Bezeichnung „Braune Zwerge" erfunden hat, ist in dem Film *Contact* (der auf Carl Sagans gleichnamigem Buch beruht) von Jodie Foster verewigt worden, obwohl die Rolle sicherlich auch eine Mischung aus verschiedenen bekannten Wissenschaftlern repräsentiert. Der Präsident ist Frank Drake, einer der Gründerväter der Suche nach Außerirdischen. Phoenix „lauscht" in Arecibo elektronisch auf zwei Milliarden Radiokanälen pro Stern, von 1200 bis 3000 Megahertz. Etwa einen halben Tag lang wird jeder Stern aus einer Liste von 1000 Objekten „belauscht". Alle Sterne sind bis zu 200 Lichtjahre von der Sonne entfernt. Wenn ein Signal in einem der Kanäle empfangen wird, wird eine riesige experimentelle Software in Bewegung gesetzt, um herauszufinden, ob dies ein Signal von E. T. sein kann. Das Problem ist natürlich, dass ein solches Signal von einer großen Zahl von Quellen stammen kann, die auch im Bezug zur Erde stehen könnten – Flugzeuge, Radiostationen von Amateurfunkern, Satelliten oder andere. Die Wissenschaftler von Phoenix haben vorab eine riesige „Bibliothek" von lokalen Radiosignalen zusammengestellt. Zuerst wird also jedes empfangene Signal mit Hilfe eines leistungsfähigen Computers mit dieser Bibliothek verglichen, und es wird augenblicklich verworfen, wenn es einem lokalen Signal gleichkommt. Diese Prüfung verringert die Zahl der Signale auf etwa 20 Prozent, doch das hilft wenig, denn bei jedem der einen halben Tag dauernden „Lauschangriffe" finden sich Hunderttausende von Signalen.

Wenn ein Signal ständig bei einer Frequenz schwingt, wird es ebenfalls verworfen, denn ein Signal aus dem Weltraum würde wegen der Erdrotation eine Doppler-Verschiebung erleiden. Die Eigenschaften der wenigen Signale, die alle Prüfungen bestehen, werden einem zweiten Radioteleskop, dem 75-Meter-Spiegel in Jodrell Bank (England) mitgeteilt. Dieses zweite Teleskop muss zunächst feststellen, ob es ebenfalls dieses Signal empfängt, denn andernfalls ist es eindeutig lokalen Ursprungs. Dann werden die Frequenzen der von den beiden Teleskopen gemessenen Signale mit großer Genauigkeit verglichen. Ein wirkliches Signal aus den Tiefen des Weltraums unterläge wegen der Erdrotation an den beiden Orten, Puerto Rico und England, einer leicht unterschiedlichen Doppler-Verschiebung. Wenn die erwartete Differenz nicht festgestellt wird, wird das Signal ebenfalls verworfen.

Ein paar Signale haben kurzfristig den Blutdruck der beteiligten Wissenschaftler in die Höhe getrieben. Eines, vom Stern EQ Pegasi, einem Doppelsternsystem in einer Entfernung von 21 Lichtjahren, bestand all die oben erwähnten Tests. Nun war es an der Zeit, das Teleskop von dem Stern wegzudrehen, denn wenn es sich um irdische Interferenz handelte, würde es auch an anderen Stellen zu beobachten sein. Das Signal verschwand. Der nächste Schritt war, das Teleskop wieder auf den Stern zu richten und zu „lauschen", um zu bestätigen, dass es noch vorhanden war. Und tatsächlich, es war immer noch da! „Jill und ich waren von unseren Sesseln hochgesprungen", schildert Seth Shostak den elektrisierenden Moment, als er von diesem Erlebnis erzählte. Aber schon in der nächsten Beobachtung, als das Teleskop wieder von EQ Pegasi weggerichtet wurde, erschien das Signal zur Enttäuschung aller auch – es war am Ende wohl doch nur ein Satellit.

Bis jetzt hat Phoenix etwa 300 von den 1000 Zielsternen beobachtet, und E. T. hat noch nicht angerufen. Der fehlende Erfolg hat die Wissenschaftler glücklicherweise noch kein bisschen entmutigt, und es ist ziemlich wahrscheinlich, dass noch ehrgeizigere und vollständigere Suchprogramme entwickelt werden, selbst wenn

Phoenix ein Fehlschlag werden sollte. Die Hoffnung vieler Idealisten hat der kleine Prinz so umschrieben: „Für euch, die ihr den kleinen Prinzen auch liebt, wie für mich kann nichts im Universum so wie zuvor bleiben, wenn irgendwo, man weiß nicht wo, ein Schaf, das wir nicht kennen, eine Rose gefressen hat oder vielleicht nicht gefressen hat ..."

Planeten in Hülle und Fülle

Ich habe es schon erwähnt, man kann auch systematisch nach Leben außerhalb des Sonnensystems suchen und jede Untersuchung auf der Grundlage der vorherigen Schritte aufbauen. Die erste Etappe dieser Reise stellt die Entdeckung von Planeten um andere Sterne dar. Doch eine wichtige Frage muss beantwortet werden, bevor man eine solche Entdeckung ankündigen kann: Worin besteht der Unterschied zwischen einem Braunen Zwerg und einem Planeten? Beide sind immerhin kleiner als Sterne. Der wichtigste Unterschied hat mit dem Entstehungsprozess dieser beiden Arten von Objekten zu tun. Braune Zwerge entstehen wie normale Sterne aus dem gravitativen Kollaps einer Gaswolke. Sie unterscheiden sich von diesen vor allem in einem Punkt: Wegen ihrer geringen Masse, die weniger als acht Prozent der Sonnenmasse beträgt, sind sie niemals in der Lage, Kernverschmelzungen in ihrem Innern zu zünden, und aus diesem Grunde bleiben sie relativ kühl und leuchtschwach.

Andererseits formen sich Planeten aus der Zusammenballung fester Klumpen in einer Staubscheibe, die einen sich bildenden Stern umgibt. Solche Materieklumpen bilden Objekte von etwa einem Kilometer Größe, die immer weiter Material akkretieren und schließlich Planetesimale bilden, die in ihrer Größe mit dem Mond vergleichbar, vielleicht sogar noch größer sind. Ständige Kollisionen zwischen diesen Körpern führen zur Bildung von Planeten wie der Erde. In den gasförmigen Teilen der Scheibe akkretieren diese Protoplaneten Gas oberhalb ihrer felsigen Fundamente und formen so Gasplaneten wie Jupiter. Wenn man die Masse betrachtet, ist die Trennlinie zwischen Planeten und Braunen Zwergen etwas unsicher, aber sie liegt bei ungefähr 10 Jupitermassen.

Obwohl 1990 noch keine extrasolaren Planeten entdeckt worden waren, war die Existenz von staubigen protoplanetaren Scheiben unzweifelhaft festgestellt worden, zum großen Teil durch die Arbeiten von Steven Beckwith (gegenwärtig Direktor des Space Telescope Science Institute) und Anneila Sargent (Caltech). Spektakuläre Bilder dieser dunklen staubigen Scheiben um junge Sterne im Orion-Nebel und in Sternentstehungsgebieten im Sternbild Stier wurden später mit dem Hubble-Weltraumteleskop gemacht. Der Astronom Robert O'Dell (Rice-Universität) taufte sie „Proplyds". Es besteht kein Zweifel daran, dass das Rohmaterial für Planetenbildung bei vielen Sternen vorhanden ist. Bei dem Stern HD 141569 im Sternbild Waage ist sogar eine Lücke in der Staubscheibe beobachtet worden, so als ob der Staub von einem Planeten „aufgekehrt" worden sei.

Wie findet man Planeten, die um andere Sterne kreisen? Das ist gar nicht so leicht. Denn einen extrasolaren Planeten durch ein Fernrohr zu erblicken wäre viel schwieriger, als die Stimme eines Knaben zu hören, der mit Pavarotti ein Duett singt. Ein Stern überstrahlt einen Planeten nämlich milliardenfach. Die Astronomen verwenden deshalb die gleichen indirekten Methoden, die sie schon bei der Entdeckung der dunklen Materie angewandt haben. Zwei Sterne in einem Doppelsternsystem kreisen um ihren gemeinsamen Schwerpunkt, sie ähneln einem tanzenden Paar, das sich bei den Händen hält und im Kreis herumwirbelt. Wenn die beiden Sterne gleiche Massen besitzen, liegt der Schwerpunkt genau in der Mitte zwischen ihnen. Wenn aber ein Objekt viel massereicher als das andere ist, und so wäre es, wenn ein Stern einen Planeten hat, liegt der Schwerpunkt sehr viel näher am Zentrum des massereichen Körpers. Wenn wir beispielsweise das System Sonne–Jupiter betrachten, liegt der gemeinsame Schwerpunkt etwa an der Sonnenoberfläche. Während Jupiter sich also in einer ausgedehnten Bahn um die Sonne dreht, bewegt sich diese in einer Bahn, die so groß ist wie ihr eigener Durchmesser. Man muss sich das so vorstellen, als ob ein Sumo-Ringer ein dreijähriges Mädchen bei der Hand hielte und sich mit ihr im Kreise drehte. Das Mädchen würde in einem großen Kreis „umherfliegen", während der Ringer nur eine Pirouette drehte. Im Prinzip ist das Problem der Planetenentdeckung einfach: Das Spektrum des Sterns sollte die Doppler-Verschiebung der kleinen stellaren Schwankungen zeigen, und die abgeleitete Geschwindigkeit steht im direkten Verhältnis zur Masse des unsichtbaren Planeten. In der Praxis ist dies aber eine ziemlich aufwendige Messung. Denn Astronomen verwenden Doppler-Verschiebungen häufig, um Geschwindigkeiten zu messen, die mehr als 3000 Kilometer pro Stunde betragen, während die winzigen Schwankungen, die durch Planeten hervorgerufen werden, oft nicht mehr als 30 Stundenkilometer betragen. Es war deshalb von Anfang an klar, dass eine wahrhaft heroische Anstrengung nötig sein würde, um Planeten zweifelsfrei zu identifizieren.

Die ersten extrasolaren Planeten wurden denn auch gefunden, wo man sie am allerwenigsten erwartet hatte – in der Bahn um einen Pulsar. Pulsare sind rasch rotierende Neutronensterne. Solche

Neutronensterne besitzen riesige Magnetfelder. Diese entstehen, weil die Kerne und ihre ursprünglich schwachen Magnetfelder eine gewaltige Komprimierung erfahren haben. Der gleiche Effekt tritt beim Zusammendrücken eines Wasserschlauches auf: Die Durchflussgeschwindigkeit des Wassers erhöht sich. Von den beiden Magnetpolen des Pulsars werden Radiowellen ausgesandt. Da die Magnetachse nicht exakt mit der Rotationsachse zusammenfällt, rotieren die Magnetpole um den Stern. Die Radiowellen werden deshalb in Pulsen abgestrahlt – wie der Lichtstrahl eines Leuchtturms.

Die Rotationsperioden von Pulsaren (und damit die Pulse) sind extrem regelmäßig. Einige Pulsare könnten die besten Uhren der Welt ersetzen, denn sie übertreffen selbst Atomuhren in ihrer Genauigkeit. Als diese gleichförmigen Pulse 1967 von der Studentin Jocelyn Bell und ihrem Chef, dem Astronomen Anthony Hewish in Cambridge entdeckt wurden, waren sie über diese Präzision so erstaunt, dass sie zuerst glaubten, die Pulse stammten von außerirdischen Zivilisationen. Die extreme Genauigkeit der Pulsaruhren ermöglicht es, durch Frequenzverschiebungen selbst die kleinsten Schwankungen in ihrer Bewegung festzustellen.

Im Juli 1991 kündigten der britische Astronom Andrew Lyne und seine Forschergruppe an, dass sie einen Planeten mit der zehnfachen Erdmasse entdeckt hatten, der den Pulsar PSR 1829-10 umkreist. Diese Entdeckung löste in Astronomenkreisen große Überraschung aus, da niemand erwartet hatte, dass sich ausgerechnet in der Nähe eines Sterns, der eine der dramatischsten Explosionen im Universum hinter sich hatte, Planeten finden lassen würden. Leider musste Andrew Lyne im Januar 1992 bei einem Treffen der Amerikanischen Astronomischen Gesellschaft in Atlanta zugeben, dass er und seine Gruppe einen Fehler gemacht hatten, weil sie nicht genau die Bewegung der Erde um die Sonne berücksichtigt hatten und auf diese Weise den falschen „Planeten" in ihrer Auswertung gefunden hatten. Ich saß unter den Zuhörern, als Lyne seinen Vortrag hielt – das peinliche Geständnis eines schweren wissenschaftlichen Irrtums. Als er seinen Vortrag beendet hatte, gab es großen Applaus. Wir bewunderten alle den Mut und die wissenschaftliche Rechtschaffenheit, mit der Lyne in allen Einzelheiten den Fehler, den sie gemacht hatten, beschrieb.

Doch die Entdeckung des ersten extrasolaren Planeten lag nun in der Luft. Weniger als eine Woche, bevor Lyne seine Fehler eingestehen musste, kündigten Alexander Wolszczan (Arecibo-Radioteleskop) und Dale Frail (National Radio Astronomy Observatory, New Mexico) an, dass sie nicht nur einen, sondern sogar zwei Planeten um den Pulsar PSR 1257+12 gefunden hätten. Diese Planeten sollten 3,4 und 2,8

Erdmassen besitzen und den Pulsar mit Perioden von 67 und 98 Tagen umkreisen. Als Konsequenz der unglücklichen Geschichte von Lyne und seiner Forschergruppe wurde die Entdeckung von Wolszczan und Frail nun mit großem Aufwand nachgeprüft. Sechs Monate später bestätigte eine unabhängige Astronomengruppe unter Leitung von Don Backer aus Berkeley die Entdeckung. Die Astronomen mussten, wenn auch widerstrebend, die Tatsache anerkennen, dass Planeten selbst in der scheinbar feindlichen Umgebung eines Pulsars existieren können. Wie diese Planeten genau entstanden sind, bleibt zwar ein Geheimnis, aber natürlich gibt es Vermutungen. Der Pulsar könnte sich mit einem nahen stellaren Begleiter gebildet haben. Dieser unglückliche Stern wird durch die intensive Strahlung des Pulsars abgetragen und verdampft. Die Planeten wären dann möglicherweise aus den Trümmern des zerstörten Sterns entstanden. Anderen Überlegungen zufolge könnte das System anfangs aus einem engen Paar Weißer Zwerge bestanden haben. Nach der Allgemeinen Relativitätstheorie kommen sich in einem solchen System die Sterne wegen der Aussendung von Gravitationsstrahlung immer näher. Schließlich wird die Bahn so eng, dass der massenärmere der beiden Weißen Zwerge durch die Schwerkraft der schwereren Komponente völlig zerstört wird und eine Scheibe um den schweren Weißen Zwerg bildet. Die Planeten bildeten sich aus dieser Scheibe auf die gleiche Weise, wie sich die Planeten in unserem Sonnensystem formten. Der massereiche Weiße Zwerg akkretiert Material aus der Scheibe und kollabiert schließlich. In einer Arbeit, die ich zusammen mit meinen Kollegen Jim Pringle (Cambridge) und Rex Saffer (Villanova-Universität) schrieb, wiesen wir darauf hin, dass in einem solchen Szenarium auch Planeten um massereiche Weiße Zwerge denkbar sind, die einen solchen Kollaps noch nicht erlitten haben oder auch nie erleiden werden. Die Prüfung dieser Thesen durch Beobachtungen ist aber schwieriger, da Weiße Zwerge nicht so unglaublich genaue „Uhren" eingebaut haben wie die Pulsare.

Niemand vermutet, dass die um Pulsare kreisenden Planeten Leben beherbergen können; die Umweltbedingungen nahe einem unfreundlichen, intensiv strahlenden Pulsar sind zu hart. Aber die Entdeckung dieser Planeten zeigte zum ersten Mal, dass es außerhalb des Sonnensystems um Sterne kreisende Objekte gibt, die kaum massereicher als die Erde sind. Aufgrund weiterer Daten fand Wolszczan heraus, dass PSR 1257+12 sogar vier Planeten haben könnte, einer davon mit einer Masse, die kaum die unseres Mondes übertrifft, doch die endgültige Bestätigung dieses vierten Planeten wird noch weitere Beobachtungen erfordern. Ein Planet von der Größe des Jupiter wurde von dem Astronomen Don Backer auch um den Pulsar PSR 1620+26 entdeckt.

Die Entdeckung von Planeten, die um andere Sterne als unsere Sonne kreisen, war vor etwa zehn Jahren ein unmögliches Unterfangen. Die existierenden Spektrographen, das sind Instrumente, mit denen man die Spektren von Sternen aufzeichnen kann, waren einfach nicht empfindlich genug, und die Fehler, die bei der gewöhnlichen Spektroskopie auftraten, waren zu groß, als das sie die winzigen, durch Planeten verursachten Schwankungen hätten messen können.

Diese scheinbar unüberwindlichen Schwierigkeiten schreckten die beiden Astronomen Geoff Marcy und Paul Butler von der San Francisco State University nicht ab. Durch eine Reihe von genialen Verbesserungen an den Beobachtungstechniken und eine unglaublich komplexe Datenanalyse erreichte das Forscherteam 1995 nach Jahren harter Arbeit die bestmögliche Methode zur Entdeckung neuer Planeten. Zu aller Überraschung wurde der erste Planet um einen normalen Stern jedoch von einem anderen Team entdeckt, dem Schweizer Astronomen Michel Mayor (Sternwarte Genf) und seinem jungen Mitarbeiter Didier Queloz. Major hatte sich jahrelang mit der spektroskopischen Entdeckung von Sternbegleitern befasst. Durch die Verbesserung seiner Instrumente hatte auch er die Genauigkeit erreicht, die zur Entdeckung von Jupiter-ähnlichen Planeten nötig war. Mayor und Queloz begannen im April 1994 142 Sterne zu beobachten, die nicht die gleichen waren wie die 120 von Marcy und Butler untersuchten und die alle in den früheren Beobachtungen von Mayor als Einzelsterne klassifiziert worden waren. Im September des gleichen Jahres beobachteten sie 51 Pegasi (im Sternbild Pegasus), und vier Monate später waren sie ziemlich überzeugt, dass sie eine Schwankung entdeckt hatten, die ein umkreisender Planet an einem Stern erzeugt. Um ganz sicherzugehen, mussten sie sechs weitere Monate warten, bis das Sternbild hinter der Sonne am Nachthimmel wieder zum Vorschein kam. Die neuen Beobachtungen ließen ihre letzten Zweifel schwinden, dass sie ins Schwarze getroffen hatten, und im August 1995 verfassten sie einen Artikel, in dem sie die erste Entdeckung eines Planeten um einen sonnenähnlichen Stern ankündigten. Die Masse des Planeten ist etwa halb so groß wie die von Jupiter, aber der Planet umkreist den Stern in nur 4,2 Tagen in einer unglaublich engen Bahn. Damit ist er nur ein Siebtel so weit von dem Stern entfernt wie der Planet Merkur von der Sonne. Wegen dieser seltsamen Eigenschaften betrachteten viele Astronomen Mayors Entdeckung zunächst mit großer Skepsis. Marcy und Butler hätten diesen Planeten sehr leicht entdecken können, wenn sie nur geglaubt hätten, dass ein so großer Begleiter so nahe an einem Stern zu finden sein würde. Sie benötigten nur vier Beobachtungsnächte, um sich zu vergewissern, dass Mayor völlig Recht hatte – und es begann eine neue Ära der Planetenforschung. Ende 1995 gelang es Marcy und Butler, selbst zwei Planeten zu entdecken, einen um 47 Ursae Majoris und einen um 70 Virginis. Neun Jahre harter Arbeit begannen sich auszuzahlen.

Mittlerweile sind mehr als 50 bekannte Planeten um sonnenähnliche Sterne registriert, und die Liste wird ständig länger. Die Massen dieser Planeten reichen von der Masse des Saturn bis zu 11 Jupitermassen. Die meisten von ihnen sind von Marcy und Butler, den hartnäckigsten Planetenjägern, entdeckt worden.

Doch den bislang dramatischsten Fund machten am 15. April 1999 Forscherteams von der San Francisco State University (angeführt von Butler und Marcy), dem Harvard-Smithsonian Center for Astrophysics und dem High Altitude Observatory in Boulder (Colorado), die die Identifikation des ersten *Planetensystems* um einen Fixstern verkündeten. Die Geschichte dieser Entdeckung erinnert sehr daran, wie Neptun oder die dunkle Materie gefunden wurden. 1996 hatten Marcy und Butler einen Planeten von Jupitergröße um den Stern Ypsilon Andromedae aufgespürt, der etwa 44 Lichtjahre von der Erde entfernt ist. Sie fanden jedoch, dass die Variationen in der Geschwindigkeit des Sterns eine ungewöhnlich große Streuung zeigten. Nach der Analyse von Daten, die über 11 Jahre gesammelt wurden, konnten sie nachweisen, dass ein Teil der verwirrenden Streuung in den Daten durch die Anwesenheit eines zweiten Planeten erklärt werden kann. Schließlich zogen die Forscherteams den Schluss, dass ihre Aufzeichnungen die Existenz von drei Planeten zuließen. Ein Planet mit Jupitermasse umkreist den Stern in 4,6 Tagen. Ein zweiter, doppelt so massereich wie Jupiter, braucht 242 Tage für einen Bahnumlauf. Der dritte, der etwa das Vierfache der Jupitermasse besitzt, umkreist den Stern in 3,5 Jahren. Diese Entdeckung zeigte deutlich, dass unsere Milchstraße von Planetensystemen wimmelt.

Eine ganz andere Technik, um nach Planeten zu suchen, beruht auf gravitativen Mikrolinsen. Ich habe sie bei der Diskussion der MACHOs beschrieben. Ein paar Forschergruppen aus den USA, Polen und Frankreich machen sich die Mühe, die seltenen Ereignisse zu finden, bei denen ein uns näherer Stern die Sichtlinie zu einem entfernteren Stern kreuzt und dadurch einen zeitweiligen Gravitationslinseneffekt und eine Verstärkung des Lichts von diesem entfernteren Stern verursacht. Was hat das mit Planeten zu tun? Die Wissenschaftler gehen von folgenden Überlegungen aus: Wenn der nähere Stern einen Planeten besitzt, wird dieser selbst ebenfalls einen Gravitationslinseneffekt hervorrufen. Wir erinnern uns, dass die Masse der Linse die Stärke der Verbiegung des Lichts und damit die Dauer des Ereignisses, nicht aber die Stärke der Lichtintensität, bestimmt, wobei kleinere Massen kürzere Zeiten verursachen. Für die bislang beobachteten Gravitationslinsenereignisse betrug die mittlere Dauer etwa 30 Tage. Ein Jupiter-ähnlicher Planet würde ein zusätzliches Lichtmaximum mit einer Dauer von etwa einem Tag hervorrufen. Das Aufregende an dieser Technik ist, dass bisher nur sie empfindlich genug ist, erdartige Planeten um normale Sterne zu entdecken. Wegen der kurzen Dauer solcher Ereignisse muss ein Objekt mit vielen Teleskopen auf der Erde „rund um die Uhr" beobachtet werden, damit eine ununterbrochene Lichtkurve erhalten wird. Um diese Methode anzuwenden, haben Kailash Sahu vom Space Telescope Science Institute und Penny Sackett vom Kapteyn-Institut in den Niederlanden die PLANET-Arbeitsgruppe ins Leben gerufen (PLANET steht für Probing Lensing Anomalies Network – Netzwerk zur Erforschung von Gravitationslinsenanomalien). Diese Arbeitsgruppe verwendet vier Teleskope – zwei in Australien, eines in Südafrika und eines in Chile, Südamerika. Die Idee ist sehr einfach. Sobald ein Gravitationslinsenereignis von einer der Gruppen, die MACHOs untersuchen, entdeckt wird, alarmieren sie die PLANET-Arbeitsgruppe, die das Ereignis rund um die Uhr verfolgt und hofft, den kurzzeitigen Helligkeitsanstieg zu entdecken, der das Kennzeichen für einen Planeten ist. Bisher hat die PLANET-Gruppe mehr als zwei Dutzend Gravitationslinsenereignisse verfolgt. Sie haben ein paar Anomalien gefunden, die noch untersucht werden, aber sie haben bisher nur einen Kandidaten für einen Planeten gefunden, einen Brocken mit der zehnfachen Masse Jupiters.

Was können wir also festhalten? Seit der Mitte der neunziger Jahre ist unsere Kenntnis extrasolarer Planeten dramatisch gestiegen, nämlich von null auf über 50, darunter befindet sich ein ganzes Planetensystem. Objekte, die etwa die Masse der Erde haben, sind sogar in Bahnen um Pulsare entdeckt worden, und Riesenplaneten kreisen in Bahnen, die kleiner als die Merkurbahn sind. Mit diesen Entdeckungen sind auch die Gefahren offenkundig geworden, Schlüsse aus dem Einzelfall eines einzigen Planetensystems, nämlich unseres eigenen, zu ziehen. Die neu gefundenen extrasolaren Planeten bestärken uns überdies in unserem Glauben an das kopernikanische Prinzip: Planeten kommen offenbar recht häufig im Weltall vor. Wir leben also nicht an einem einzigartigen Ort im Universum.

Die zukünftige Suche nach Planeten wird noch intensiver sein. Der Direktor der NASA, Daniel Goldin, betrachtet das Ziel, ein direktes Bild eines erdähnlichen Planeten, der um einen anderen Stern kreist, aufzunehmen, als eine der größten Herausforderungen für die NASA. Viele Wissenschaftler werden durch seinen Enthusiasmus und seine visionäre Einstellung beflügelt. Der stellvertretende NASA-Direktor für Weltraumwissenschaft, Ed Weiler, der auch bei der

Programmplanung des Weltraumteleskops Hubble mitwirkte, war selbst Leiter des NASA-Forschungsprogramms Origins, das die Geheimnisse um die Entstehung von Sternen, Planeten, Galaxien und des Lebens lüften soll. Wir können sicher sein, dass wir in den kommenden Jahren Zeugen vieler neuer Entdeckungen sein werden.

Wir haben uns ausführlich mit der Suche nach Leben beschäftigt, weil viele Astrophysiker glauben, dass Leben, unser eigenes „intelligentes" Leben, eine Rolle in der Entstehung des Universums spielt. Dieser Gedankengang suggeriert, dass unser beobachtbares Universum eine „kosmische Oase" sein könnte, um die Worte des Kosmologen Martin Rees zu gebrauchen, in der die Bedingungen für intelligentes Leben günstig sind. Nach diesem anthropischen Gedankengang mag ein „typisches" Universum, das man aus der Vielzahl aller möglichen Universen herausgreift, nicht die Bedingungen erfüllen, die für das Entstehen von intelligentem Leben notwendig sind. Die Gesetze der Physik in einem solchen Universum mögen beispielsweise nicht die Bildung von Molekülen oder das Strahlen der Sterne zulassen. Falls diese Beweisführung richtig ist, müssen, wie wir gleich sehen werden, unsere Vorstellungen von einer schönen Theorie des Universums drastisch geändert werden.

Wissenschaftler sind nicht die einzigen, die an der Bedeutung des Lebens interessiert sind. Selbst Monty Python drehte einen Film zu diesem Thema. 1991 veröffentlichten David Friend und die Herausgeber der Zeitschrift Life ein Buch mit dem Titel *The Meaning of Life*, in dem Fotografien und Gedanken von 173 Dichtern, Wissenschaftlern, Künstlern, Philosophen, Staatsmännern und Passanten auf der Straße über die Frage nach der „Bedeutung des Lebens" gesammelt sind. Was der amerikanische Psychologe Timothy Leary dazu zu sagen hat, spricht unsere Rolle als neugierige Beobachter an:

> *Warum sind wir hier?*
> *Wir sind hier, um die digitalen Botschaften unserer Sponsoren zu entziffern.*
> *Wir sind hier, um herauszufinden, wie das Universum entworfen ist.*
> *Wir sind hier, um die Götter zu verstehen, die uns programmierten.*
> *Wir sind hier, um ihre Größe nachzuahmen.*
> *Wir sind hier, um die Sprache zu lernen, in der sie sprechen.*

Doch sind wir wirklich nur da, um zu verstehen, „wie das Universum entworfen ist"? Oder ist es möglich, dass der Entwurf selber irgendwie durch unsere Existenz beeinflusst ist?

9
Ein Universum – wie geschaffen für uns?

Die Wiederauferstehung der kosmologischen Konstante wurde, wir haben es schon erwähnt, von vielen Physikern nicht gerade mit Freude begrüßt. Auch die Tatsache, dass der abgeleitete Beitrag dieser Konstante zur Dichte des Universums 120 Größenordnungen kleiner als ihr „natürlichster" Wert ist, löste keine Begeisterungsstürme aus. In den Köpfen mancher Kosmologen setzte sich die Vorstellung fest, dass der Wert der kosmologischen Konstante nicht durch eine Theorie bestimmt wird, sondern durch Randbedingungen, denen unser Universum aufgrund der bloßen Tatsache unterworfen ist, dass *wir* existieren – denn nur ein Universum mit einem solchen Wert für die kosmologische Konstante begünstigt die Entwicklung von intelligentem Leben. Ist es möglich, dass einige Eigenschaften des Universums durch unsere Existenz bestimmt werden? Oder ist es so fein abgestimmt, *damit* es Leben tragen kann?

Soweit wir wissen, werden seine genauen Eigenschaften durch die Werte von einigen grundlegenden Naturkonstanten festgelegt, die *universelle Konstanten* sind. Sie haben an jedem Ort im Universum den gleichen Wert. Auch die Stärken aller Grundkräfte der Natur, der Schwerkraft, der elektromagnetischen Kraft und der beiden Kernkräfte sowie die Massen aller Elementarteilchen (wie Elektronen und Quarks) gehören zu diesen Konstanten. Die starke Kernkraft ist etwa 100-mal stärker als die elektromagnetische Kraft, und diese wiederum übertrifft die Schwerkraft um ungefähr das 10^{36}fache. Die Masse des Protons ist 18^{36}-mal größer als die Masse des Elektrons. Es ist einfacher, über Massenverhältnisse zu sprechen als über die Massen selbst, weil wir dann nicht angeben müssen, ob wir sie in Gramm, Unzen oder einer anderen Einheit messen.

Die Werte dieser Konstanten und die Grundprinzipien der Quantenmechanik, wie das Unschärfeprinzip und das Pauli-Prinzip, bestimmen die Größe der Atome, der Planeten und selbst die Größe der zweibeinigen Tiere auf der Erde. Es ist kein Zufall, dass wir keine zweibeinigen Tiere finden, die 100 Meter hoch sind, denn die Knochen eines solchen Tiers würden unter seinem Gewicht zusammenbrechen. Der Grund hierfür ist einfach: Die chemische Bindung in den Knochen, die durch die elektromagnetische Kraft bestimmt wird, wäre zu schwach, um der Anziehung der Schwerkraft entgegenzuwirken. Wäre die Schwerkraft noch schwächer, als sie jetzt schon ist, oder wäre das Verhältnis der Schwerkraft zur elektromagnetischen Kraft kleiner, dann wären die Tiere auf der Erde im Durchschnitt größer – kein besonders angenehmer Gedanke, wenn wir zufällig die gleiche Größe beibehalten würden. Betrachten wir noch ein anderes Beispiel: Das Verhältnis zwischen der starken Kernkraft und der elektromagnetischen Kraft bestimmt, wie viele verschiedene Atomsorten in der Natur stabil sein können. Der Grund, warum es nicht mehr als 105 Elemente im Periodensystem gibt, liegt in der Tatsache, dass beim Versuch, einen Kern mit noch mehr Protonen herzustellen, die gegenseitige elektrische Abstoßung die durch die starke Kernkraft verursachte gegenseitige Anziehung übersteigen würde. Wäre das Verhältnis der starken Kernkraft zur elektromagnetischen Kraft etwas kleiner – sagen wir, die Stärke der Kernkraft würde nur 50 Prozent ihres natürlichen Wertes betragen –, dann würde selbst das Kohlenstoffatom nicht existieren, es würde keine organische Chemie geben, und wir würden uns nicht den Kopf über diese Dinge zerbrechen können.

Betrachten wir noch ein letztes Beispiel. Das Verhältnis der Protonenmasse zur Elektronenmasse (das Proton ist wie gesagt 1836-mal massereicher) lässt es zu, dass Moleküle stabil sind. Die quantenmechanische Unschärfe in der Position eines Teilchens ist umso größer, je leichter das Teilchen ist. Die Positionen der relativ leichten Elektronen in den Molekülen sind weit weniger gut bestimmt als die der Kerne, die aus Protonen und Neutronen bestehen. Die Kerne bleiben mehr oder weniger an ihrem Ort und geben den Molekülen ihre wohl definierten Strukturen und damit ihre Eigenschaften. Wäre das Verhältnis der Massen von Proton und Elektron wesentlich kleiner, würden Moleküle wie die verwackelten Bilder eines schlechten Fotografen aussehen. In einem solchen Fall könnten die sehr komplexen Moleküle der organischen Materie nicht existieren.

Diese und ähnliche „Koinzidenzen" zwischen den relativen Werten der grundlegenden Naturkonstanten haben einige Wissenschaftler zu der Ansicht geführt, dass unser Universum besonders begünstigt für die Existenz von Leben ist. Die am häufigsten zitierte Koinzidenz betrifft die Erzeugung des Kohlenstoffs, den grundlegendsten Baustein des Lebens, wie wir es kennen. Kohlenstoff wird durch eine Kette von Kernreaktionen im Innern der meisten Sterne erzeugt. Die letzte dieser Reaktionen sollte nach den Überlegungen, die der Astrophysiker Edwin Salpeter (Cornell-Universität) 1952 publik machte, eher selten ablaufen. Denn nach Salpeters Szenarium verschmelzen zuerst zwei Heliumkerne und bilden ein instabiles Isotop des Berylliums, das trotz seiner extrem kurzen Lebensdauer (etwa 10^{-17} Sekunden) einen weiteren Heliumkern absorbiert, bevor es zerfällt, um einen Kohlenstoffkern zu bilden. 1954 erkannte der Astrophysiker Fred Hoyle aus

Cambridge, dass eine solche unwahrscheinliche Reaktion Kohlenstoff in der beobachteten Menge im Kosmos nur dann erzeugen kann, wenn eine spezielle Bedingung erfüllt ist. Hoyle, einer der Ersten, der an einer Theorie für die Elementerzeugung in Sternen bastelte, sagte deshalb ein bestimmtes Energieniveau im Kohlenstoffkern voraus. Nach seiner Schätzung besitzt dieser Zustand, ein so genannter „Resonanzzustand", eine ungewöhnlich hohe Wahrscheinlichkeit, durch die Kollision von Beryllium und Helium erzeugt zu werden. Damit also tatsächlich Kohlenstoff entstehen kann, muss die Energie dieses Resonanzzustands von Kohlenstoff sehr genau der kombinierten Energie des Beryllium- und Heliumkerns entsprechen. In einer vergleichbaren Situation befänden sich Raumfahrer, die mit Hilfe einer primitiven Zweistufenrakete eine ganz bestimmte Höhe erreichen wollen. Wenn die kombinierten Schubkräfte der beiden Stufen zusammen die Rakete mehr oder weniger genau in die erforderliche Höhe katapultieren, ist die Chance, auch wirklich in diese Höhe zu gelangen, größer, als wenn aus der Summe der Schubkräfte eine wesentlich kleinere oder größere Höhe resultieren würde. Bemerkenswerterweise wurde das von Hoyle vorhergesagte Energieniveau des Kohlenstoffkerns später experimentell nachgewiesen. Wenn dieses Niveau nicht existieren würde, würde der Kohlenstoff und mit ihm alle schwereren Elemente nicht in den Sternen erzeugt, und also könnte auf Kohlenstoff beruhendes Leben nicht entstehen. Da alle Energieniveaus eines Atomkerns schließlich und endlich ebenso durch die Werte der Naturkonstanten wie die Stärken der Kernkräfte und der elektromagnetischen Kraft oder die Massen der Teilchen bestimmt sind, wird die Existenz des Resonanzzustandes des Kohlenstoffs von manchen als „Evidenz" dafür angesehen, dass unser Universum wie geschaffen für die Entstehung und Entwicklung des Lebens ist.

Ich habe immer Hoyles Intuition beneidet, und ich habe bewundert, wie er den Resonanzzustand vorhergesagt hat, aber ich habe diese Koinzidenz nie als Hinweis auf ein Universum verstanden, das das Leben begünstigt. 1989 rechnete ich mit den Astrophysikern David Hollowell, Achim Weiss und James Truran zusammen aus, wie viel Kohlenstoff in Sternen erzeugt würde, wenn wir künstlich die Energie des Resonanzzustands von Kohlenstoff auf einen anderen Wert legen würden. Wir fanden, dass wir die Energie merklich ändern und trotzdem noch beträchtliche Mengen Kohlenstoff bilden könnten. Es ist deshalb leicht möglich, dass bei Verschiebung der Naturkonstanten mit dem Ziel, die Energie des Resonanzzustands zu variieren, andere Zustände ins Spiel kommen würden. Das Endresultat wäre wohl einfach, dass Kohlenstoff über andere Wege als die bekannten erzeugt würde.

Nach meiner Ansicht gibt es ein zweites wichtiges Argument, weshalb die Behauptung, dass die Naturgesetze für die Entstehung und Entwicklung des Lebens in besonderer Weise abgestimmt sind, wenig überzeugend ist: Die für das Leben notwendigen Zutaten *spielen keine besonders wichtige Rolle in der zugrunde liegenden Theorie, die die Grundkräfte und die Elementarteilchen vereinheitlicht.* Im Standardmodell finden wir, dass Elektronen, Myonen und Tauonen von gleich großer Bedeutung sind; kein Teilchen ist wichtiger als das andere. Aber in den Atomen, die für das Leben wichtig sind, haben Elektronen einen besonderen Wert, während die Wichtigkeit von Myonen und Tauonen für uns als intelligente Lebensform bestenfalls marginal ist. In einem Universum, das „auf die Entstehung und Entwicklung des Lebens abgestimmt wurde", würde man eine stärkere Beziehung zwischen den Größen, die für das Leben bedeutsam sind, und ihrer Relevanz für die grundlegende Theorie erwarten. Der Schriftsteller Stephen Crane hat das sehr schön ausgedrückt:

> *Ein Mann sagte zum Universum:*
> *„Mein Herr, ich bin da!"*
> *„Na und!", entgegnete das Universum,*
> *„Diese Tatsache hat in mir keinerlei*
> *Gefühl von Verpflichtung erweckt."*

Es erübrigt sich fast festzuhalten, dass die Vorstellung eines Universums, das „auf die Entstehung und Entwicklung des Lebens abgestimmt ist", das verallgemeinerte kopernikanische Prinzip verletzt und deshalb nie in einer wirklich schönen Theorie vorkommen könnte. Die Physiker müssten schon einen sehr ernsten Grund haben, diesen Gedanken weiterzuverfolgen und den an Schönheit aufzugeben.

Andererseits müssen, das versteht sich von selbst, das Universum und die Gesetze und Konstanten, die es definieren, doch zumindest *im Einklang* mit unserer Existenz stehen. Wir werden sicherlich nicht entdecken, dass die Naturgesetze und die Werte der Grundkonstanten es nicht zulassen, dass sich intelligentes Leben entwickelt. Es bleibt aber die Frage, ob die Werte aller Konstanten durch eine fundamentale Theorie vorgegeben werden oder ob einige von ihnen mehr oder weniger vom Zufall bestimmt sein könnten. Wenn Letzteres der Fall sein sollte, könnte man versuchen, die Werte der Konstanten mit der Existenz von intelligenten Beobachtern in Beziehung zu setzen. Diese Art von Beweisführung ist unter dem Begriff „anthropisches Prinzip" in die Diskussion eingegangen. Die Logik, die diesem Prinzip zugrunde liegt, ist durchaus ungewöhnlich, wie die nächste „Szene" verdeutlichen wird.

Newton

Ein Garten mit Apfelbäumen. Es ist später Nachmittag. Unter einem der Bäume sitzt ein langhaariger Mann in den frühen Zwanzigern. Er scheint tief in Gedanken versunken zu sein. Er hält eine Feder in der Hand, auf seinem Schoß liegt ein Blatt Papier.

JUNGER MANN [*zu sich selbst*]: Es ist schön, zu Hause zu sein. Die Pest ist schrecklich, ich hoffe, sie geht bald vorbei. Diese Erholungspause gibt mir wenigstens Gelegenheit, mehr über das Licht nachzudenken.

[*Es herrscht wieder Stille; der junge Mann scheint nichts in seiner Umgebung wahrzunehmen, da er gerade etwas in seinem Kopf auszurechnen versucht. Plötzlich fällt ein Apfel vom Baum, direkt zu Füßen des Mannes. Er schreckt auf, als sei er plötzlich aus einem Traum erwacht.*]

JUNGER MANN: Guter Gott! Beinahe wäre er mir auf den Kopf gefallen!

[*Er ergreift den Apfel und schaut ihn an, als ob er zum ersten Mal einen Apfel sehen würde.*]

JUNGER MANN [*zu sich selbst, mit lauter Stimme*]: Warum fallen Äpfel immer senkrecht zu Boden? Warum fallen sie nicht hinauf? Warum nicht seitwärts?

[*Er sitzt wieder still da, tief in Gedanken versunken.*]

JUNGER MANN: Vielleicht gibt es Orte, an denen sie tatsächlich nicht herabfallen, sondern stattdessen nach oben fliegen. Könnte es sein, dass sie nur auf der Erde nach unten fallen?

[*Er schweigt wieder ein paar Minuten lang.*]

JUNGER MANN [*ganz aufgeregt*]: Halt! Nehmen wir an, dass es Planeten gibt, auf denen Äpfel nach oben fliegen. Auf all diesen Planeten würden die Apfelkerne nicht in den Boden gelangen, und Apfelbäume könnten sich nicht vermehren! Selbst wenn es dort anfangs ein paar Apfelbäume gäbe, wären nach einiger Zeit keine mehr da. Das bedeutet, dass auf jedem Planeten, auf dem Apfelbäume wachsen, die Äpfel zu Boden fallen müssen!

[*Der junge Mann ergreift seine Feder, und nach einigen Minuten des Nachdenkens schreibt er oben auf das Papier: „Philosophiae Naturalis Principia Mathematica" („Mathematische Prinzipien der Naturphilosophie").*]

Die Logik der vorangegangenen Szene stellt ganz sicher nicht im Geringsten Newtons wirkliche Gedanken und Folgerungen dar. Die hier vorgestellte Beweisführung führt aber, zugegebenermaßen mit übertriebenem Sarkasmus, einige Argumente vor, die zugunsten des anthropischen Prinzips ins Feld geführt werden.

Anthropisches

Wenn man viele Mausefallen einer bestimmten Größe in einem von Mäusen und Ratten bewohnten Keller aufstellt, sollte man sich nicht wundern, dass alle Mäuse, die gefangen werden, kleiner sind als die Mausefalle. Dies ist ein einfaches Beispiel für einen *Auswahleffekt*: die Tatsache, dass Ergebnisse von Experimenten oder Beobachtungen durch die Methoden, mit denen sie ausgeführt werden, beeinflusst werden. Ein anderes Beispiel: Wenn man den Himmel mit einem relativ kleinen Fernrohr beobachtet, kann man nur erwarten, die hellsten Objekte zu sehen. Bevor Astronomen Folgerungen aus Beobachtungen ziehen, müssen sie einen beträchtlichen Gedankenaufwand betreiben und alle möglichen Auswahleffekte berücksichtigen, die die Ergebnisse der Beobachtungen beeinflusst haben könnten. Dies ist besonders wichtig, wenn allgemeine Folgerungen gezogen werden sollen. Wenn also aus Kohlenstoff bestehende Astronomen das Universum beobachten, wäre es schon sehr verwunderlich, wenn sie herausfänden, dass im Universum kein Kohlenstoff gebildet werden kann. Bis zu einem gewissen Grad werden die beobachteten Eigenschaften sicher durch den Auswahleffekt, der durch unsere Existenz hervorgerufen wird, beeinflusst. Es ist deshalb auch einleuchtend, dass wir kein Universum untersuchen können, das nur eine Million Jahre alt ist und eine Größe von nur einer Million Lichtjahre hat, weil der Kohlenstoff, der im Innern von Sternen erzeugt wird, die viel länger als eine Million Jahre leben, sich in einem solchen Universum noch gar nicht gebildet haben könnte. Und wir könnten natürlich auch kein Universum sehen, in dem die Materiedichte so niedrig ist, dass sich Galaxien nicht bilden konnten.

Neuere Argumente, die das Zusammentreffen von Werten der Naturkonstanten und ihre möglichen Beziehungen zu Auswahleffekten in der Beobachtung berücksichtigen, wurden in den fünfziger Jahren von den Physikern Gerald Whitrow und Robert Dicke vorgebracht, aber am deutlichsten in den siebziger Jahren von dem Astrophysiker Brandon Carter aus Cambridge formuliert. Carter definierte, was er unter einem „schwachen anthropischen Prinzip" und einem „starken anthropischen Prinzip" versteht. Die Definition des schwachen Prinzips ist von John Barrow und Frank Tipler in dem ausgezeichneten Buch *The Anthropic Cosmological Principle* gegeben worden:

Die beobachteten Werte aller physikalischen und kosmologischen Größen sind nicht alle gleich wahrscheinlich. Sie nehmen jedoch Werte an, die durch die Forderung eingeschränkt werden, dass es Orte gibt, an denen sich auf Kohlenstoff beruhendes Leben entwickeln kann, sowie durch die Forderung, dass das Universum so alt ist, dass ein solcher Fall bereits eingetreten ist.

Einfach gesagt ist das schwache anthropische Prinzip eine Forderung nach Folgerichtigkeit: Unser Taschenuniversum muss Eigenschaften besitzen, die unsere Existenz, nämlich das auf Kohlenstoff beruhende Leben, ermöglichen. Im größeren Zusammenhang der ewigen Inflation und der theoretischen Möglichkeit einer ganzen Reihe von Universen erlangt das schwache anthropische Prinzip eine wichtigere Bedeutung, mit der wir uns sogleich befassen werden.

Das starke anthropische Prinzip stellt fest (wieder nach Definition von Barrow und Tipler): „Das Universum muss Eigenschaften haben, die es zulassen, dass sich zu einem gegebenen Zeitpunkt seiner Geschichte Leben entwickelt." Das Prinzip stellt also fest, dass die Naturgesetze in jedem Universum Leben ermöglichen müssen. Damit überschreitet es die Grenze zwischen Physik und Teleologie. Da keine Hoffnung besteht, dass eine derartige Behauptung jemals durch wissenschaftliche Methoden überprüfbar sein kann, weil uns offenkundig nicht alle möglichen Universen zugänglich sind, werde ich das starke Prinzip nicht weiter diskutieren. Allerdings sei die Bemerkung erlaubt, dass es in gewisser Weise quer zum kopernikanischen Prinzip steht, da es das Leben in den Mittelpunkt stellt.

Als bloße Forderung nach Folgerichtigkeit ist das schwache anthropische Prinzip unumstritten, es ist aber auch nicht besonders nützlich. Wendet man es ohne Bedacht an, kann es tatsächlich recht kontraproduktiv sein, wie das folgende einfache Beispiel zeigen soll. Stellen wir uns Atmosphärenwissenschaftler vor, die feststellen wollen, warum die Erdatmosphäre sauerstoffreich ist. Auf der Grundlage der anthropischen Beweisführung könnten sie wie folgt argumentieren: Wir leben auf der Erde; wir benötigen Sauerstoff zum Atmen, deshalb muss die Erdatmosphäre Sauerstoff enthalten. Die Argumentation kann aber auch wie folgt aussehen: Wir leben auf der Erde; damit sich komplexes Leben entwickelt, ist eine Abschirmung der tödlichen Ultraviolettstrahlung nötig; Ozon, ein Molekül, das aus drei Sauerstoffatomen besteht, liefert eine solche Abschirmung; deshalb müssen die Atmosphären von Planeten, auf denen sich komplexes Leben entwickelt hat, sauerstoffreich sein. Es gibt zwar keinen Fehler in diesen Feststellungen, sie aber als *Erklärung* zu akzeptieren, wäre ein schwerer Fehler, da solche Ableitungen von der Suche nach der wirklichen Erklärung in Form physikalischer und chemischer Prozesse abhalten würden.

Die Frage ist deshalb: Liegt ein Sinn darin, anthropischen Gedankengängen Bedeutung beizumessen, oder stellen sie bloß eine Prüfung auf Folgerichtigkeit dar? Die Antwort ist: Im Prinzip könnten sie sinnvoll sein. Erinnern wir uns daran, dass die ewige Inflation die

Existenz einer unendlichen Menge von Universen vorgibt. In dieser Menge ist auf jeder Skala ein Taschenuniversum zu finden, das von Gebieten falschen Vakuums umgeben ist, die in dramatischer Weise expandieren. Möglicherweise sind die Gesetze der Physik und die Werte der Naturkonstanten in all diesen Taschenuniversen nicht dieselben. Deshalb kann in einigen kein Leben entstehen. Andere mögen kollabieren, bevor Sterne entstehen können, oder sogar, bevor sie aus dem ursprünglichen Feuerball des thermischen Gleichgewichts auftauchen. Die letzteren werden noch nicht einmal Gelegenheit haben, neutrale Atome zu bilden. In diesem Sinn könnte man von der Untermenge der anthropisch selektierten Universen reden – von denjenigen, in denen die physikalischen Gesetze und Werte der Naturkonstanten die Entstehung von Leben ermöglichen. Nun gibt es zwei Möglichkeiten: Entweder werden die Werte aller Konstanten in einem beliebigen Taschenuniversum durch eine fundamentale Theorie festgelegt, oder einige dieser Werte sind zufällig so, wie sie sind. Im ersten Fall gibt es für eine anthropische Beweisführung keinen Platz. Im zweiten Fall aber können die Werte einiger Konstanten, die andernfalls verwirrend erscheinen, plötzlich mehr Sinn machen, wenn man einsieht, dass sie in einem anthropisch ausgewählten Universum auftreten. Betrachten wir folgendes Beispiel: Wir glauben, dass der Wert von Omega gleich eins ist, aber wir glauben nicht, dass dieser Wert durch eine besondere Theorie vorherbestimmt wird. Wenn wir aber erkennen, dass ein Omega, das viel kleiner oder viel größer als eins ist, zu einem Universum führt, in dem kein Leben entstehen kann, würde unsere Überraschung nicht groß sein. Dieses Beispiel zeigt auch die Gefahren der anthropischen Beweisführung. Wenn man zu rasch auf diesem Prinzip beruhende Erklärungen akzeptiert, bevor alle anderen Wege der Forschung ausgeschöpft sind, kann das zur Folge haben, dass man auf eine Erklärung verzichtet, die auf einer fundamentalen Theorie (hier die Inflation) basiert.

Eine der größten Schwächen des anthropischen Prinzips ist die fehlende Fähigkeit, Vorhersagen zu liefern. Selbst die größten Befürworter des Prinzips benutzen anthropische Beweisführungen erst „post factum", um den Wert einer Konstante zu erklären, die zuvor durch Beobachtungen bestimmt worden ist, anstatt die Ergebnisse einer zukünftigen Beobachtung vorherzusagen. Seltsamerweise ist das schwache anthropische Prinzip dennoch verwendet worden, um folgende ziemlich schockierende Vorhersage zu machen: Extraterrestrische Zivilisationen sind so selten, dass wir uns praktisch als alleinige Bewohner unserer Milchstraße betrachten können!

Allein zu Hause?

Die These, wonach extraterrestrische intelligente Zivilisationen Raritäten sind, stammt von dem Astrophysiker Brandon Carter, der auch der Erste war, der das anthropische Prinzip genau formulierte. Sie beruht auf einer Beobachtung und einer Annahme. Die *Beobachtung* ist die folgende: Es dauerte etwa 4,5 Milliarden Jahre, bis Homo sapiens auf der Erde erschien. Dies entspricht ungefähr der Hälfte der maximal möglichen Zeit, während der eine Biosphäre auf der Erde existieren kann. Letztere kann logischerweise nicht länger als 10 Milliarden Jahre überdauern, da dies praktisch die Lebensdauer unserer Sonne ist. Denn wir wissen ja bereits, dass nach ungefähr 10 Milliarden Jahren sich die Sonne in einen Roten Riesen verwandelt und die Ozeane verdampfen und alles Leben auf der Erde auslöschen wird. Carter machte jetzt eine wichtige Annahme: Die mittlere Zeit, die nötig ist, damit sich auf einem Planeten eine intelligente Lebensform entwickeln kann, und die Lebenszeit des Zentralsterns sind zwei a priori völlig unabhängige Größen. Er nimmt also mit anderen Worten an, dass sich intelligentes Leben auf Planeten zu einer beliebigen Zeit entwickeln kann, bezogen auf das Leben des Zentralsterns. So könnte auf der Erde intelligentes Leben auch nach einer Milliarde Jahren statt nach 4,5 Milliarden Jahren entstanden sein. Oberflächlich betrachtet sieht dies wie eine vernünftige Annahme aus, da die Lebensdauer von Sternen von Kernreaktionen abhängt, während die biologische Entwicklungszeit von biochemischen Reaktionen und der Entwicklung der Arten geprägt ist. Der Gedankengang ist nun folgender: Wenn zwei Zahlen, die Werte von einigen Milliarden annehmen können, wirklich völlig unabhängig voneinander sind, ist die Chance groß, dass eine sehr viel größer als die andere ist. Denken Sie sich beispielsweise eine Zahl zwischen eins und 100 Milliarden. Welche haben Sie ausgesucht? Ich hatte 630 gewählt. Die Wahrscheinlichkeit ist sehr klein, dass unsere beiden Zahlen nahezu gleich sind. Infolgedessen, argumentierte Carter, ist die mittlere Zeit, die nötig ist, damit sich intelligentes Leben entwickelt, entweder sehr klein, verglichen mit der Lebenszeit eines Sterns, oder sehr groß. Betrachten wir die beiden Möglichkeiten genauer: Wir stellen uns vor, dass die mittlere Zeit für die Entwicklung intelligenten Lebens im Vergleich zur Lebenszeit des Sterns sehr kurz ist – sagen wir, um einen Faktor 100 kürzer. Da die Lebenszeit der Sonne 10 Milliarden Jahre beträgt, sollte intelligentes Leben auf einem Planeten um einen sonnenähnlichen Stern nach etwa 100 Millionen Jahren auftreten. Wenn dies aber zutrifft, ist sehr schwer einzusehen, warum in dem einzigen Fall, der uns bekannt ist, bei dem Leben auf der Erde im Sonnensystem nämlich, die beiden Zeiten beinahe gleich lang sind. Es wäre wesentlich wahrscheinlicher gewesen, wenn wir gefunden hätten, dass Homo sapiens nach nur 100 Millionen Jahren auftauchte, statt nach 4,5 Milliarden Jahren. Die Tatsache, dass die Entwicklung von intelligentem Leben auf der Erde fast so lange brauchte, wie die Sonne existiert, macht es folglich sehr unwahrscheinlich, dass die mittlere Zeit für die biologische Entwicklung viel kürzer ist als die Lebensdauer eines Sterns. Betrachten wir ein ähnliches Beispiel: Wenn das mittlere jährliche Einkommen in einem Land 40 000 DM beträgt, ist es sehr unwahrscheinlich, dass der erste Mensch, dem wir in diesem Land begegnen, tatsächlich 4 Millionen DM verdient.

Betrachten wir nun die andere Möglichkeit, dass nämlich die mittlere Zeit für die Entwicklung intelligenten Lebens viel länger als die Lebensdauer eines Sterns ist, sagen wir, 100-mal länger. Kann man so die Tatsache erklären, dass es so lange dauert, bis intelligentes Leben auf der Erde entsteht? Beachten Sie, dass sich in diesem Fall intelligentes Leben in den meisten Fällen überhaupt nicht entwickeln wird, da das biologische Leben absterben wird, wenn der Stern sich in einen Roten Riesen verwandelt, und deshalb intelligentes Leben nie eine Chance haben wird, hervorzutreten. Wenn wir von der unleugbaren Tatsache ausgehen, dass wir existieren (die ja den Kern des schwachen anthropischen Prinzips darstellt), was erwarten wir von der Erde im Sonnensystem? Wir werden auf jeden Fall nicht erwarten, dass die benötigte Zeit zur Entstehung intelligenten Lebens die der Lebensdauer des Sterns übertrifft, denn intelligentes Leben kann sich nicht nach dem Tod eines Sterns entwickeln. Wir finden ganz notwendigerweise, dass die beiden Zeiten nahezu gleich sind, denn das ist der längste Zeitraum, der für die biologische Zeit überhaupt zur Verfügung steht. Das steht genau im Einklang mit der Beobachtung. Wenn Carters Beweisführung richtig ist, ist die Schlussfolgerung, dass die mittlere Zeit, die für die Entstehung intelligenten Lebens erforderlich ist, die der Lebensdauer eines Sterns übertrifft, und deshalb wird sich im Allgemeinen intelligentes Leben nicht entwickeln. In diesem Fall wären wir die seltene Ausnahme!

Seit Carter seine Thesen 1983 veröffentlicht hat, habe ich mich mit ihnen herumgeplagt – und zwar nicht nur, weil ich den Gedanken deprimierend finde, dass wir praktisch allein im Kosmos sind. Obwohl seine Argumentation nicht notwendig voraussetzt, dass wir die Ausnahme sind und deshalb nicht in direktem Widerspruch zum kopernikanischen Prinzip steht, würden ihre Konsequenzen uns zu etwas ganz Besonderem machen. Ich bin sicher, dass viele diesen Gedanken sehr ansprechend finden, aber von unserem Gesichtspunkt der Schönheit physikalischer Theorien aus „riecht" die Argumentation nach einer Verletzung des kopernikanischen Prinzips, obwohl sie es formal nicht ist. Wir werden noch feststellen, dass es viele Möglichkeiten gibt, uns für etwas Besonderes zu halten, ohne dass dabei unser Prinzip der Schönheit einer fundamentalen Theorie auch nur angekratzt wird.

Trotz meiner gefühlsmäßigen Unzufriedenheit mit Carters Schlussfolgerung muss ich gestehen, dass sie auf einer wunderbar konstruierten Beweiskette beruht, und ich war lange Zeit nicht in der Lage, ernsthafte Schwachstellen in der Beweisführung zu finden. 1998 fand und veröffentlichte ich schließlich einen möglichen Fehler. Ich kann zwar nicht *beweisen*, dass Carters Thesen falsch sind, aber ich kann zeigen, dass sie falsch sein *können*.

Der mögliche Fehler steckt in seiner Annahme, dass die Zeitskalen der biologischen Entwicklung und die Lebensdauer eines Sterns *unabhängige* Größen sind. Erinnern wir uns, dass die Entwicklung komplexen Lebens auf der Erde sich solange verzögerte, bis sich Sauerstoff in der Atmosphäre aufbaute und daraufhin ein aus Ozon bestehender Schutzschirm entstand. Vor diesem Zeitpunkt war die Ultraviolettstrahlung für Nukleinsäuren wie auch für Proteine tödlich. Computersimulationen, die die Entwicklung der Erdatmosphäre nachstellen, deuten darauf hin, dass es zwei Phasen des Sauerstoffaufbaus gab. Während der ersten wurde Sauerstoff freigesetzt, als Sonnenstrahlung Wasserdampfmoleküle aufbrach. Die Dauer dieser Phase wird durch die Intensität der Ultraviolettstrahlung des Zentralsterns bestimmt, da diese Strahlung das Wasser dissoziiert. Die Art der von Sternen abgegebenen Strahlung, sichtbares Licht, Ultraviolettstrahlung oder Infrarotstrahlung zum Beispiel, hängt von der Oberflächentemperatur des betreffenden Sterns ab. Sehr heiße Sterne geben den Großteil ihrer Strahlung im Ultravioletten ab, während kühle das Infrarote bevorzugen. Unsere Sonne emittiert vor allem sichtbare Strahlung, und aus diesem Grund hat die natürliche Auslese dazu geführt, dass wir sichtbares Licht sehen und nicht beispielsweise Ultraviolettstrahlung. Deshalb hängt die Zeit, die benötigt wird, Sauerstoff freizusetzen (und die in engem Bezug zur Zeit der Entstehung komplexen Lebens steht), von der Oberflächentemperatur des Zentralsterns ab. Und diese ist sehr eng mit der Lebensdauer des Sterns verknüpft. Heiße Sterne sind massereich und haben ein kurzes Leben, wogegen kühle Sterne massearm sind und ein langes Leben haben. Entgegen Carters Annahme, dass die biologischen und stellaren Zeitskalen unabhängig sind, sind sie tatsächlich *voneinander abhängig*. In der zweiten Phase der Sauerstoffbildung in der Erdatmosphäre, die etwa zwei Milliarden Jahre dauerte, wurde der Sauerstoff zum größten Teil durch die Photosynthese von Mikroorganismen erzeugt. Die Stärke der Photosynthese hängt aber von der Strahlungsleistung ab, die der Stern dem Planeten zusendet, und ist damit ebenfalls mit der Lebensdauer des Sterns verbunden. Deshalb ist die These von der Unabhängigkeit der biologischen Zeitskala von der stellaren Lebensdauer möglicherweise nicht gerechtfertigt. Ich konnte durch Verwendung eines einfachen Modells für die Abhängigkeit des Sauerstoffniveaus von den Sterneigenschaften direkt zeigen, dass die biologische Zeit ziemlich rasch ansteigt, wenn die Lebensdauer des Sterns ansteigt. Daraus folgt, dass die wahrscheinlichste Beziehung zwischen diesen beiden Zeitskalen diejenige ist, dass beide nahezu gleich sind. Meine einfache Rechnung machte deutlich, dass die Tatsache, dass etwa die halbe Lebensdauer der Sonne verstreichen musste, bis sich intelligentes Leben auf der Erde entwickelte, *überhaupt nichts über die Häufigkeit von extraterrestrischen Zivilisationen aussagt*. Wann und wo immer sich eine intelligente Zivilisation entwickelt, wird dies einen beträchtlichen Teil der Lebensdauer ihres Zentralsterns in Anspruch nehmen.

Meine Arbeit zeigt jedoch nicht, dass extraterrestrische Zivilisationen existieren. Sie belegt nur, dass ein früherer Beweis, dem zufolge sie nicht existieren, bestenfalls voreilig ist. Ein wirklicher Beweis der Existenz oder Nichtexistenz extraterrestrischer intelligenter Zivilisationen oder extraterrestrischen Lebens ganz allgemein wird nicht mit Hilfe von spekulativen statistischen Beweisen geführt werden, egal wie spitzfindig sie sein mögen, sondern anhand von biologischer und astronomischer Forschung, wie ich sie im vorhergehenden Kapitel beschrieben habe.

Wir können nun also endlich abschätzen, ob und wie anthropische Betrachtungen unsere Einstellung zur kosmologischen Konstante und zu Folgerungen für die Kosmologie im Allgemeinen und die Schönheit einer endgültigen Theorie des Universums im Besonderen ändern können.

Schönheit in Not

Die Entdeckung der beschleunigten Expansion des Universums und der daraus abgeleitete Beitrag der kosmologischen Konstante (oder der Vakuumenergie) von 0,6 bis 0,7 zu Omega (gesamt) ließ zwei wichtige Fragen aufkommen: Was macht die Konstante so klein und trotzdem größer als null? Warum beginnt ihre Dominanz zum jetzigen Zeitpunkt? Warum leben wir mit anderen Worten genau in der Zeit, in der der Beitrag der immer weiter abnehmenden Materiedichte von dem der konstanten Energie, die im leeren Raum gespeichert ist, überflügelt wurde? In einem Anfall von Galgenhumor bezeichnete der

Kosmologe Mike Turner (Universität von Chicago) die letzte Frage als die „Nancy-Kerrigan-Frage". 1994 wurde die Eiskunstläuferin Nancy Kerrigan während eines Wettkampfes (nicht auf dem Eis, sondern hinter den Kulissen) von einer Konkurrentin mit einer Eisenstange angegriffen und so um ihre Chancen gebracht. Die schockierte Läuferin fragte sich immer wieder: „Warum gerade ich? Warum gerade jetzt?"

Die meisten Versuche, einen theoretischen Wert für die kosmologische Konstante Lambda zu bestimmen, sind um Größenordnungen gescheitert. Verzweifelt haben einige Kosmologen ihre letzte Zuflucht im anthropischen Prinzip gesucht. Der Wert der Konstante sollte vernünftig erscheinen, wenn er als Voraussetzung für die menschliche Existenz angenommen wird. Ist es möglicherweise so, dass nur in einem Universum mit solch einer Konstante intelligentes Leben entstehen kann? Der Teilchenphysiker und Kosmologe Steven Weinberg, der im Allgemeinen anthropische Beweisführungen ablehnt und glaubt, dass alle Naturkonstanten sich aus einer grundlegenden Theorie ableiten lassen, weil sie „durch Symmetrieprinzipien der einen oder anderen Art festgelegt sind", räumte in den letzten Jahren denn auch ein, dass „die einzige Naturkonstante, die vielleicht durch ein irgendwie geartetes anthropisches Prinzip erklärt werden muss, die kosmologische Konstante ist." Er verwies darauf, dass das Universum schon mit der beschleunigten Expansion beginnt, bevor Strukturen wie Galaxien und letztendlich Menschen auftreten können, wenn Lambda zu groß ist.

Ich habe schon festgestellt, dass Systeme, die durch die Schwerkraft zusammengehalten werden und sich noch nicht gebildet haben, keine Gelegenheit zur Formation mehr haben, wenn die kosmologische Konstante einmal zu dominieren begonnen hat. Deshalb sollte es keine Überraschung sein, dass in unserem eigenen Taschenuniversum der Beitrag von Lambda klein ist. Weinberg und seine Mitarbeiter berechneten mögliche Werte für den Beitrag der kosmologischen Konstante zu Omega (gesamt), wenn unsere Existenz zugrunde gelegt wird, und sie fanden für Lambda Werte, die mit den neuen Beobachtungen recht gut übereinstimmen. Die Kosmologen Martin Rees (Cambridge) und Max Tegmark (Princeton) fanden 1998 heraus, dass die Situation etwas komplizierter ist, da die Bildung von Strukturen nicht nur von der Expansionsrate, sondern auch von der Stärke der Klumpigkeit abhängt, die vorhanden ist, wenn das Universum aus der Inflationsära auftaucht. Wir erinnern uns, dass der COBE-Satellit Klumpungen oder Dichtefluktuationen der Größenordnung 1:100 000 fand, aber dieser bestimmte Wert hat im Zusammenhang mit der Inflation immer noch keine überzeugende theoretische Erklärung gefunden. Wenn diese anfänglichen Fluktuationen stärker und damit die Klumpen dichter sind, ist es klar, dass Strukturen wie Galaxien schneller wachsen können. Wenn die Dichtefluktuationen zu klein sind, nämlich kleiner als 1:1 000 000, sind nach den Ergebnissen von Rees und Tegmark die sich bildenden Strukturen zu verdünnt und können sich daher nicht effektiv abkühlen und Sterne bilden. Sind andererseits die Fluktuationen zu groß, mehr als 1:10 000, sind die Galaxien so dicht mit Sternen erfüllt, dass Planetenbahnen durch die nahen Sterne gestört werden können. Planeten würden deshalb ihren Zentralsternen verloren gehen und ins All geschleudert werden. Das Fehlen eines Energievorrats würde die Entstehung von Leben verhindern. Rees und Tegmark schlossen daraus, dass anthropische Überlegungen den Bereich möglicher Werte für die Dichtefluktuationen einschränken und dass ein Wert von 1:1 000 000 aus anthropischer Sicht bevorzugt ist. In einer damit in Zusammenhang stehenden Arbeit konnten 1999 Jaume Garriga (Barcelona), Alexander Vilenkin (Tufts-Universität) und ich darlegen, dass unter der Annahme, dass Menschen typische mittelmäßige Beobachter darstellen (dass sie also die wahrscheinlichsten Werte für die kosmologische Konstante und für die Dichtefluktuationen beobachten), der abgeleitete Wert der Konstante keine große Überraschung sein sollte. Die Zeit, die die kosmologische Konstante benötigt, um die kosmische Energiedichte zu dominieren, muss dann in etwa der Zeit entsprechen, die intelligente Beobachter benötigen, um auf der Szene zu erscheinen und die Frage „Warum gerade jetzt?" zu beantworten.

Viele Kosmologen sind von diesen Argumenten nicht überzeugt, und sie betrachten jeden Versuch, das anthropische Prinzip in irgendeiner Form zu beschwören, als eine Situation, bei der „zu früh das Handtuch geworfen wird". Wenn man Zuflucht zum anthropischen Prinzip nimmt, bedeutet dies das Eingeständnis, dass die Werte dieser Eigenschaften nicht durch die fundamentale Theorie des Universums bestimmt werden, sondern dass sie einfach als Ergebnis von Zufällen der kosmischen Geschichte das sind, was sie sind. Wenn wir diesen Standpunkt einnehmen, finden wir uns in einem der Universen, in dem der Wert der kosmologischen Konstante für das Entstehen von Leben günstig ist. Wir haben schon beschrieben, dass eine ähnliche Anwendung einer anthropischen Beweisführung auf den Wert von Omega (gesamt) sich als absolut unnötig und irrelevant erwiesen hat, nachdem einmal eine Theorie entdeckt worden war, die die Bestimmung von Omega ermöglichte – nämlich die Inflationstheorie.

Der Beitrag der kosmologischen Konstante zu der Gesamtenergie stellt jedoch eine große Herausforderung an die Schönheit der fundamentalen Theorie dar. Selbst wenn er völlig durch eine solche Theorie bestimmt wird, sieht ein Wert von 0,6 oder 0,7 bizarr aus, und es ist schwierig zu sehen, wie er ein einfaches Ergebnis von grundlegenden Symmetrieprinzipien sein kann. Dies vor allem deshalb, weil die Konstante von ihrem natürlichsten Wert um mehr als 120 Größenordnungen abweicht, nur um gerade noch der Möglichkeit zu entkommen, gleich null zu werden. Die Schönheit einer zukünftigen fundamentalen Theorie wird ernsthaft in Frage gestellt.

Wenn andererseits der Beitrag der kosmologischen Konstante zu Omega und die Antwort auf die Frage „Warum gerade jetzt?" vollständig durch anthropische Betrachtungen bestimmt sind, könnte dies eine Verletzung des verallgemeinerten kopernikanischen Prinzips darstellen. Die Folgerung wäre, dass eine der bedeutendsten Eigenschaften des Universums, der dominierende Beitrag der Energiedichte, nicht durch eine unvermeidliche fundamentale Theorie bestimmt ist, sondern durch unsere eigene Existenz. Die Schönheit der fundamentalen Theorie sieht sich deshalb wieder mit einem riesigen Hindernis konfrontiert. Bedeutet dies, wenn man alles zusammennimmt, dass die endgültige fundamentale Theorie des Universums schließlich doch hässlich sein wird – zumindest nach meiner Definition?

10
Ein ästhetisches kosmologisches Prinzip?

Die Schönheit physikalischer Theorien ist keine neue Erfindung. Der deutsche mathematische Physiker Hermann Weyl, der wesentliche Beiträge zur Theorie der Gravitation lieferte, wird mit folgenden Worten zitiert: „Ich versuchte in meiner Arbeit immer, das Wahre mit dem Schönen zu vereinen; aber wenn ich mich für das eine oder andere zu entscheiden hatte, wählte ich immer das Schöne." In der Tat existieren mindestens zwei bekannte Beispiele, von denen sich eines auf die Schwerkraft und das andere auf das Neutrino bezieht, bei denen sich Weyls ästhetisches Gefühl als richtig erwies, trotz anfänglicher Konflikte mit der vorherrschenden Meinung. Wir sollten deshalb das Konzept schöner Theorien nicht aufgeben – zumindest nicht kampflos.

Gibt es Wege aus dem Problem, das sich aus den neuen kosmologischen Beobachtungen ergibt? Gibt es eine schöne Theorie, die im Hintergrund lauert und darauf wartet, enthüllt zu werden, oder hat die Schönheit ihre endgültigen Grenzen erreicht, weil einige Eigenschaften unseres Universums jenseits der Möglichkeiten einer schönen Theorie liegen? Seit ich das verallgemeinerte kopernikanische Prinzip in meine Definition von Schönheit eingeschlossen habe, mögen Anhänger des anthropischen Prinzips für die letztere Möglichkeit Gründe anführen. Nun ist kopernikanische Bescheidenheit sicher nur bis zu einer bestimmten Grenze anwendbar. Wir würden beispielsweise nicht ernsthaft erwarten, dass wir uns auf einem Planeten befinden, der einen Stern von 20 Sonnenmassen umkreist, weil solche Sterne nur sechs Millionen Jahre leben und deshalb keine Zeit für die Entwicklung komplexen Lebens geblieben wäre. Es ist deshalb nicht unmöglich, dass der vorläufige Wert für die kosmologische Konstante und der Fakt, dass sie die kosmische Energiedichte erst zur heutigen Zeit zu dominieren beginnt, Folgerungen aus der Tatsache sind, dass wir in einem anthropisch ausgesuchten Universum zu einer anthropisch ausgesuchten Zeit leben. Demnach könnten nur Universen mit einer kosmologischen Konstante mit dem Wert 0,6 oder 0,7 Leben enthalten. Es entwickelt sich dann nur in einem bestimmten Zeitraum der Existenz solcher Universen, und dieser Zeitraum fällt zufällig mit der beginnenden Dominanz der Vakuumenergiedichte zusammen. All dies ist in der Tat möglich, aber ich persönlich finde diese Möglichkeit weder sehr überzeugend noch besonders ansprechend. Es ist zwar richtig, dass Leben in einem Universum nicht zu jeder beliebigen Zeit existieren kann. Die Gründe haben wir aufgezählt: die Kohlenstoffproduktion, die es nicht zulässt, dass es zu früh entsteht, die schwindenden Energiequellen durch den Tod der Sterne und der Protonenzerfall, der spätes Leben im Universum nicht zulässt. Dennoch ist das Zeitintervall, das es ermöglicht, astronomisch groß. Ich glaube deshalb immer noch daran, dass Theorien, die uns zu einer ganz bestimmten Zeit leben lassen, hässlich sind. Zugegeben, das schwache anthropische Prinzip ist im Zusammenhang mit dem Szenarium der ewigen Inflation sehr viel bedeutsamer geworden, als es für ein einziges existierendes Universum war. Wenn es nur ein Universum geben würde, würde das schwache anthropische Prinzip auf die ziemlich triviale Feststellung hinauslaufen, dass die Eigenschaften dieses einen Universums mit unserer Existenz im Einklang stehen müssen – keine besonders aufschlussreiche Aussage. Wenn wir aber eine potenziell unendliche Menge von Universen voraussetzen, die möglicherweise verschiedene Sätze physikalischer Gesetze und verschiedene Naturkonstanten aufweisen, kann sich offenkundig nur in einer bestimmten Untermenge komplexes Leben entwickeln.

Infolgedessen gelang es dem Kosmologen Alexander Vilenkin, Wahrscheinlichkeiten für die Realisierungen bestimmter Sätze von Konstanten zu berechnen, immer unter der Annahme, dass unsere Zivilisation und unser Universum ein „durchschnittlicher" Einwohner in der Gesamtzahl der Universen ist. Die Werte der Naturkonstanten in unserem Universum sind dann die wahrscheinlichsten, die zulassen, dass Leben existiert. Eine anthropische Beweisführung mag in diesem Fall einige Einsichten in andernfalls verblüffende Aspekte unseres Universums liefern, wie der Wert der kosmologischen Konstante.

Diese Beweisführung könnte sich einst als richtig herausstellen, aber die meisten Physiker ziehen es wohl vor, sie erst dann zu akzeptieren, wenn alle anderen Möglichkeiten, den Wert der kosmologischen Konstante durch eine fundamentale Theorie zu erklären, erschöpft sind. Augenblicklich sind wir noch weit von dieser Situation entfernt. Die kosmologische Konstante oder die Energiedichte des Vakuums könnten eventuell überhaupt nicht konstant sein, sondern sich mit der Zeit ändern – möglicherweise sogar in Bezug auf eine andere physikalische Größe. Eine solche Möglichkeit wurde vor etwa zehn Jahren von den Kosmologen Jim Peebles und Bharat Ratra in Princeton erkundet. Eine weitere, die auf Konzepten der Stringtheorie beruht, stammt von Robert Caldwell und Paul Steinhardt von der Universität von Pennsylvania. Der zentrale Gedanke ist, dass wegen des großen Alters des Universums eine zeitlich veränderliche Größe entweder sehr groß oder sehr klein werden kann. Wenn beispielsweise etwas bei null anfängt und jedes Jahr nur um ein

Zehnmilliardstel größer wird, wird es in zehn Milliarden Jahren den Wert eins erreichen.

Vor mehr als zehn Jahren brachte der Kosmologe Lawrence Krauss von der Case Western Reserve University den Namen „Quintessenz" für die dunkle Materie in Galaxien und Galaxienhaufen ins Gespräch. Er entlieh sich diesen Begriff bei Aristoteles, der ihn für den Äther verwendete – die unsichtbare Materie, die nach dessen Lehre den ganzen Raum erfüllt. Irgendwie konnte sich der Begriff nicht durchsetzen. Jetzt schlagen Caldwell und Steinhardt die „Quintessenz" vor, um die veränderliche Energie zu beschreiben, die eine zeitlich veränderliche kosmologische Konstante darstellen könnte. Noch ist nicht klar, ob Quintessenz oder ein anderes Konzept eine Antwort auf die Frage nach dem Wert der kosmologischen Konstante liefern wird. Klar ist nur, dass die Anstrengungen, sie im Rahmen einer fundamentalen Theorie zu erklären, weitergehen. Solange man nicht eindeutig beweisen kann, dass diese Anstrengungen zum Scheitern verurteilt sind, sind Erklärungen, die auf anthropischer Beweisführung basieren, voreilig.

Darüber hinaus drängt sich der Verdacht auf, dass trotz seiner wissenschaftlichen Empfehlungen das anthropische Prinzip immer noch unbewusste Merkmale anthropozentrischen Denkens in sich trägt. Ein erstaunliches Beispiel für eine derart unbewusste „Zentrierung" lieferte 1998 eine Entdeckung aus dem Bereich der schönen Künste. Christopher Tyler, ein Neurowissenschaftler vom Smith-Kettlewell-Augenforschungszentrum in San Francisco, untersuchte viele Bilder, um herauszufinden, ob die verschiedenen Funktionen der linken oder rechten Gehirnhälfte sich irgendwie in ihnen widerspiegeln. Wenn man in Portraits, so fand er zu seinem Erstaunen, eine senkrechte Linie durch die Bildmitte zieht, geht diese oft genau durch eines der Augen des Portraitierten. Er untersuchte Portraits von 265 Künstlern der letzten sechs Jahrhunderte und fand, dass in zwei Dritteln aller Bilder sich ein Auge fast genau in der Mitte der Bildbreite befindet, in einem weiteren Drittel sogar genau in der Mitte. Unter den untersuchten Bildern waren die *Mona Lisa* und das berühmte *Portrait einer Dame* von Rogier van der Weyden. Tyler versuchte nun, eine spezifische Anweisung von einem der Künstler zu finden, das Auge in die Mittelachse des Bildes zu setzen. Er fand aber nicht den kleinsten Hinweis und schloss daraus, dass dieses Zentrieren eines Auges ein unbewusster Vorgang als Folge eines noch unbekannten ästhetischen Erfordernisses ist, das dem Gehirn innewohnt. Ich möchte mit diesem Beispiel nur hervorheben, dass unser Gehirn offenkundig leicht dazu gebracht werden kann, sich selbst in den Mittelpunkt zu stellen.

Im Auge des Betrachters

Im Prinzip wäre auch eine ganz andere Möglichkeit denkbar, den Konflikt zwischen der Forderung nach Schönheit einer Theorie und den kosmologischen Entdeckungen zu lösen. Unsere Vorstellung von Schönheit könnte sich nämlich in der Zukunft wandeln, und zwar in zweierlei Hinsicht: Einmal könnten sich unsere Auffassungen darüber, was in einer Theorie wirklich grundlegend ist, ändern. Wir kennen Beispiele für solche Wechsel in den Bewertungen aus der Wissenschaftsgeschichte. So hielt man früher die Planetenbahnen für kreisförmig, weil man die Symmetrie der Formen und die Symmetrie der Gesetze miteinander verwechselte, wir haben es schon erwähnt. Auch die Tatsache, dass verschiedene Arten von dunkler Materie existieren, baryonische und nichtbaryonische, kann man als Beleg für Hässlichkeit werten oder aber als unwichtig in Bezug auf die Schönheit der endgültigen Theorie einstufen, je nach der Bedeutung, die man den Komponenten der dunklen Materie zumisst. Es könnte sich herausstellen, dass die kosmologische Konstante weniger bedeutsam und möglicherweise berechenbar ist. In einem solchen Fall wäre ihr Zahlenwert von keinerlei Bedeutung für die Schönheit der endgültigen Theorie. Stattdessen wäre die wahrhaft fundamentale Größe Omega (gesamt), die den Wert 1,0 annehmen muss. Auf welche Weise dieser Wert erreicht wird, durch gewöhnliche Materie, durch exotische Materie oder durch das Vakuum, würde keinerlei Bedeutung besitzen. Die Geschichte der kosmologischen Konstante selbst enthält interessanterweise ein paar Beispiele von extrem entgegengesetzten Ansichten über ihre Wichtigkeit, lange bevor ihr Zahlenwert bestimmt werden konnte. Arthur Stanley Eddington, der bedeutendste Astrophysiker zu Beginn des 20. Jahrhunderts, erklärte in seinem Buch *Dehnt sich das Weltall aus?* (1933): „Sollte je die Relativitätstheorie in Misskredit geraten, so wird die kosmologische Konstante zuletzt fallen. Sie aufzugeben hieße dem Raum sein wesentlichstes Merkmal zu nehmen". Das genaue Gegenteil äußerte der berühmte theoretische Physiker Wolfgang Pauli in seinem Buch *Die Relativitätstheorie*: „Die kosmologische Konstante ist überflüssig und nicht länger gerechtfertigt".

Doch nicht nur, was grundlegend ist, ist dem Wandel unterworfen, auch, was als Schönheit in der Physik empfunden wird, kann sich ändern. Wir wollen gar nicht erst darüber reden, dass einige Physiker sogar meiner Definition widersprechen würden. Im November 1998 wurde eine Untersuchung veröffentlicht, in der Douglas Yu (Imperial College at Silwood Park) und Glenn Shepard Jr. (Universität von Kalifornien in Berkeley) der Frage nachgingen, warum manche Menschen für schöner gehalten werden als andere. Eine Theorie besagt, dass die Anziehungskraft „schöner" Individuen bloß einen Trick der Natur darstellt, damit Partner ausgewählt werden, deren Eigenschaften auf Fruchtbarkeit hindeuten. Insbesondere ist behauptet worden, dass die männliche Vorliebe für Frauen mit kleinem Verhältnis zwischen Taille und Hüfte in allen Kulturen die gleiche sei, was eben als Beispiel für diesen Trick gewertet wird. Hintergrund ist die Tatsache, dass unfruchtbare Frauen oder Frauen mit anderen Gesundheitsproblemen oft ein großes Verhältnis zwischen Taille und Hüfte besitzen. Die Forscher Yu und Shepard fanden aber heraus, dass all die Kulturen, die in der Vergangenheit untersucht worden waren, durch die Medien dem Schönheitsideal der westlichen Welt ausgesetzt waren. In einer neuen Studie registrierten sie deshalb die Vorlieben der isoliert lebenden Bevölkerung der Matsigenka-Indianer im Südosten Perus. Der Zugang zu deren Lebensraum im Zentrum des Manu-Parks ist nur offiziellen und wissenschaftlichen Besuchern erlaubt. Die Forscher fanden zu ihrer Überraschung heraus, dass sich die Vorlieben der Männer in dieser isolierten Bevölkerungsgruppe stark von denen in der US-Vergleichsgruppe und von allen früheren Ergebnissen unterschieden. Die bevorzugtesten Frauen waren solche, die Übergewicht hatten. Frauen mit großem Verhältnis von Taille zu Hüfte wurden eindeutig vorgezogen. Eine Untersuchung unter der viel mehr westlichen Einflüssen ausgesetzen Bevölkerung der Männer in Alto Madre lieferte dagegen Ergebnisse, die sich nicht von denen aus den USA unterschieden. Die Forscher zogen daraus den Schluss, dass „eine allgemeinere Evolutionstheorie der menschlichen Schönheit Verschiedenheiten einschließen muss, statt sich auf universelle Züge zu konzentrieren, die kulturelle Effekte ausschließen." Wenn also Ansichten über die weibliche Schönheit Änderungen unterworfen sind, können sich vielleicht auch Ansichten über die Schönheit physikalischer Theorien wandeln.

Vor vielen Jahren erzählte mir ein Teilchenphysiker in Tel Aviv einen Witz, der gut zu diesem Thema passt. Er fragte mich: „Möchtest du eine kurze Geschichte der jüdischen Philosophie hören?" Nichtsahnend erwiderte ich, dass ich das sehr interessant finden würde. Er begann: „Erst kam Moses, und er behauptete, dass alles da sei", und er deutete mit dem Finger gen Himmel. „Dann kam König Salomon, der weiseste der Menschen, und er sagte, dass alles da sei", und er deutete mit dem Finger auf seinen Kopf. „Dann kam Jesus, und er sagte, dass alles da sei", und er deutete auf sein Herz. „Später kam Karl Marx, und dieser sagte, dass alles da sei", und er deutete auf seinen Bauch. „Nach ihm kam Sigmund Freud, und du weißt, was er sagte, wo alles sei... Und schließlich kam Einstein, und der

sagte, dass in Wirklichkeit alles relativ sei und im Auge des Betrachters läge!"
Wenn auch die Darstellungen in diesem und den vorigen Abschnitten keine Lösung für die Krise der Schönheit anbieten konnten, so liegt ganz gewiss auch kein Grund vor, die Vorstellung einer schönen fundamentalen Theorie fallen zu lassen.

Das „ästhetische kosmologische Prinzip"

Die neuen kosmologischen Entdeckungen haben aber dennoch ernsthafte Fragen aufkommen lassen, wie es denn nun mit der Schönheit der fundamentalen Theorie des Universums bestellt sei. Natürlich könnte man behaupten, dass Schönheit keine formale Erfordernis für eine physikalische Theorie sei. Doch diese Einstellung steht im Gegensatz zu eindeutigen Äußerungen der besten wissenschaftlichen Köpfe vergangener Jahrhunderte. Der französische Mathematiker, Physiker und Wissenschaftsphilosoph Jules Henri Poincaré, der von 1854 bis 1912 lebte, war sogar der Ansicht, dass die Schönheit und die Suche nach ihr das Hauptziel wissenschaftlicher Bestrebungen sei:
Der Wissenschaftler erforscht nicht die Natur, weil es ihm Nutzen bringt. Er erforscht sie, weil er Freude dabei empfindet; und er empfindet Freude, weil die Natur schön ist. Wenn die Natur nicht schön wäre, wäre ihre Erforschung wertlos, und das Leben wäre nicht lebenswert.
Der Astrophysiker Subrahmanyan Chandrasekhar, nach dem das 1999 gestartete Röntgenteleskop „Chandra" benannt ist, hielt über einen Zeitraum von 40 Jahren eine Reihe von sieben Vorträgen, die unter dem Titel Truth and Beauty (Wahrheit und Schönheit) gesammelt sind. Obwohl ich von der Existenz dieses Buches wusste, habe ich es erst zur Hand genommen, als ich mein eigenes Buch schrieb. Da ich nur mit Chandras (wie man ihn überall nennt) technischen Arbeiten über astrophysikalische und hydrodynamische Probleme vertraut war, war ich erstaunt, ein Buch zu finden, das zahlreiche Zitate hervorragender Wissenschaftler und Schriftsteller über die Wichtigkeit der Suche nach Schönheit in der Wissenschaft enthält. Besonders eindrucksvoll ist auch ein Diktum von J. W. N. Sullivan, der Biografien von Newton und Beethoven verfasst hat:
Da das Wesentliche der wissenschaftlichen Theorie darin besteht, die Harmonien auszudrücken, die man in der Natur findet, sehen wir sofort, dass diese Theorien einen ästhetischen Wert haben müssen. Das Maß des Erfolges einer wissenschaftlichen Theorie ist in der Tat ein Maß ihres ästhetischen Wertes, da es ein Maß des Bereichs darstellt, in dem die Theorie Harmonie geschaffen hat, wo vorher Chaos herrschte.

In ihrem ästhetischen Wert findet sich die Rechtfertigung der wissenschaftlichen Theorie und damit auch die Rechtfertigung der wissenschaftlichen Methode. Das Maß, in welchem die Wissenschaft hinter der Kunst zurückbleibt, ist das Maß, in welchem sie als Wissenschaft noch unvollständig ist.

So gut hätte ich es nie formulieren können! Sullivan hat meine Gedanken perfekt in Worte gekleidet. Trotz der augenblicklichen Probleme mit der Schönheit in physikalischen Theorien glaube ich fest daran, dass sie irgendwann die Oberhand gewinnen wird. Diesen Glauben teilt auch der große Teilchenphysiker und Kosmologe Steven Weinberg. In seinem Buch *Der Traum von der Einheit des Universums* (Bertelsmann, 1993) kommt er zu dem Schluss: „Wenn wir fragen, warum die Welt so ist, wie sie ist, und dann fragen, warum die Antwort so ist, wie sie ist, werden wir – so glaube ich jedenfalls – am Ende dieser Kette von Erklärungen ein paar sehr einfache Prinzipien von ergreifender Schönheit finden."

In der Physik nennt man gewisse Feststellungen mehr oder weniger axiomatischer Natur „Prinzipien". Das bekannteste und grundlegendste dieser Prinzipien ist das der kleinsten Wirkung. Diese Wirkung stellt häufig den Unterschied zwischen zwei physikalischen Größen dar. In Newtons Gesetzen der Mechanik etwa ist die Wirkung die Differenz zwischen kinetischer Energie und potenzieller Energie. Das Prinzip der kleinsten Wirkung besagt, dass die Wirkung unter allen Umständen so klein wie möglich bleibt.

In diesem Buch haben wir drei solcher Prinzipien der Kosmologie kennen gelernt: das kosmologische Prinzip, das kopernikanische Prinzip und das anthropische Prinzip. Trotz der Tatsache, dass das kosmologische Prinzip ursprünglich von Einstein etwas axiomatisch postuliert worden war und erst 1935 von dem britischen Kosmologen Edward Arthur Milne als Prinzip formuliert wurde, haben wir gesehen, dass moderne Beobachtungen seine Gültigkeit bestätigen. Das kopernikanische Prinzip, frei nach dem Motto: „Wir spielen nicht die Hauptrolle!", wurde ursprünglich nur in Bezug auf unseren physikalischen Ort im Universum angewandt, der ein typischer Ort und kein irgendwie hervorgehobener sein sollte. Ich habe es so verallgemeinert, dass es den Zeitpunkt unserer Existenz, die Materie, aus der wir bestehen, den Zustand unseres ganzen Taschenuniversums und die Bedeutung von Materie im Allgemeinen (verglichen mit dem Vakuum) einschließt. Die neuen Entdeckungen in der Kosmologie stellen ganz definitiv eine „zweite kopernikanische Revolution" dar.

Das anthropische Prinzip hingegen verdient noch nicht ganz den Status eines „Prinzips". Obwohl es sich als wertvolles Werkzeug zur Abgrenzung der Reichweite und der endgültigen Grenzen einer fundamentalen Theorie erweisen könnte, muss es seine Tauglichkeit noch unter Beweis stellen. Der große Kosmologe Martin Rees schlägt deshalb auch vor, die Bezeichnung „anthropische Beweisführung" anstelle von „anthropisches Prinzip" zu verwenden.

Ich komme jetzt zu dem in gewissem Sinne schwersten Teil des Buches. Ich habe lang und hart mit mir gekämpft, ob ich ein neues „Prinzip" vorschlagen sollte – das *ästhetische kosmologische Prinzip*. Immerhin besteht die Gefahr, dass ein solcher Begriff anmaßend klingen könnte. Doch wir haben mehrfach darauf hingewiesen, dass die Physiker dieses „Prinzip" eigentlich schon lange akzeptiert haben – sie haben es nur nicht so genannt. Deshalb sollten fundamentale Theorien des Universums das ästhetische kosmologische Prinzip erfüllen, was einfach bedeutet, dass solche Theorien schön sein müssen, also gemäß unserer Definition die Kriterien der Symmetrie, der Einfachheit (Reduktionismus) und des verallgemeinerten kosmologischen Prinzips erfüllen müssen. Es ist gut möglich, dass einige Physiker meine Definition von Schönheit etwas modifizieren werden, aber ich hoffe, dass die wissenschaftliche Gemeinde insgesamt der Gültigkeit eines ästhetischen kosmologischen Prinzips in der Physik nicht widersprechen wird.

John Archibald Wheeler, dessen bahnbrechende Forschung auf den Gebieten der Raumzeit und den Grundlagen der Quantenmechanik Generationen von Physikern inspiriert hat, sagte einmal, dass „Beobachter nötig sind, um das Universum ins Sein zu versetzen." Damit meinte er, dass nur ein Universum, das von Beobachtern mit Bewusstsein bewohnt ist, eine wirkliche Existenz besitzt. Die meisten Physiker akzeptieren diesen Standpunkt nicht, besonders weil sie es gerne sehen würden, wenn eine allumfassende Theorie des Universums auch die Beobachter als unvermeidliches Produkt mit einschließt.

In einem mehr philosophischen Sinn stellen Wheelers Anschauungen eine wahre Beschreibung des Universums und unserer Rolle als bewusste Beobachter dar. Nehmen wir für einen Augenblick an, dass die ewige Inflation die korrekte Theorie ist und dass unser Taschenuniversum nur eines in einer riesigen Reihe von Universen darstellt. Stellen wir uns weiter vor, dass wir eine Reise durch Raum und Zeit (und sogar von einer Zeit zur nächsten) machen könnten, indem wir mit Hilfe eines Zooms das ganze globale Universum in immer genaueren Einzelheiten betrachten könnten. Erst durchqueren wir eine ganze Reihe von Taschenuniversen, bis wir zu unserem eigenen Taschenuniversum gelangen, dann durchqueren wir die Geschichte unseres eigenen Universums und Strukturen unterschiedlicher Größe, schließlich gelangen wir von der dunklen Materie zu einem Superhaufen, zu einen Galaxienhaufen, zu unserer Milchstraße, unserem Sonnensystem, von da zur Erde, zu uns selbst, zu den Neuronen in unserem Gehirn, zu Molekülen, Atomen, Protonen und Quarks. Und jetzt stellen wir uns vor, welch eine gigantische Vergrößerungsleistung unser Zoom für eine solche Reise erbringen muss. Da könnte man durchaus zu dem Schluss kommen, dass die Menschen nichts anderes als ein unbedeutender Haufen Kohlenstoffstaub in diesem unermesslichen Glanz der Natur sind. Wir können aber unsere Reisepläne auch abändern und für Jahrhunderte im Menschenhirn sitzen bleiben und uns nur auf neue Entdeckungen konzentrieren. Auch bei einer solchen Reiseplanung würden wir letztlich dieselben Punkte besuchen wie bei der Reise mit Hilfe des Zooms. Meine Absicht ist einfach: Wir wissen seit Kopernikus, dass die Erde nicht der Mittelpunkt des Universums ist. Wir wissen, dass das Sonnensystem nicht im Zentrum der Milchstraße steht, weil Shapley das entdeckt hat. Wir wissen, Edwin Hubble sei Dank, dass unser Universum expandiert. Wir wissen endlich, dass Protonen aus Quarks bestehen, weil Gell-Mann das herausgefunden hat. Bei jedem dieser Schritte war die Expansion unserer Welt auch eine Erweiterung unseres Wissens. In diesem Sinne kann man fast sagen, dass das Universum solange nicht expandierte, bis wir entdeckten, dass es expandierte. Obwohl also unsere physische Existenz durch die immer stärkere Anwendung des verallgemeinerten kopernikanischen Prinzips immer weniger zentral erscheinen mag, setzt uns unsere Stellung als Beobachter doch in den Mittelpunkt.

Von Maria Mitchell, einer führenden amerikanischen Astronomin des 19. Jahrhunderts, stammen die Worte, die meiner Meinung nach den Schlusspunkt dieses Buches setzen sollten:

Diese unermesslichen Räume der Schöpfung können nicht durch unsere bescheidenen Kräfte durchstreift werden; diese riesigen Zeitzyklen können selbst vom Leben einer Rasse nicht durchlebt werden. Und doch, so klein unser ganzes System auch sein mag, verglichen mit der Unendlichkeit der Schöpfung, so kurz unser Leben auch ist, verglichen mit den Zyklen der Zeit, wir sind durch die wunderbaren Abhängigkeiten der Naturgesetze so eingebunden, dass nicht nur der Fall eines Sperlings bis zur äußersten Grenze der Welt empfunden wird. Selbst die Schwingungen, in Bewegung gesetzt durch die Worte, die wir hervorbringen, durchdringen den Raum, und ihr Beben wird für alle Zeit wahrgenommen.

Register

A

Abstoßungskraft
  inflationäres Modell 144
  Zukunft des Universums 120
Adams, John 88f.
Alberti, Leon Battista 140
Albrecht, Andreas 147
Alcock, Charles 95
Allègre, Claude 200
Allgemeine Relativitätstheorie
  Masse und Energie 124
  Schöpfung und 173f.
  Schwarze Löcher 196
  Schwerkraft 127
  Symmetrie 121
  Vereinheitlichte Theorie 67
  Zukunft des Universums 131-133
Alpher, R. A. 9, 61
Altman, Sidney 202f.
Alvarez, Walter 205
Anisotropie 159
Anthropisches Prinzip 221-235
  ästhetisches kosmologisches
    Prinzip 239, 242f.
  Beschreibung 226-228
  kosmologische Konstante 221-224
  Newton 225
  Schönheit 232-235
  schwaches 226f.
  Skepsis gegenüber 223f.
  starkes 226f.
  Zeitelement 229-232
Antimaterie, Materie und 71
Antischwerkraft
  inflationäres Modell, 144
  Zukunft des Universums 119f., 124
Antiteilchen
  Teilchen und 71
  Wichtigkeit von 73f.
Aquin, Hl. Thomas von 40
Äquivalenzprinzip 128f.
Aristarch 39
Aristoteles 39f., 166f., 238

Arrhenius, Gustaf 203
Asteroiden 205-207
Ästhetik, siehe Schönheit
Ästhetisches kosmologisches Prinzip 236-244
  Darstellung des 241-244
  dunkle Materie 103f.
  Kosmologie und 51, 236-244
  Physik und 7, 10, 23
  Wahrheit und 20
  Wahrnehmung der Schönheit 239-241
  Theorie 236-238
  Zukunft des Universums 114-118
Astronomie
  Attraktivität der 16
  Nebel und 18-19
  Physik und 67
Atmosphäre
  Erdgeschichte und 200f.
  Ursprung des Lebens 203f.
Atomare Struktur
  Expansion und 54
  Spin 48-49
Augustinus, Hl. 82, 173, 174
Axionen, dunkle Materie 100f.

B

Babcock, Horace 91
Backer, Don 216
Bacon, Francis 44
Bahcall, John 87
Bahnen,
  dunkle Materie 103
  Eleganz und 41
  Schwerkraft 106-108
  Symmetrie und 33
  Uranus, dunkle Materie 88f.
Bankhead, Tallulah 7
Baryonen
  Supernovae 159
  Zukunft des Universums 112
Barrow, John 226f.

Beckwith, Steven 213
Bekenstein, Jacob 164, 196f.
Bell, Jocelyn 215
Bénard, Henri 78
Beschleunigung 154
Betazerfall, dunkle Materie 85–87
Billings, Josh 126
Bode, Johann 88, 103
Bondi, Hermann 168
Borde, Arvind 171, 173
Born, Max 131
Bosonen, dunkle Materie 99f.
Boss, Alan 207
Botticelli, Sandro 21, 27
Brahe, Tycho 154f.
Brancusi, Constantin 38
Braune Zwerge
   dunkle Materie 93f.
   Planeten 213
   Sternentwicklung 191
Brecht, Bertolt 15
Brioullin, Léon 79
Brunhoff, Laurent de 76
Bruno, Giordano 52
Burles, Scott 113
Butler, Paul 217f.

C

Caldwell, Robert 237f.
Capra, Fritjof 179
Carrol, Lewis 195
Carter, Brandon 11, 226, 229–231
Casimir-Effekt 124
Cech, Thomas 202f.
Cézanne, Paul 21, 85
Chagall, Marc 45
Chandrasekhar, S. 155, 241
Chandrasekhar-Masse
   Sternentwicklung 193
   Supernovae 155
CP-Symmetrie 73
Clarke, John 23
Clausius, Rudolf 77
Clinton, William J. 208
Cobel, Kimberly 161
Compston, William 200

Conway, John 186f.
Cosmic Background Explorer (COBE) 62, 135, 146, 149, 161, 233
Cowan, Clyde 86
Cowper, William 37
CP-Symmetrie
   Erklärung 72f., 76
   inflationäres Modell 145
   Zeit und 76f.
Crane, Stephen 224
Crick, Francis 202
Cronin, Jim 73
Cullers, Kent 211

D

Dali, Salvador 21
Dante Alighieri 198
Darwin, Charles 40, 201f.
Davis, Ray, Jr. 97
Descartes, René 36
Deuterium 111–114
Devlin, Michael 161
Dichte, siehe Tatsächliche Dichte,
   Kritische Dichte, Omega
Dicke, Robert 61, 226
DNS
   Erdgeschichte und 201–203
   jüdische Priester 177f.
   Leben 189
   universal 178
Donahue, Megan 114
Doppler, Christian 49
Doppler-Effekt
   dunkle Materie 90
   Expansion und 54, 56
   Planetensuche 214
   Radioteleskope 212
   Wellenlänge und 49f.
Dostojewski Fjodor, 27
Doyle, Arthur Conan 10, 84
Drake, Frank 211
Drehimpuls
   Spin und 50
   Symmetrie und 35
Dressler, Alan 111

Register

Dunkle Materie 84–104
  Arten 93
  Braune Zwerge 93–95
  Galaxienhaufen 89, 92
  heißer Urknall 62
  Neutrinos 96f.
  nichtbaryonische, Materie 99, 102
  Quintessenz 238
  Betazerfall 85–87
  Rotationsgeschwindigkeit 90
  Schluss auf 89
  Schwarze Löcher 95
  Strahlung 90
  Strukturbildung 97f.
  Superhaufen 92
  Supernovae 159
  Teilchenbeschleuniger 87f.
  theoretische Einschätzung 101–104
  Untersuchungen der 84f.
  weakly interacting massive particles (WIMPs) 99–101

E

Eddington, Arthur Stanley 7, 239
Einfluss, dunkle Materie 88f.
Einstein, Albert 44f., 65f., 94, 103, 117, 118f., 120f., 124, 127f., 129–131, 137, 184, 191, 240–242
Eisen, Sternentwicklung 193
Elektrizität 203f.
Elektromagnetische Kraft, Symmetriebrechung 63f.
Elektronen,
  Positronen und 71
  Spin und 48f–50
Elektroschwache Kraft, Symmetriebrechung 66
Eleganz, Schönheit und 30, 41f., 44
Energie
  des leeren Raumes, Kosmologie 15
  Masse und 124
  Symmetrie und 35, 36
Entfernung, Geschwindigkeit und 53–56
Entkopplung, Zeitalter der 61
Entropie, Zeit und 77–83

Erdähnliche Planeten, extraterrestrisches Leben 210, 213–220
Erde, Leben und 198–208
Erhaltungssätze, Symmetrie und 34
Escher, M. C. 129, 202
Euklidische Geometrie 129, 134
Expansion 51–83
  ewige 23f., 163
  heißer Urknall 59–62
  Hubble und 53–57, 59
  Spiegelungen 70–76
  Olbersches Paradoxon 53, 56f.
  Planckzeit und 10
  Schwerkraft und 24
  Supernovae 157
  Symmetriebrechung 62–70
  Waldbeispiel 51
  Zeit und 76–83
Extraterrestrisches Leben
  Erdähnliche Planeten 210, 213–220
  Belege für 208–213
  Zeitkomponente 229–232
Extreme Schwarze Löcher 69

F

Falsches Vakuum 144, 151, 154
Faraday, Michael 63
Fermi, Enrico 86
Fermionen, dunkle Materie 99–100
Ferris, Timothy 70
Fibonacci (Leonardo von Pisa) 22
Fitch, Val 73
Flache Geometrie 133f.
Flachheitsproblem 136, 139, 146
Follin, J. W. 61
Fontana, Lucio 22
Fox, Michael J. 176
Frail, Dale 215f.
Fraktale Muster 152
Francesca, Piero della 21
Freese, Katherine 117
Freud, Sigmund 240
Friedman, Richard Elliott 170, 179
Friedmann, Alexander 131
Friend, David 220
Fukuda, Y. 97

G

Galaxis, Spin und 49f.
Galaxienhaufen
    dunkle Materie 89f., 92
    Zukunft des Universums 113f.
Galilei, Galileo 15, 47, 183
Galileo-Szene 45–47
Galle, Johann 89
Gamow, George 9, 61
Gardner, Martin 187
Garriga, Jaume 166, 234
Gell-Mann, Murray 10, 87f.
Geologie, Erdgeschichte und 199
Geometrie 127–134
Geschlossenes Universum
    Flachheitsproblem 139
    Zukunft des Universums 131–134
Gesetze der Physik
    Ästhetik und 23
    Symmetrie und 31
    Wissenschaft und 22f.
Gibson, Everett 208f.
Gill, A. A. 28
Glashow, Sheldon 66
Gleichgewicht 114–118
Globales Universum 172f.
Gluonengemisch 9
Gold, Thomas 168
Goldener Schnitt 21f.
Goldin, Daniel 219
Gott, Richard III. 176
Gott, Schöpfung und 170, 179f.
Graviationslinse 11
Gravitations-Mikrolinsen-Ereignisse,
    braune Zwerge 94
Graviton, Quantenmechanik 69
Greene, Brian 69f.
Greenspan, Alan 140
Griechenland (altes) 27f.
Große Vereinheitlichte Theorie
    CP-Symmetrie 72, 75
    dunkle Materie 102f.
    Existenz von 70
    inflationäres Modell 145
    Schwerkraft 105
    Symmetriebrechung 64–67
    Zukunft des Universums 163f.
Großer Attraktor 111
Guth, Alan 140, 147

H

Haldane, J. B. S. 200
Hamilton, Scott 35
Hammel, Heidi 206
Hannibal (Punischer General) 110
Hartle, James 176
Haufen, siehe Galaxienhaufen
Hawking, Stephen 164f., 170, 176
Hawking-Strahlung 164–166, 196f.
Heisenberg, Werner 44, 123
Heißer Urknall
    Deuterium 112
    Expansion 59–62
    inflationäres Modell 135–162
    Kosmologie 9
    Probleme 136
    Vorhersagen 135f.
Herman, R. C. 9, 61
Herschel, William 88
Hewish, Anthony 215
Higgs, Peter 66
Higgs-Boson, Symmetriebrechung 66
Hintergrundstrahlung, siehe
    Kosmische Hintergrundstrahlung
Hodler, Ferdinand 74
Hofstadter, Douglas 202
Holland, Heinrich 200
Hollowell, David 223
Homogenität
    inflationäres Modell 146, 149f.
    kosmologische Prinzipien 51–53, 55
Horizontentfernung 136–140
Hoyle, Fred 7, 222f.
Hubble, Edwin 11, 53–57, 59, 82, 120, 135, 154, 168, 244
Hubble-Weltraumteleskop 16, 157, 168f., 213f., 219
Hut-Analogie 141–144

I

Impuls, Symmetrie und 34f.

Inflationäres Modell 136–162
Anthropisches 227f.
  Erkenntnisse durch das 150
  Beschreibung 140–146
  Erklärung 146–149
  Glattheitsproblem 149
  Horizontzentfernung 136–140
  Omega 153–162
  Schönheit 150–152
  Schöpfung und 177
  Zukunft des Universums 167–172
Inhomogenitäten 149
Intelligenz
  erdähnliche Planeten 219f.
  Ursprung des Lebens 204f.
Isotropie 51–53, 55

J
Jablonski, David 205
Jeans, James 7
Judaismus, Schöpfung und 180
Jüdische Priester, DNS-Analyse 177f.

K
Kabbala, Schöpfung und 179f.
Kaleidoskop, Schönheit und 30f.
Kalte dunkle Materie 99, 102
Kandinsky, Wassily 152
Kant, Immanuel 37, 174
Kaonen, CP-Symmetrie 73
Keats, John 8, 29
Kepler, Johannes 33, 41, 53, 108, 154f., 183
Kerrigan, Nancy 11, 233
Kinetische Energie
  Schwerkraft und 108–110
  Symmetrie und 35f.
  Zukunft des Universums 115f.
Kirshner, Robert 157
Klumpungen 149
Kohlenstoff 222f.
Kolb, Rocky 126
Kometen, Massenaussterben 205–207
Kopernikanisches Prinzip
  Anthropisches 224, 230f.
  ästhetisches kosmologisches 242f.

dunkle Materie 102
extraterrestrisches Leben 208
inflationäres Modell 150–152
kosmologisches Prinzip 51f., 117
Schönheit und 9f., 30, 39–43, 236f.
Ursprung des Lebens 207
Zukunft des Universums 116f.
Kopernikus, Nikolaus 15, 39f., 103, 244
Kosmische Hintergrundstrahlung
stationäres Universum 168
Supernovae 159f.
Theorie des heißen Urknalls 61–63, 135
Kosmologie
  Definition 51
  Energie des leeren Raumes 15
  heißer Urknall 9
  Schönheit und 7f., 11, 29
Kosmologische Konstante
  Anthropisches 221–224
  Geometrie 131
  Quintessenz 238
  Schönheit 232–235
  Zukunft des Universums 120–122, 124–126, 163f.
Kosmologische Prinzipien 52–54
Krauss, Lawrence 121f., 238
Kritische Dichte 109, 110–114
Krümmung der Raumzeit 10, 128–134
Kunst
  ästhetisches kosmologisches Prinzip 239
  CP-Symmetrie 74
  Einfachheit 37–39
  Goldener Schnitt 20–22
  Schönheit und 16–18
  Schöpfung und 171f.
  Sterne 57–59
  Wissenschaft und 20f.

L
Ladungskonjugation 73
Lamb, Willis 123
Lambda, s. Kosmologische Konstante
Lamb-Shift 123

Leary, Timothy 220
Leben 186–220, siehe auch
  Ästhetisches kosmologisches
  Prinzip 237f.
  Entstehung des Lebens 186–190
  erdähnliche Planeten 210, 213–220
  extraterrestrisch 208–213
  planetarer Ursprung 198–207
  Sternentwicklung 190–198
Leighton, Frederick 27
Lemaître, Georges 131
Lemonick, Michael 208
Leonardo von Pisa (Fibonacci) 22
Leverrier, Urbain 89
Levy, David 206
Li, Li-Xin 176
Linde, Andrei 10, 147, 151f., 171
Linde, Dimitri 152
Linseneffekt, Planetensuche 218
Lippincott, Luise 58
Livio, Mario 7f., 10f.
Lobatschewski, Nikolai 129, 131
Lobatschewskische Geometrie 129
Lyden-Bell, Donald 111
Lyne, Andrew 215

M

Maillol, Aristide 38
Maimonides, Moses 135
Marcy, Geoff 217f.
Mars 208–210
Marx, Karl 240
Masse, siehe auch dunkle Materie
  Energie und 124
  Sternentwicklung 191–197
Massenaussterben 205–207
Massive compact halo objects
  (MACHO), Braune Zwerge 93–95
Materie
  Antimaterie und 70–72
  Zukunft des Universums 111f.
Mathematik
  Goldener Schnitt 21f.
  Musikempfindung 22f.
Mather, John 62
Maximale Masse, Supernovae 155

Maxwell, James Clerk 31, 63, 79, 82, 127
Mayor, Michel 217
McKay, David 208f.
Menschheit, Universum und 25, 221–235
Meteoriten, extraterrestrisches Leben, 209–210
Metzger, Rainer 58
Michals, Duane 152
Mies van der Rohe, Ludwig 37f.
Milchstraße 40, 46, 244
Milgrom, Mordehai 91, 102
Millais, John Everett 17f.
Miller, Stanley 203f.
Milne, Edward Arthur 242
Miró, Joan 171
Mitchell, Maria 244
Mittlefehldt, David 209
Mojzis, Steven 203
Mondrian, Piet 38f.
Monotheismus, Reduktionismus 36
Morphy, Paul 41
Morrison, David 69
Morrison, Philip 74
Moser, Solomon 172
M-Theorie, Stringtheorie und 69f.
Munch, Edvard 57f.
Musikempfindung 22f.

N

Nachrichtenaustausch 137
Natürliche Auslese, Schöpfung 179
Ne'eman, Yuval 10, 87–89
Nebel, Astronomie und 18f.
Neutrino,
  dunkle Materie 96–99
  radioaktiver Betazerfall 85f.
  schwache Kernkraft 63f.
Neutronenstern
  Sternentwicklung 195
  Zukunft des Universums 109
Newton, Isaac 29, 31, 63, 105–107, 127, 181, 225, 241
Nichtbaryonische Materie 99, 160
Nietzsche, Friedrich Wilhelm 180

O

O'Dell, Robert 214
Offenes Universum 131–133
Olbers Paradoxon 53, 56f.
Olbers, Wilhelm 53
Omega
  Anthropisches 228
  Flachheitsproblem 139
  Geometrie 131
  inflationäres Modell 146, 152–162
  Schönheit und 181–185
  Zukunft des Universums 109–117, 139
Omega-Dichte-Parameter 9, 109–114
Omega-minus-Teilchen, fehlende Masse 9, 99
Teilchenbeschleuniger 87f.
Oparin, Alexander 200
Orgel, Leslie 202
Oró, Juan 204

P

Pacioli, Luca 21
Paczynski, Bohdan 94
Page, Lyman 161
Paris, Leslie 17
Patterson, Claire 199
Pauli, Wolfgang 86, 239
Paulisches Auschließungsprinzip
  Quantenmechanik 221
  Sternentwicklung 192f., 195
Peebles, James 126, 237
Penrose, Roger 81, 196
Penzias, Arno 61f., 135
Perfektion, Schönheit und 27
Perlmutter, Saul 157
Peterson, Jeff 161
Phasenübergang 64f.
Physik
  Ästhetik und 7f., 10
  Astronomie und 67
  Schönheit und 29
Picasso, Pablo 90
Planck, Max 68
Planck-Ära 10
  Quantenmechanik 68
  Schöpfung und 171, 176
  Zukunft des Universums 125
Planetarische Nebel
  Astronomie und 18
  Klassifizierung von 19
  physikalische Prozesse in 19f.
Planeten
  Leben und 198–207
  Suche nach 210, 213–220
Plato 27, 103
Poincaré, Jules Henri 241
Pope, Alexander 20
Positron, Elektron und 71
Potenzielle Energie 35
Präraffaeliten 17
Pringle, Jim 216
Problem der fehlenden Masse 9
Proportion
  Goldener Schnitt 21f.
  Schönheit und 44
Protonen, Spin und 48
Ptolomäisches Weltbild 40f.
Pulsare 11, 29, 215f.

Q

Quantenelektrodynamik, Zukunft des Universums 125
Quantenmechanik
  inflationäres Modell 141
  Schöpfung und 173–176
  Schwarze Löcher 164f.
  Unschärfeprinzip 123
  Vakuum 123f.
  Vereinheitlichungstheorie 68f.
  Vorurteil 117
Quantentunneln 174f.
Quarks
  Antiquarks und 74f.
  heißer Urknall 60
Quasare 11, 54
Queloz, Didier 217
Quintessenz, dunkle Materie 238

R

Rabi, Isidor 183
Radio 11, siehe auch Radioteleskope

Radioaktive Altersbestimmung 199
Radioaktiver Betazerfall 85–87
Radioteleskope
 dunkle Materie 90
 extraterrestrisches Leben 210f., 212f.
Raffael 17
Ratra, Bharat 237
Raup, David 205
„Recycelbares" Universum 166
Reduktionismus
 Einfachheit 36–39
 Schwarze Löcher 196
 Symmetriebrechung 64
 Theorie und Schönheit 9
Rees, Martin 183, 220, 233f., 243
Reines, Fred 86
Religion, Schöpfung und 117, 179
Rembrandt van Rijn 9, 82, 84f., 184, 206
Riemann, Georg Friedrich 129, 131
Riemannsche Geometrie 7, 129, 174
Riess, Adam 158
RNS, Erdgeschichte und 201–203
Robertson, Howard P. 131
Romanek, Chris 209
Rossini, Gioacchino 41
Rotverschiebung
 Expansion und 54, 56f.
 stationäres Universum 169
Rubin, Vera 91
Rutherford, Ernest 131

S

Sacharow, Andrej 73
Sackett, Penny 219
Saffer, Rex 216
Safronov, Victor 199
Sagan, Carl 189, 207, 211
Sahu, Kailash 95, 219
Saint-Exupéry, Antoine de 12, 148
Salam, Abdus 66
Salpeter, Edwin 12f., 222
Sandage, Allan 154
Sargent, Anneila 213
Sato, Katsuoko 140

Sattelform 129, 133, 139
Sauerstoff
 Erdgeschichte und 199–201
 Sternentwicklung 193
Scherk, Joel 69
Schmidt, Brian 157
Schmidt, Otto 199
Schönheit, siehe auch Ästhetik,
 Anthropisches 232–235
 Definitionen 9, 13, 27, 29f., 43
 Elemente der 30–43
 Einfachheit 36–39
 Eleganz 41–42
 kopernikanisches Prinzip 39–41
 Symmetrie 30–36
 Galileo-Szene 45–47
 Griechenland (altes) 27f.
 inflationäres Modell 139f., 150–152
 kosmologische Konstante 232–235
 Kunst und 16–18
 Physik und 28f.
 Schöpfung und 181–185
 Schwerkraft 106f.
 Spin und 47–50
 Theorie und 9, 29f., 43–45, 105
 Universum und 16
 Wissenschaft und 7f.
Schöpfung 163–185
 Schönheit und 181–185
 Theorien 172–181
 Zukunft des Universums 163–167
Schramm, David 112, 117
Schwache Wechselwirkung 63, 65, 73, 99, 103, 142, 189,
Schwaches anthropisches Prinzip, 227f, 237
Schwarz, John 69
Schwarze Löcher
 dunkle Materie 95f.
 extreme, Stringtheorie 69
 Hawking-Strahlung 164
 Sternentwicklung 195
Schwerkraft
 Allgemeine Relativitätstheorie 128
 dunkle Materie 89, 91f.
 Expansion/Kontraktion des

Universums 23f.
gekrümmte Raumzeit 10, 128
Quantenmechanik 67–69
Schöpfung und 173
Sternentwicklung 190, 192
Symmetrie und 32f.
Symmetriebrechung 62f.
Zukunft des Universums 105–110
Sepkosky, J. J. 205
Sesshu, Toyo 39
Shakespeare, William 17, 105, 109
Shannon, Claude 79
Shapley, Harlow 40, 244
Shaw, Henry Wheeler 126
Shepard, Glenn, Jr. 239f
Shikibu 12, 39
Shoemaker, Carolin 206
Shoemaker, Gene 206
Shostak, Seth 208, 211f
Siddal, Elisabeth (Lizzie) 18
Silk, Joseph 101
Skorecki, Karl 177f
Slipher, Vesto 53, 120
Smolin, Lee 13, 178
Smoot, George 149
Spektrum 169, 210, 214
Spezielle Relativitätstheorie 56, 127
Spiegelungen, Expansion 70–76
Spinoza, Benedict (Baruch) de 82
Starke Wechselwirkung 63
Starkes anthropisches Prinzip 226f.
Starobinsky, Alexei 140
Stationäres Universum 168
Steinhardt, Paul 147, 237f.
Strahlungsenergie 35, siehe auch Kosmische Hintergrundstrahlung,
Stringtheorie 68–71, 125, 166, 179–181, 237
Strominger, Andrew 69f., 165f.
Strukturbildung, dunkle Materie 169
Stukeley, William 106
Sullivan, J. W. N. 241f.
Summons, Roger 200
Superhaufen, dunkle Materie 244
Supernovae 24f., 95f., 154–162, 181, 189, 193f.
Supersymmetrie- (SUSY-)Theorie 100
Symmetrie
  Schönheit und 30–36, 43f.
  CP-Symmetrie 72f., 76–78
  Allgemeine Relativitätstheorie 128
  Teilchenbeschleuniger 87f.
  Supersymmetrie- (SUSY-) Theorie 100
Szilard, Leo 44

T

Tanvir, Nial 122
Tarter, Jill 191, 211
Tatsächliche Dichte 109–114
Tegmark, Max 233f
Teilchenbeschleuniger 87f., 100
Teilchenphysik 140, 141
Temperatur 59–62, 66f., 74f., 78f., 93, 112, 137, 142–149, 159–161, 175, 190–194, 209f., 231
Thaulow, Milly 58
Theologie, Schöpfung und 40
Thermisches Gleichgewicht 80, 146
Thermisches Spektrum 60
Thomas von Aquin 40
Thomas, Mark 177
Thomas-Kaperta, Kathie 209
Tipler, Frank 226f.
Titius, Johann 103
Titius-Bode-Gesetz 103
Tod, jugendlicher 17f.
Totsuka, Y. 97
Trägheitskraft 128
Truran, James 223
Tryon, Edward 173
Tschechow, Anton 70
Tunneleffekt, Schöpfung und 143
Turner, Mike 112, 121, 150, 233
Tyler, Christopher 238
Tytler, David 113

U

Umlaufbahnen 91
Unendlichkeit, Expansion und 53
Universelle Konstanten 221
Unschärfeprinzip 123, 221

Uranus 88, 103
Urey, Harold 203, 204
Urknalltheorie, siehe heißer Urknall
Ursprung des Universums 140–146

V
Vafa, Cumrun 165f.
Vakuum 15, 110, 123–126, 133, 142–146
van der Weyden, Rogier 12, 238
van Gogh, Vincent 57f.
Vasarely, Viktor 194
Vereinheitlichte Theorie 67, 103, 179
Vereinheitlichung, Theorie und Schönheit 44
Vilenkin, Alexander 10, 171, 173
Vinci, Leonardo da 21
Voit, Mark 114
Vorhersage
 heißer Urknall 135
 inflationäres Modell 149f.
 Zukunft de Universums 114–118, 163
Vorstellung, von Schönheit 239–241
Vorurteil, Theorie und 24, 117
Voss, Richard 23

W
Wächtershäuser, Günter 204
Wahrheit, Ästhetik und 20
Waldbeispiel, Expansion 51, 57
Walker, Arthur G. 131
Warhol, Andy 30
Warner, Brian 82
Wasserstoff, Sternentwicklung 192f.
Watson, James 202
Weakly Interacting Massive Particles (WIMP), dunkle Materie 99–101
Weaver, Hal 206
Weiler, Edward 219
Weinberg, Steven 45, 66, 100, 233, 242
Weiss, Achim 223
Weiße Zwerge 155, 158, 192
Wellenlänge 48–56, 90, 123f, 155, 160, 169

Weyl, Hermann 68, 236
Wheeler, John Archibald 195
Whitrow, Gerald 226
Wilczek, Frank 100
Williams, Robert 168
Witten, Edward 70
Woese, Carl 202
Wolszczan, Alexander 215f.

Y
Yu, Douglas 239f
Yungelson, Lev 158

Z
Zare, Richard 209
Zaritsky, Dennis 91
Zeitrichtung 33, 76–78, 127
Zeldowich, Yakov B. 121
Zentrifugalkraft 128
Zukav, Gary 179
Zukunft des Universums 105–134
 Ästhetik 114–118
 Einstein 118-120
 Feuer/Eis 110–114
 Geometrie 127–134
 inflationäres Modell 167–172
 Schnitzer in der Theorie 120–126
 Schöpfung 163–167
 Schwerkraft 105–109
Zweiter Hauptsatz der Thermodynamik 165, 196
Zwicky, Fritz 89–92

KOSMOS

Faszination Raumfahrt

Das größte Abenteuer der Menschheit

1991 brach Juri Gagarin als erster Mensch in den Weltraum auf. Acht Jahre später hinterließ Neil Armstrong erstmals Fußspuren auf dem Mond. „Aufbruch ins All" schildert die spektakulären Momente aus 40 Jahren Raumfahrt. Ein beeindruckender Bildband mit teilweise bisher unveröffentlichten Fotos, der dieses aufregendste Abenteuer unserer Zeit Revue passieren lässt.

- Abenteuer Raumfahrt in faszinierenden Bildern
- 40 Jahre, die unser Weltbild verändern
- Blick in die Zukunft: Ausbau der Internationalen Raumstation ISS

Serge Brunier
Aufbruch ins All

192 Seiten
über 200 Farbfotos
gebunden mit Schutzumschlag

ISBN 3-440-09014-0

www.kosmos.de

KOSMOS

Faszination Weltall

Die Geheimnisse des Kosmos!

Moderne Großteleskope gehören zu den faszinierendsten Hightech-Entwicklungen der Gegenwart. Die Bilder, die sie uns liefern, ermöglichen uns atemberaubende Ausblicke in bisher unerforschte Tiefen des Alls.

Mit den vier 8,2-Meter-Spiegeln des „Very Large Telescope" in Chile steht den europäischen Astronomen geballte Beobachtungspower in einer völlig neuen Dimension zur Verfügung.

- Weltraumfotos der modernsten Großteleskope
- Aktuelle Forschungsergebnisse
- Lebendige und anschauliche Einführung in die Astronomie

Dirk H. Lorenzen
Deep Space
Blick an den Rand des Universums

160 Seiten
150 Abbildungen
gebunden mit Schutzumschlag

ISBN 3-440-08436-1

www.kosmos.de